소리의 과학

소리의 과학

The Universal Sense

청각은 어떻게 마음을 만드는가?

세스 S. 호로비츠 지음 | 노태복 옮김

에이도스

■ ■ ■

음향학적 물의를 일으키는 데 동참해준

차이나 블루와 랜스에게

그리고

한밤중에 희한한 아이디어를 내준

아놀드 호로비츠에게

서문 그리고 감사의 말

첫 책은 쓰기가 아주 어려운데, 특히 흠뻑 마음이 뺏겨 있는 내용일수록 더 그렇다. 이곳저곳에서 수십 년간 숱한 사람들과 생명체들 그리고 그 외 온갖 것들과 겪은 경험을 모아야 하는 일이다. 청각에 관해 쓰기는 더욱 어려운데, 왜냐하면 소리의 내밀한 영역 대부분은 의식적 사고 아래에 존재하기 때문이다.

언뜻 생각해보면, 우리가 일상에서 듣는 소리는 대체로 낱말이다. 대화나 노래가사는 간단한 방식으로 적을 수 있다. 낱말은 언어의 규범을 따르기 때문이다. 하지만 입말과 글말의 기본적인 내용에서 조금만 더 아래로 내려가면, 문자언어의 규칙들은 영어와 같은 비성조언어의 평범한 대화에서도 느낄 수 있는 풍부한 뉘앙스를 살려내지 못한다. 내가 '뭐?'라고 적으면 독자인 여러분은 내가 질문을 했다는 걸 안다. 하지만 내가 그걸 외쳤다고('뭐어어어!!!!') 상상해보라. 소리를 바꾸면 완전히 새로운 맥락이 들어선다. 누군가한테 제지를 당해서 화났다거나 조바심이 났거나 또는 어떤 아주 나쁜 소식을 듣고서 진짜냐고 다급히 캐묻는 것일 수 있다. 또한 한참 멈춘 후에 아주 살며시 말한다면('…… 뭐?'), 그게 나쁜 소식이냐며 반문하는 것일지도 모른다.

간단한 낱말의 소리 변화만으로도 우리는 말하는 이와 듣는 이의 심리와 행동을 알아차릴 수 있다. 고양이의 가르랑거림은 고양이가 기분이 좋을 때 내는 소리라고 볼 수 있다. 그런데 이 소리에 고양이 주인은 평온함을 느끼는 반면, 이 고양이의 사랑을 받지만 극심한 고양이 알레르기가 있는 사람은 불편함을 느끼는 상황을 어떻게 설명할 수 있을까? 이런 반응들을 설명하려면 진폭 변조, 종간(種間) 의사소통 그리고 인간 및 고양이 양쪽에 걸친 두뇌의 정서적 기능을 면밀히 살펴야 한다. 손톱이 칠판을 긁는 소리를 들을 때 진저리를 치는 것은 어떤가? 왜 우리는 고작 2~300년 전에 발명된 물건에 대해 아주 특수한 본능적 반응을 진화시켰던 것일까?

소리가 발생하고 들리는 (또는 들리지 않는) 메커니즘, 소리가 우리의 마음, 감정, 주의 집중, 기억 및 기분에 미치는 영향은 너무나 커서 일일이 설명하기 벅차다. 이 방대한 문제의 개별 사안들을 다루는 책들만 해도 수백 권이다. (일부는 그다지 훌륭하지 않다.) 그런데 생명체의 소리 인식 및 소리가 생명체에 미치는 영향의 핵심에는 물질,

에너지 및 마음의 가장 근본적인 상호작용을 아우르는 수학적인 측면이 존재한다.

내가 이 책을 쓰기로 한 까닭은 지난 삼십 년 넘게 온갖 유형의 소리에 흠뻑 빠져 살아왔기 때문이다. 다양한 관점에서—R&B 음악가에서부터 디지털 음향 프로그래머, 돌고래 사육사에서부터 청각 신경과학자, 음악 프로듀서에서부터 청각 브랜드 설계자에 이르기까지—소리를 탐구하는 데 매료된 나머지 소리는 나의 관심사이자 열정의 대상이 되었다. 나는 소리에 관한 온갖 질문들을 단 하나의 주제로 통합시키려고 시도해왔다. 바로 이런 주제다. 소리와 청각이 어떻게 마음의 진화와 발달 그리고 일상적 기능을 형성해왔는가?

이 책은 소리를 주제로 삼은 다른 책들과 두 가지 점에서 다르다. 소리 및 관련 분야인 말하기, 음악과 소음에 관한 최근의 과학 관련 저술 대다수는 신경영상 연구에 바탕을 두고 있다. 기능적자기공명영상(fMRI)과 같은 기술은 어떤 것을 듣거나 보거나 생각할 때 뇌의 어떤 부분이 활성화되는지를 멋진 영상으로 보여준다. 대체로 이런 연구들은 피질, 즉 인간을 포함해 돌고래와 침팬지 등 포유류에 고유하게 존재하는 매우 주름이 많은 뇌 부위에 초점을 맞춘다. 이른바 '하향식' 연구인 셈이다. 말하자면 뇌 영역의 상태 변화를 관찰함으로써 어떤 행동이 관련되어 있는지를 알아낸다. 내 입장은 외부 세계에서 어떤 과정이 발생하고 그것이 어떻게 제일 먼저 신체적 감각을 받아들이는 귀(그리고 때때로 다른 감각기관들)에서부터 뇌간(뇌에서 대뇌반구와 척수를 결합시키는 줄기 부분_옮긴이)의 최하층을 거쳐 뇌 속으로 들어오는지에 주목한다. 이른바 상향식 관점으로, 피질의 고등 인지기능을 밑받침하고 발현시키는 요소들에 초점을 맞춘다. 두 관점 모두 과학에 매우 중요하다. 그러나 상향식 접근법은 움벨트(Umwelt), 즉 인간의 감각을 통해 구성된 세계를 훨씬 더 잘 이해하게 해준다. 이를 통해 우리가 속한 변화무쌍한 세계에서 하나의 뇌는 다른 뇌의 심오한 메커니즘을 더 잘 이해할 수 있다. (바라건대 이 책을 읽은 후 여러분들도 나와 같은 생각이기를.)

넓은 관점에서 현상을 바라보려고 시도하면 으레 세세한 특징들이 많이 누락된다. 이 책은 청각신경과학 및 지각에 관한 교재라기보다는 몇십 미크론 길이에 미세 전류로 초당 수천 개의 분자 채널을 여닫으며 작동하는 세포들이 청각을 구현하는 방식을 보고 내가 느낀 경이로움을 전하고자 한다. 이 책은 음악 감상의 궁극적인 이유를 생물학적으로 제시하려는 것이 아니라, 과학이 이와 같은 기본적인 인간 행동을 다루기가 왜 그렇게 험난했는지를 설명하고자 한다. 마찬가지로 이 책은 훌륭한 음향 엔지니어가 되는 법을 여러분께 가르치지 않는다. 대신 이성에게 강렬한 호감을 느끼게 만든다거나 아이들이 여러분 집의 잔디밭에 들어오지 못하게 만든다고 선전하는 벨소리에 돈을 낭비해서는 안 되는 이유를 설명해준다. 그리고 우주 공간의 전투 장면에 폭발음을 넣어야 한다고 우기는 영화제작자의 심리를 설명할 수는 없지만, 여러분에게 지구 밖 외계 음향 여행을 선사하여 언젠가 젊은 독자들이 화성의 바람 소리를 직접 듣고서 관련 내용을 이 책에서 읽었음을 기억한다면 더 바랄 나위가 없겠다.

소리에 관한 책을 쓰자고 처음 생각한 지 어언 삼십 년이 흘렀건만, 앞으로 삼십 년을 더 기다려도 여전히 전체 이야기를 마무리할 수는 없을 듯하다. 설령 그때가 되어도 인내심 강한 편집자 벤저민 애덤스와 약속한 원고 마감 일정을 지키지는 못할 테고. 어쨌거나 지난 삼십 년 동안 나는 수많은 교사들, 응원군들, 동료들 그리고 친구들 덕분에 소리와 청각에 관한 나의 열정을 함께 나눌 수 있었다. 또한 감사드려야 할 분은 전직 생명과학연구소장인 고 제럴드 소펜이다. 이 분 덕분에 나는 처음으로 우주생물학에 관심을 불태우게 되었다. (그리고 화성에서 어떤 소리가 날지 처음으로 내게 물은 분이기도 하다.) 뉴욕 수족관의 마르타 히아트는 동물행동학에 관한 나의 애정을 촉발시킨 돌고래인 릴리, 스타키 및 미미한테서 내가 배우고 함께 일하게 해줌으로써 소중한 인내심을 가르쳐준 최초의 사람이다. 헌터대학교의 피터 몰러는 나를 꼬드겨 심리학 연구에 관심을 가지게 만들었고 신경동물행동학의 세계를 소개했을 뿐 아니라 이쪽 분야를 살려 브라운대학교에서 첫 직장생활을 시작하면 어떻겠느냐고 제안했다. 그곳에서 지도교수인 안드레아 메겔라 시몬스와 더불어 박사 후 과정 지도교수인 제임스 시몬스뿐 아니라 내 동료가 된 굉장한 교사들과 학생들도 만났다. 이들을 거명하자면, 샤론 스워츠, 배리 코노스, 데이비드 버슨, 다이언 립스콤, 쥬디스 챕맨, 레베카 브라운,

매리 베이츠, 제프리 놀스 그리고 지면 관계상 일일이 적을 수 없는 숱한 사람들이 있다. 피터 슐츠는 친구이자 과학 선동가이며 나사 로드아일랜드 스페이스 그랜트의 소장인데, 내가 추진한 희한한 프로젝트들을 지지하고 자금을 대주었다. 지금은 고인이 되어 무척 그리운 에드 뮬렌은 비범한 공학자로서 "과학의 이름으로 만들어진 가장 기이한 것들"(가령, 박쥐의 등에 지게 하는 레이저 가방)에 관심을 보인다고 내게 '닥터 이블'(Dr. Evil)이라는 별명을 붙여준 사람인데, 내가 진행했던 가장 재미있는 연구들에 도움을 주었다. 레이첼 허즈는 브라운대학교에서 나처럼 희한한 분야를 연구하는 동료이자 『욕망을 부르는 향기』라는 책의 저자인데, 이 분 덕분에 여러분이 읽고 있는 이 책을 쓰느라 진창을 헤매고 있다. 레이턴 톨슨은 끊임없는 격려와 지지를 보내주었으며 소리와 잠에 관한 나의 첫 임상연구에도 도움을 주었다. 또한 폭스파이어 인터랙티브의 브래드 리슬에게도 심심한 감사를 드린다. 그분 덕분에 나는 '그냥 들어라' 프로젝트에 참여하게 되었고, 에블린 글레니의 음악을 듣게 되었으며 아울러 함께 일할 수 있었다. 에블린 글레니는 경이로운 타악기 연주자로서, 음악에 관한 그녀의 독특한 관점에 감탄하지 않을 수 없었다. 메리 로치는 내가 가장 좋아하는 과학 저술가 중 한 사람으로서, 걸핏하면 짜증을 내는 나를 늘 지지해주었다. 또한 에이전트인 웬디 스트로스맨과, 앞서 언급한 블룸스베리 USA 출판사의 담당 편집자 벤저민 애덤스에게도 감사드린다.

어떻게 보면 이 책에 책임이 있는 네 사람에게 가장 큰 감사를 드린다. 어머니 마를 피시먼 여사는 내가 뭘 하든 잘될 거라고 늘 우기셨다. 아버지 아놀드 호로비츠 옹은 지성과 독창성에 있어서 나의 영웅이신 분으로, 내가 아주 어릴 때부터 '어떤 것이 불가능하다고 누군가가 말한다면 그건 시간이 좀 더 걸린다는 뜻일 뿐이며, 장비를 갖고서 작업하다 겪는 진짜 실패는 오직 감전사뿐'이라고 말씀하셨다. 거의 15년 동안 내가 벌인 음향적 소동에 동참해준 친구 랜스 매시는 오벨린에서 전자음악으로 학위를 딴 최초의 인물이자, T-모바일 오디오 로고의 제작자이며, 나와 함께 10여 년 동안 무기에 버금가는 음향을 만들려고 노력한 사람이다. 랜스는 내가 과학 저술에 과학적 내용을 아무리 많이 집어넣더라도 결국에는 죄다 징글(jingle)일 뿐임을 일깨워주어 내가 이 책을 마무리 지을 수 있게 해주었다. 마지막으로 소개하지만 가장 중요한 사람은 아름답고 총명한 내 아내 차이나 블루이다. 비범한 음향 예술가인 아내는 다른 사람이라면 사소한 일로 시시콜콜 말다툼을 벌였을 프로젝트에서 묵묵히 참으며 나와 같이 작업을 했다. 모든 분들께 감사드린다. 이 책은 여러분들 책임이다.

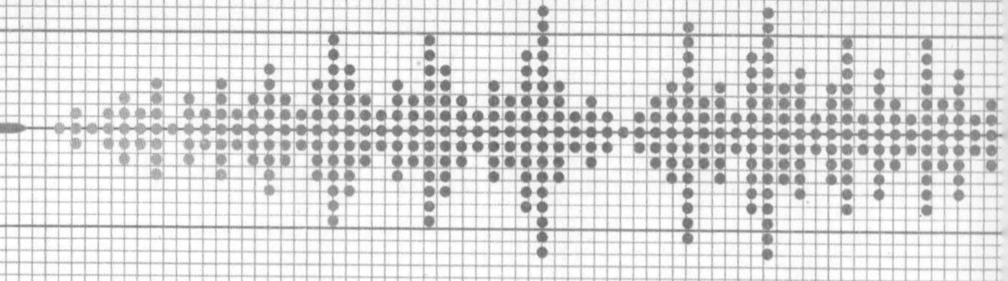

차례

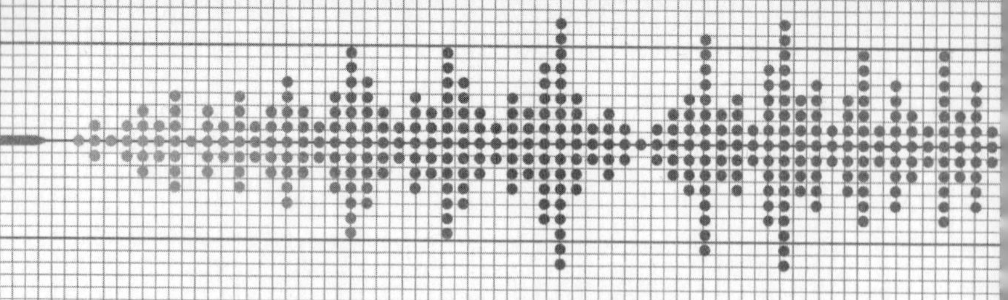

들어가며

■
■
■

최근에 나는 브라운대학교 헌터 심리학연구소 지하의 연구실에서 많은 시간을 보냈다. 진행 중인 실험은 흘러넘칠 정도로 많았다. 박쥐에게 부착되어 레이저빔을 발사하는 배낭들, 히말라야원숭이의 중이(中耳) 뼈, 나사(NASA) 에임스 연구소의 버티컬 건(Vertical Gun) 실험동에서 몸을 웅크린 채 빙긋 웃는 아내 사진들, 그리고 어디에 쓰는지도 모를 정도로 많은 측정 장치들이 연구실에 빼곡했다. 아주 정신 사나운 곳이었지만, 또 아주 조용해서 좋았다. 사람들은 대체로 창문이 있는 연구실을 갈망하지만, 나로서는 그런 곳이 질색이다. 장치 보관실이 다시 가득 찼다거나 개구리 사육실의 온도 조절장치가 고장 났다는 알람 소리, 복도 맞은편의 실험실에서 가끔씩 들려오는 음향심리실험의 삑삑삑거리는 소리에 시달리긴 했지만, 나는 외부와 차단된 장소를 좋아했다. 생각할 시간이 있었으니까. 아이비리그 대학교 연구실에서는 의외로 생각할 시간이 드물다. 대부분의 시간은 가령 앞서 말한 온도 조절장치가 지난 2주 동안 다섯 번 고장났다는 보고서를 쓰는 데 바쳐지는 편이므로.

그런데 이런 의문이 든다. 이 연구실은 정말로 조용할까? 경보음도 없고 실험의 문제점을 집어내려는 대학원생이 없더라도, 주의를 기울이기만 하면 꽤 일정한 소음을 들을 수 있다. 환풍기가 돌아가는 저음의 웅웅거리는 소리, 지나가는 자동차 소리, 건너편 복도에서 나는 사람 목소리, 머리 위의 오래된 형광등에서 나는 소리, 책상 옆 낡은 소형 냉장고에서 물이 졸졸 흐르는 듯한 이상한 소리 등이다. 간이 소음계로 재보면, 연구실의 소음 수준은 45~50데시벨(20μPa의 음압 수준(sound pressure level, SPL)—일상적으로 잘 쓰이지는 않지만, 소리 크기를 정하는 중요한 척도—쯤 될 것이다. 분명 일상적으로 겪는 것에 비하면 조용한 편이지만, 정말로 조용한 것은 아니다. 총소리보다야 조용하지만, 만약 내가 박쥐나 쥐라면 형광등에서 나는 소리는 80~90dB SPL 정도로 시끄럽게 들릴 것이다. 개구리라면 거리의 자동차 통행으로 인한 부드러운 진동도 리히터 규모 5.0의 지진처럼 무시무시하게 느껴질 것이다.

조용함이라는 것은 존재하지 않는다. 우리는 소리와 진동에 늘 둘러싸인 채 영향을 받고 있다. 어디에서든 그렇다. 깊은 바다 밑 해구에서부터 히말라야의 가장 높은 봉우리까지도 마찬가지다. 정말로 조용한 곳에서조차 우리의 외이도(귓바퀴에서 고막에 이르는 통로_옮긴이) 속에서 진동하는 공기 분자들의 소리라든지 귓속 유체의 소음을 들을 수 있다. 우리가 사는 세계는 물질에 작용하는 에너지로 가득 차 있는데, 이는 생명 활동만큼이나 이 세계의 근본적인 속성이다. 그런데 늘 소리에 노출되어 살면서도 우리가 미치지 않는 이유는 우리가 라디오 시엠송에 정신이 팔리거나 TV가 켜져 있을 때 책을 읽을 수 없는 것과 같은 이유 때문이다. 즉, 우리는 소리를 선택해서 듣는 데 능하다. 하지만 설령 우리가 아무런 소리를 듣지 않더라도 다른 누군가는 듣는다.

자연계는 다양성에 바탕을 두고 있는데, 진화사의 상당 부분을 공유하고 있는 척추동물들도 마찬가지다. 눈먼 동물들이 많이 존재한다. 동굴 물고기는 수중 동굴 속 빛이 닿지 않는 곳에서 살기에 몸 주위를 흐르는 물의 변화를 통해 장소를 인식하며, 진흙 강바닥에 사는 인더스강돌고래는 강바닥이 햇빛을 대부분 차단하기 때문에 음파탐지와 더불어 모로 누워 헤엄치는 이상한 습관을 통해 강바닥에 무엇이 있는지를 지각한다. 한편 (우리를 포함한) 많은 동물들은 전기 물고기의 일상적인 행동 방식이나 상어의 사냥 행동의 바탕을 이루는 전기장을 탐지할 수 없고, 또한 벌이 보는 자외선 세계의 아름다움을 느낄 수 없다. 그리고 후각이 아주 제한적인 동물들도 많다. (이번에도 인간이 여기에 속한다.) 아르마딜로 같은 동물들은 촉각이 매우 제한적이다. 그리고 가금류는 미각이 제한적이라고 볼 수 있다.

하지만 귀머거리 동물은 결코 존재하지 않는다. 왜 그럴까?

잠시 한걸음 뒤로 물러서보자. 청각을 지녔다고 보기 어려운, 신경계가 없는 작은 단세포 생명체들이 많이 존재한다. 그리고 나이가 들어 청각이 쇠퇴하거나 불상사를 겪어 청각을 아예 상실한 동물들도(가정의 애완동물을 포함하여) 많다. 따라서 좀 더 구체적으로 말하자면, 보통의 경우에 귀머거리인 척추동물은 존재하지 않는다. 바로 이것이 전기장과 자외선에 대한 민감성까지 포함하여 우리가 아는 다른 모든 감각들과 비교할 때 청각의 색다른 점이다.

그렇다면 등뼈를 지닌 모든 동물들은 왜 들을 수 있을까? 질문을 조금 다른 식으로 하자면, 왜 청각은 모든 감각들 가운데서 가장 보편적일까? 그토록 중요한 것인데도, 왜 우리 인간은 지하철 소음에 필사적으로 귀를 틀어막으려 하거나 다운로드한 최신 음악들을 확인하려고 할 때 외에는 의식적인 수준에서 청각을 무시할까?

소리는 어디에나 있다. 깊고 깊은 열대우림 속 개구리들의 야간 합창에서부터 세찬 바람만 불어대는 황량한 북극에 이르기까지, 어디에서나 소리와 진동이 우리를 둘러싸며 영향을 준다. 은하와 은하 사이의 광활한 공간을 포함하여 에너지가 있는 곳이면 어디에나 진동하는 영역이 존재한다. 정도의 차이만 있을 뿐 완전한 고요란 어디에도 존재하지 않는다. 측정된 진동의 범위는 엄청나다. 스펙트럼의 가장 높은 쪽에는 들뜬 상태의 세슘-133 원자의 무진장 빠른 초당 9,192,631,770사이클이 있다. 가장 낮은 쪽은 아니지만 그 근처에는 블랙홀 소리의 중력파 펄스가 있다. (케임브리지대학교 천문연구소의 앤드루 파비안에 따르면 가운데 C음 아래의 B플랫 57옥타브.) 하지만 이런 극단적인 진동은 우리와 생물학적인 관련성은 없다. 우리 뇌가 다룰 수 있는 것은 전부 훨씬 더 제한적인 시간 범위, 즉 수백 나노초에서 수년 사이에서 발생한다. 스펙트럼의 양 끝단과는 한참 거리가 먼 것이다.

생명체들은 각자의 관심 정보를 골라내서 사용하는데, 나름의 신호를 이용해 주위 환경, 동료와 가족 그리고 포식자에 관한 정보를 모은다. 생물학적 제약이 있긴 하지만 모을 수 있는 정보의 범위는 엄청나게 넓다. 인간의 청각이든 박쥐의 음파탐지이든 벌거숭이두더지쥐의 머리 부딪기 의사소통 체계든 가릴 것 없이.

시각은 비교적 고속의 감각으로, 우리가 보는 대상에 대한 의식적 인식보다 조금 더 빠르게 작용한다. 후각과 미각은 느림보라 몇 초 이상 걸려서야 작동한다. 촉각은 기계적 감각으로 (빛 접촉에서처럼) 빠르게도, (통증에서처럼) 느리게도 작동할 수 있지만, 제한된 범위에서만 가능하다. 이와 달리 인간을 포함한 동물은 1초의 백만분의 1 이내에 생기는 소리는 물론이고 몇 시간에 걸친 복잡한 소리의 변화를 감지하고 이에 반응할 수도 있다.

감지할 수 있는 소리는 무엇이든 정보를 표현한다. 그 정보를 사용하든 무시하든 상관없이 말이다. 이 단순한 개념 속에 소리와 마음의 전 영역이 놓여 있다. 혹등고래가 이동 중에 몇 시간 사이클의 노래를 듣든, 박쥐가 메아리의 마이크로초 이하의 차이를 이용해 먹이인지 아니면 피해야 할 나뭇가지인지를 판단하든, 소리 덕분에 동물들은 먹이와 짝을 찾고 놀고 잠잔다. 소리를 무시했다가는 금세 포식자에게 잡아먹히기 십상이다. 이런 까닭에 우리가 별 뜻 없이 '듣기'라고 부르는 행위를 포함하여 진동 탐지는 지상의 유기체라면 누구나 지닌 가장 기본적이고 보편적인 감각 작용 가운데 하나인 것이다. 탐지하여 적절하게 구분함으로써 생명체는 날것의 진동을 고요, 신호 및 잡음으로 분류해낸다.

청각에 관한 연구는 전부 다음 두 가지 사실에 집중되는 듯하다. 첫째, 만약 정보의 한 채널을 이용할 수 있다면, 생명체는 그것을 이용한다. 둘째, 생명이 존재하는 곳이면 어디에나 (그리고 다른 곳에도) 소리가 있다. 물질과 에너지가 있는 곳이라면 어디나 진동이 있으며, 모든 진동은 에너지와 정보를 수신자에게 전달할 수 있다. 그리고 개구리 합창을 잊게 만드는 둔탁한 발걸음 소리에서부터 돌고래의 초음파를 구성하는 아주 높은 고주파음에 이르는 광범위한 진동은 이보다 느린 감각인 후각 및 미각보다 수천 배 빠른 감각 시스템이 있어야 생명체가 지각할 수 있다. 생각보다 빠른 청각의 고속 작용 덕분에 그리고 시각적인 색채로는 필적할 수 없는 넓은 범위의 어조와 음색 그리고 미각과 후각의 화학적 민감성보다 훨씬 더 큰 청각의 유연성 덕분에 소리는 생명체의 다양한 무의식 요소들을 뒷받침하고 작동시킨다. 상이한 종들의 다채로운 듣기 방식 및 생명체가 정보를 활용하는 점점 더 복잡해지는 방식과 결합하여, 소리는 진화와 발달 그리고 마음의 일상 기능을 견인한다. 어떻게 그럴 수 있는지가 앞으로 이어질 이 책의 내용이다.

chapter ONE

태초에 굉음이 있었다

2009년 여름 나는 아내와 함께 나사의 에임스 연구소에 초빙을 받아 버티컬 건에서 녹음 작업을 했다. 버티컬 건은 0.30구경의 경량 가스총으로서 맞춤 제작된 발사체(얼음에서부터 강철까지)를 초속 15킬로미터(M16 소총의 발사 직후 속도의 약 15배)까지 엄청나게 고속으로 발사한다. 운석과 소행성 충돌을 시뮬레이션하기 위해서다. 총의 힘은 강력한 폭발에서 생기는데, 50리터의 수소 기체 안에서 약 230그램의 화약이 폭발할 때의 화력이다.

반짝이는 빨간색 총열은 삼층 높이이며, 밀폐된 중앙 약실—절대 그 안에 서 있고 싶지 않은 엘리베이터 통로를 상상하면 된다—을 통해 지면으로 겨누어져 있다. 총의 각도는 구식 나이키 미사일 발사 엘리베이터로 조정되며 상이한 각도의 네 포트 중 하나를 통해 중앙 약실 속으로 발사체가 발사된다. 주 약실은 밝은 하늘색으로 칠해진 전함 장갑 두께의 벽으로 이루어진 공간인데, 달처럼 공기가 없는 천체에서의 충돌을 시뮬레이션하기 위해 우주 공간과 맞먹는 수준의 진공 상태로 만들 수도 있고 지구와 같은 대기권을 모방하기 위해 맞춤형 기체 혼합물로 속을 채울 수도 있다.

실험 약실은 둘레가 약 2.5미터이며, 가운데 '표적'은 수만 G의 가속도로 발사체와 충돌할 때 흥미로운 상황을 연출할 모래, 물, 얼음 또는 다른 물질들로 채울 수 있다. 또한 이 약실에는 여러 개의 포트가 있어서 스테레오 비디오 및 초당 백만 프레임까지의 프레임 속도를 지닌 열화상 카메라로 충돌 영상을 포착한다. 이 약실이 위치한 공간의 벽에는 이전 실험의 표적들과 발사체들—합성수지, 유리, 강철—이 박혀 있다. 고속 충돌로 인해 움푹 파이거나 산산이 깨진 효과가 여실히 드러난다. 총을 발사하는 커다란 빨간색 단추는 다른 곳에 안전하게 모셔져 있다.

우리를 초대한 사람은 피터 슐츠였다. 브라운대학교 행성지질학과에 재직하고 있는 내 친구이자 동료인 피터는 분화구 생성에 관한 세계적인 전문가이다. 피터는 분화구 생성 속도를 통해 행성 표면의 나이와 지질 형성 과정을 알아내고, 지난 충돌 역사를 바탕으로 행성 구조를 재구성해내며, 아울러 충돌이 장·단기적으로 지구를 어떻게 형성시켰는가라는 주제에 관해 열변을 토할 수 있다. 하지만 특기를 말하자면, 구멍 뚫기의 세계적인 전문가 중 한 명이다. 이 분야가 전공인 사람들은 대체로 법의학에서의 상처 입구와 출구, 발사체의 탄도 충돌 효과의 계산과 무기 설계 또는 건물 폭파에 따르는 문제들을 논한다. 피터는 스케일이 더 크다. 내부 구조를 알기 위해 혜성에 구멍을 내고, 물의 흔적을 찾기 위해 달에 거대한 구멍을 낸다. 피터는 분출물이 날아가는 모습을 보기를 굉장히 좋아한다. 분출물이 수톤의 돌덩이나 얼음 또는 템펠 혜성의 휘발물질이든, 아니면 1908년 시베리아 퉁구스카 사건 때 날아간 나무들을 시뮬레이션하기 위해 쓰인 이쑤시개 다발이든지 간에 말이다.

내가 초빙된 까닭은 피터가 시도하는 새로운 방식의 충돌 녹음을 돕기 위해서였다. 넓은 스펙트럼의 녹음 기술을 이용해 우리는 충돌에 관한 정보 및 표적에서 튀어나온 물질에 관한 정보를 얻어낼 생각이었다. 이런 정보를 토대로 물질이 충돌 지점으로부터 어떻게 날아가는지를 보여줄 소리 기반 3D 모형을 제작할 수 있으리라고 생각했다. 아마도 여러 이유에서 중요하고 유용한 작업이었다. 무엇보다도 충돌 후 분출물의 흐름은 발사체(우리의 모형 소행성)와 표적(모래가 덮인 접시)의 물리적 특성뿐만이 아니라 한 물체에서 다른 물체로 에너지가 전달되는 방식에도 의존한다. 물에 부딪히는 돌을 생각해 보자. 한가운데서 시작해 원형으로 퍼져나가는 물결들은 돌에서 물로 에너지가 전달되면서 생기는 파동이다. 이와 똑같은 일이 (지구와 충돌하는 소행성처럼) 돌이 어떤 단단한 물체를 때릴 때에도 생기지만, 보기가 어려울 뿐이다.

충돌 에너지의 전달 과정은 충격파를 통해 어느 정도 분석할 수 있다. 충격파는 초기의 충돌 자체와 더불어 분출물이 주위 매질(가령, 공기나 물)을 통해 이동하면서 발생한다. 소리를 이용하면, 충돌이나 압력 흐름과 같은 파동 현상을 모형화하기에 좋다. 그래서 피터가 모래 표적을 설치하고 버티컬 건에 장전을 마치자 나는 표적 주위의 받침대에 일련의 지진 마이크들을, 약실 벽 주위에 두 대의 압력 마이크(Pressure Zone Microphone, PZM)를, 그리고 발사체가 지나가는 포트 근처에 초음파 마이크 한 대를 설치했다. 마이크와 마이크 사이의 간격을 통해 소리가 얼마나 빨리 이동하는지 알 수 있는데, 이것을 바탕으로 3D 소리 모형을 제작하게 된다.

아내가 디지털 녹음기들을 작동시키기 시작했고, 총열이 적절한 각도로 올라갔으며, 약실은 거의 진공에 가깝게 감압되었다. 우리 모두는 고속 카메라를 통해 충돌을 멀찍이서 관찰할 수 있는 비디오 모니터로 가득 찬 데이터 센터에 들어가 있었다. (또한 운석의 낙하 속력에 맞먹는 발사체, 화약 및 가연성 기체로 인한 만일의 사고로부터 우리를 안전하게 지켜주는 곳이기도 했다. 비록 그런 일은 지난 40년간 총을 운용하면서 결코 일어난 적이 없었지만.) 어두운 방 안에서 발사 경고음이 들려왔지만 우리가 들은 거라고는 살짝 쿵 하는 소리뿐이었다. 그러나 비디오 화면은 곧 천 개의 태양이 빛나는 듯한 모래 더미의 모습에 이어 가운데가 빈 원뿔 모양인 모래와 (모래 입자가 녹아서 생긴) 유리들이 사방으로 날아가는 모습을 슬로모션으로 보여주었다. 어떤 입자들은 원래 발사체의 초속 5킬로미터 속력보다 더 빠르게 움직이며 약실 속을 유리와 먼지의 소용돌이로 가득 채웠다.

우리는 버티컬 건으로 가보았다. 피터가 약실을 열더니 새로 생긴 분화구를 보고선 활짝 웃었다. 반면에 나는 피터의 '아기들' 중 하나가 마이크를 망가뜨리진 않았는지 노심초사 둘러보고 있었다. 거칠게 장비를 다루는 편인 나도 마이크를 박쥐똥 더미 속에 떨어뜨리거나 녹음기의 배터리를 거꾸로 끼울 뿐, 작은 규모로 만든 화성의 모래폭풍 속에 두는 정도는 아니다. 다행히 모든 장비가 정상이었다. 이제 표적을 치우고 모래를 새로 깔고 또 다른 발사체를 장전했다. 이번에는 약실을 지구의 보통 공기로 채웠다. 공기가 없는 우주 공간의 물체가 아니라 지구의 물체와의 충돌을 시뮬레이션하기 위해서였다. 다시 한 번 우리는 녹음기들을 확인한 후 데이터 센터로 돌아가서 경고음을 기다렸다. 이번에는 달랐다. 전함 두께의 장갑으로 이뤄진 안전문과 약실로 인해 이번에도 역시 점화 시 약하게 펑 하는 소리만 들렸지만, 공기의 존재 때문에 결과가 다르게 나왔다. 이전처럼 원뿔형 분출물이 있었지만, 모래 입자의 움직임이 훨씬 커진 것 같았다. 녹음 소리를 듣고 나서야 차이가 뭔지를 알 수 있었다.

거의 진공 속에서 실시된 첫 번째 실험의 소리는 나지막하고 둔탁했다. 지진 마이크(지진을 기록하기 위해 사용하는데, 수진기(受振器)라고도 한다)가 처음 충격을 그리고 모래 일부가 약실의 벽에 부딪혔다가 다시 표적이 놓인 곳으로 떨어질 때 내는 투두둑거리는 소리를 잡아냈다. PZM 마이크는 조용했다. 놀라울 건 없었다. 왜냐하면 보통 녹음용으로 쓰는 마이크는 기압 변화를 감지하여 작동하기에, 진공 상태의 약실에서는 거의 작동하지 않기 때문이다. 초음파 마이크도 마찬가지로 조용했다.

두 번째 충돌 실험은 완전 딴판이었다. 초음파 마이크는 충돌 직전 발사체가 비행하면서 내는 밀리초 이하의 쉬이익 소리를 잡아냈다. 하지만 공중에 설치한 마이크의 침묵은 물론이고 지진 마이크에서 나는 쿵 소리나 약한 투두둑 소리보다 우리 귀를 강타한 것은 충돌 시의 폭발음에 이어 거의 1분 동안 이어진 모래폭풍 소리였다. 사하라 사막을 온통 뒤덮고도 남을 정도였다. 공기 때문에 소행성 충돌 시뮬레이션의 분출 상태 및 음향 역학적 상태가 완전히 달라졌다. 이전에는 밋밋한 쿵쿵 소리였지만 이제는 미친 듯이 분출하는 연속적인 소음으로 바뀌었다. 이 밀폐된 시뮬레이션 덕분에 나는 녹음장비는 고사하고 소리를 들을 귀조차 존재하지 않았던 아득한 지구 탄생 무렵에 일어난 사건을 차츰 이해할 수 있게 되었다.

귀의 탄생

45억 년 전쯤 지구는 먼지 덩어리가 뭉쳐 크고 둥근 돌의 구가 되었고, 가스 구름으로 둘러싸이게 되었다. 아주 시끄러운 곳이었다. 돌덩이들, 가끔씩 찾아오는 혜성들 그리고 혼잡한 천체들을 피해 용케 지구까지 날아온 소행성들이 줄기차게 폭격을 퍼부었고, 게다가 화산 폭발로 인해 용암이 펄펄 끓고 바위들이 사방으로 날아다녔다. 그로부터 몇억 년이 지나자 화성 크기의 어떤 행성이 신생 지구와 비스듬히 충돌했다. 지표 덩어리들이 뜯겨나가 잔해들이 공중으로 솟구쳐 지구 궤도를 돌기 시작했고, 이것이 서서히 굳어서 달이 되었다.

분명 무시무시한 타격이었을 것이다.

또한 이 충돌 때문에 대기가 많이 빠져나가는 바람에 지구가 다소 조용해졌을 것이다. 하지만 폭격이 계속되면서 충돌 물체는 매번 더 많은 암석과 금속뿐 아니라 다량의 휘발성 얼음과 언 기체들을 싣고 왔기에 새로운 대기를 창조했고 지구를 냉각시키는 데 필요한 물을 공급했다. 덕분에 새로운 소리, 즉 빗소리도 등장했다. 엄청난 양의 수증기가 새로운 대기 속에서 응결하여 비가 내렸고, 이로 인해 바다가 생겼다.

화산 분출과 운석 충돌에다 물소리까지 보태지면서 지구는 다시 시끄러워지고 있었다. 고속의 S파가 갓 식은 암석을 통해 퍼져나갔고 우르릉거리는 소리가 공중을 가득 메웠으며 철썩거리는 소리가 새로 생긴 바다를 뒤덮었다. 지구는 고유한 사운드트랙을 창조했다. 비록 우리가 들었다면 소음뿐이었겠지만. 전체 음향 범위에 걸쳐 고른 (적어도 매우 넓은) 에너지 분포를 보이는 사운드트랙이었을 것이다.

몇억 년이 더 지나 우리가 후기 대폭격기라고 부르는 기간 동안 사운드트랙은 다시 울려 퍼졌다. 지구(그리고 태양계 내의 다른 모든 곳)가 더 많은 소행성 비의 표적이 되었을 때였다. 하지만 그 기간에 이상한 일이 한 가지 생겼다. 바다 속(또는 어떤 이론에 의하면 더 깊은 심해의 열수분출공 근처)의 부글거리는 유기물의 작은 덩어리들이 자신을 복제하기 시작했다. 이런 소음과 진동 한가운데서 생명이 태어났던 것이다. 화석 증거가 남아 있는 최초의 생명체—청각이 생기기 몇십억 년 전의 남조류인 스트로마톨라이트—들이 원시 바다의 파도와 진동에 의해 이리저리 흔들리면서 신선한 표면을 메탄에 노출시켰고, 이로 인해 우리가 숨 쉬는 데 필요한 대기 속 산소를 만들어냈다. 하지만 이런 초기 생명체들은 이후 20억 년 동안 대기에 산소를 뿜어대는 바람에 생존의 길이 막혔고, 다음 주자인 진핵생물에게 생명의 바통을 건네주었다.

최초의 비자가영양 진핵생명체—가만히 서서 광합성만을 하지 않는 생명체라는 뜻—들은 자신들의 내부 세포골격을 이루는 것과 비슷한 단백질을 외부화시키는 실험에 착수했다. 이 단백질은 자체 결합 사슬을 구성하여 운동성이 있는 작은 털, 즉 섬모를 만들어냈다. 덕분에 이 생명체는 여기저기 돌아다닐 수 있게 되었다. 움직일 수 있게 되자 더 많은 먹이를 찾아냈다. 이런 변화 덕분에 초기 생태계의 생명체들은 수동적인 존재에서 능동적인 존재로 탈바꿈했고, 아울러 최초의 포식자가 진화할 수 있었다.

곧 이 섬모의 변형체들이 다른 기능을 갖고서 출현했다. 이전에는 단세포 생명체를 움직이기 위해 노를 젓는 사람처럼 움직였다면, 원발성 섬모라는 이 새로운 유형의 섬모는 세포막—이 섬모가 돌출되어 있는 부위—의 작은 채널들을 여닫는 역할을 했다. 섬모가 한 방향으로 휘어 있을 때는 채널을 열었고 다른 방향으로 휘어 있을 때는 채널을 닫았다. 섬모의 이런 작용이 센서 기능을 하여 주위 유체의 운동을 탐지해낸 것이다. 이 기능을 처음 개발한 생명체는 단순했지만, 감각 세계에서 최초로 진정한 도약을 이루어냈다. 주위 환경의 변화를 탐지하기 위해 진동을 감각하고 사용한 최초의 사례였던 것이다. 덕분에 유체 흐름의 변화를 감지하여 먹이가 적은 위치에서 먹이가 풍부한 위치로 이동했을 뿐만 아니라 먹잇감임을 나타내는 움직임을 멀리서도 알아차릴 수 있었다. 진동 민감성은 최초의 원거리 감각 체계 가운데 하나였다. 이 감각은 세포 표면에 접촉해 있거나 바로 옆에 있지 않고 멀리 떨어진 곳이라도 환경 변화를 감지할 수 있었다.

이 섬모가 오늘날 우리의 귀에서 진동을 감지하는 미세한 털의 조상이라고 말하고픈 유혹이 생긴다. 진동 민감성은 정말로 털과 같은 섬모의 변이에 바탕을 두고 있지만, 현대의 척추동물의 중이(中耳)를 채우는 털 세포까지 이르는 진화상의 여정은 단세포 생명체가 고대의 바다를 휘젓고 다니게 만들었던 가장 초기의 편모에서 시작하지 않는다.

대신 약 15억 년 전 고대의 해파리와 비슷한 다세포 생명체의 기계감각뉴런의 출현과 함께 시작한다. 이후 4~5억 년 정도 지나서 오늘날의 감각 담당 털 세포와 비슷한 것이 출현했다. 그리고 다시 십억 년쯤 지나서야, 이런 털 세포들은 초기 척추동물 조상들이 유체 내에서 운동을 감지해내는 전문적인 감각기관—기본적인 중이—으로 발전했다.

잠시 귀가 무엇인지 생각해보자. 한마디로 귀는 분자들의 압력 변화를 감지하는 기관이다. 우리는 귀를 음악이나 자동차 경적을 듣는 곳이라고 여긴다. 하지만 실제로 귀가 감지하는 것은 진동이다. 초기의 척추동물들은 두 가지 목적에서 진동 민감성을 활용했다. 하나는 몸 주위를 지나는 유체 흐름의 변화를 살피기 위해서였는데, 이른바 측선이라는 것을 이용했다. 이는 지금도 거의 모든 물고기 및 양서류 유충에서 보인다.

두 번째는 머리의 양측에 각각 위치한 특수 기관들에서 '내부' 유체 흐름의 변화를 감지했다. 이 구조에는 공중의 소리를 포착하기 위한 전문적인 기관들이 없었다. 당시에는 모두 바다 속에 살았기 때문이다. 당시 동물들은 이와 같은 특수 기관들을 이용해 머리의 회전 가속도와 직선 가속도를 감지했다. '반고리관'과 '이석' 기관이라고 불리는 이 기관들은 내부 진동센서로서, 동물이 움직일 때 머리의 가속도를 측정했다. 중이를 지닌 가장 초기의 척추동물 화석(시비린쿠스 데니소니(*Sibyrhynchus denisoni*), 상어의 친척뻘인 특이하게 생긴 물고기)조차도 이 구조가 보인다. 이 기관이 전정계—대다수의 다른 감각들 그리고 동물이 매끄럽게 움직이고 중력을 이길 수 있도록 해주는 근골격계와 긴밀히 동조하여 가속을 감지하는 체계—의 바탕을 마련했다. 하지만 시비린쿠스 데니소니 및 친척뻘인 초기의 척추동물들에게 이것은 듣기의 시작이기도 했다. 중력의 방향을 감지하는 이석 기관인 구형낭 또한 물의 압력 변화에 반응하여 진동하게 되었다. 달리 말해, 귀가 존재하게 되었으며 생명체들이 듣기를 시작했다.

이 초기 척추동물들의 듣기는 오늘날의 많은 사례들과 비교할 때 제한적이었을 것이다. 어쨌거나 우리는 3억5천만 년에 걸쳐 그 주제의 변주들과 놀고 있는 셈이다. 시비린쿠스 데니소니의 후예인 오늘날의 상어는 청각적 문턱값이 비교적 매우 높다. 즉, 상어가 반응하려면 소리가 꽤 시끄러워야 한다. 상어는 또한 수중에서 나는 소리의 위치를 알아내는 능력이 매우 제한적이다. 이런 현상은 수중 청각의 고유한 문제이다. 물은 밀도가 높아 물속에서 소리의 속력은 공기 중의 약 다섯 배인지라, 머리의 한쪽 측면에서 들리는 소리와 다른쪽 측면에서 들리는 소리의 차이를 통해 소리가 어디에서 나는지 알아내기가 어렵다.

상어는 다른 감각의 도움을 받는다. 시각(물론 상어는 시각도 비교적 제한적이지만), 후각 및 전기감각(현대의 상어가 근처를 헤엄치는 먹잇감의 신경근육 반응을 포착할 수 있게 해주는 감각)뿐 아니라, 측선도 이용한다. 이런 감각들이 전부 조화를 이루어 하나의 감각 시스템을 구성한다. 바로 여기에 생명 출현 이전과 생명 출현 이후의 소리 세계를 구분하는 최초의 분수령이 있다. 진동, 빛, 가속도 및 화학물질 등을 측정하는 감각을 통해 지각된 세계를 뇌에 지도화할 필요성이 비로소 생긴 것이다.

소리의 물리학, 소리의 심리학

우리가 소리라고 여기는 것에는 물리학과 심리학이라는 두 요소가 관여한다. 물리학은 소리의 파라미터들—주파수(매질이 초당 진동하는 횟수), 진폭(특정한 소리 파동의 최고점과 최저점 사이의 거리), 위상(파동이 시작한 이후 시간상의 상대적인 위치)—을 기술할 때 등장한다. 이론적으로 볼 때, 이 세 요소를 완벽하게 파악할 수 있다면 소리를 완벽하게 기술할 수 있다. 단순한 말처럼 들리지만, 음향 실험실을 벗어나면 소리는 무척이나 복잡하다. 눈금이 매겨진 앰프와 스피커를 달고 있는 독립형 음향 발생기를 일상적인 출근길에서 만나기란 매우 드문 일이다. 만약 출근길에 본다면 횡단보도를 건너는 유용한 신호로 이 음향 발생기를 사용하기보다는 폭탄 제거반을 불러야 할 가능성이 높다. 음향학자들은 종종 이 단순하고 매우 통제된 소리를 이용해 소리란 과연 무엇인지 그리고 소리가 어떻게 작동하는지를 설명하기도 하지만, 그런 소리를 통해 현실 세계의 소리를 설명하는 일은 물리학자가 소떼의 움직임을 기술하는 일과 마찬가지다. 물리학자가 소떼의 행동을 완벽하게 모형화할 수 있으려면 구형(球形)의

소들이 진공 속의 마찰 없는 표면에서 움직인다고 가정해야만 한다.

소떼와 마찬가지로 현실 세계는 음향학적으로 매우 복잡하다. 특히 최초의 청취자들이 태어났던 원시 바다는 더더욱 그렇다. 소리의 물리적 측면들은 주파수와 진폭 그리고 타이밍 내지 위상으로 특성이 파악되지만, 현실 세계의 소리는 환경의 세부사항에 따라 판이하게 달라진다. 악마는 세부사항에 있는 법이다. 주위 환경에서 나는 소리들은 서로 상호작용하는 것들에 의해 방출되는데, 일단 방출되고 나면 그 환경 안에 있는 거의 모든 것에 영향을 받는다. 상호작용으로 인해 에너지가 차츰 소멸되어 소리가 배경잡음으로 남을 때까지 줄곧 그렇다. 충분한 참을성과 장비 그리고 계산 능력(그리고 넉넉한 예산)이 있으면, 그 소리에 어떤 일이 벌어지는지를 거뜬하게 모형화할 수 있다. 사실 이것이 녹음업계의 사후 작업의 상당 부분을 차지한다.

척추동물의 뇌가 하는 일의 상당 부분도 감각 변환을 통해 모든 물리적 정보를 취합하여 행동의 바탕이 되는 외부 세계의 인식 모형을 구성하는 일이다. 행동 및 행동을 일으키게 만드는 원인은 심리학의 기반이다. 물리학은 듣는 이가 있든 없든 상관하지 않는다. 숲속의 나무는 근처에 누가 있든 없든 넘어지면 소리가 난다. 하지만 듣는 이(또는 보는 이나 냄새 맡는 이)가 등장하면 모든 것이 달라진다. 이 세계의 물리학은 센서와 뉴런 수준에서 심리학과 구별된다. 그런 까닭에 우리는 그것을 기술할 새로운 용어—정신물리학—가 필요하다.

우리는 주위 세계를 관찰함으로써 현상을 실제로 보거나 듣거나 맛보거나 만진다고 여기지만, 사실은 그렇지 않다. 우리는 한 유형의 에너지를 사용가능한 신호로 변환시킴으로써 세계의 표상을 해석하고 있는 것이다. 모든 감각적 입력은—어떤 유형의 에너지를 이용하든지 간에—재구성된다. 장면, 냄새 또는 소리와 같은 자극의 최초 에너지가 수신자에게 어떤 변화를 야기하고, 이것이 다른 형태로 변환되어 '감각'을 발생시킨다. 지각은 감각을 통합하여 우리 주위의 에너지 변화에 관한 일관성 있는 모형을 만들어내는 일이다. 지각은 단일 유형의 센서를 통해 물리적 세계의 단일 사건을 재구성해낸다.

이런 개별적인 지각들을 전부 합칠 때, 우리의 감각으로부터 구성되는 세계인 움벨트(Umbelt)가 구축된다. 가령, 색깔은 빛의 파장을 정신물리학적으로 재구성한 것이며, 밝기는 빛의 진폭(수신한 광자(光子)의 수)을 재구성해서 얻은 결과이다. 감촉—가벼운 압력이든 무거운 압력이든—은 어떤 구조의 역학적인 왜곡을 재구성한 것이다. 냄새는 특정한 화학물질이 결합되어 나타난 결과이다. 소리는 진동하는 신호들—공기, 물, 먼지 또는 돌과 같은 어떤 매질의 압력 변화—의 정신물리학적 재구성이다.

청취자가 됨으로써—우리의 스트로마톨라이트 선조처럼 주위 진동에 의해 단지 반응만 하는 것이 아니라 청각 정보의 수신자가 됨으로써—생명체는 음향 에너지의 전달과 탐지에 능동적으로 참여하게 된다. 초기 생명체들은 생물학적 변환을 통해 소리 에너지를 재구성하고 소리를 의미하는 신경자극을 발생시켰고, 때로는 달팽이 음전기반응(cochlear microphonics. 음향 자극의 파형에 따라 교류 전압이 생성되는 반응_옮긴이)에서처럼 그런 자극을 모방하기도 했다. 하지만 1:1의 재구성은 결코 달성하지 못했다. 뇌라는 잠정적이고 애매모호한 생물학 체계에 의존한다는 것은 소리 에너지를 감각을 통해 재구성함으로써 그 소리의 표상을 인식한다는 뜻이다.

정신물리학은 물리학의 '사적인' 재구성이며, 진화와 발달을 거치면서 변화한다. 이런 까닭에—진화상의 또는 종의 수준에서 보면—열댓 마리 박쥐들이 곤충을 사냥하느라 지하철 소음 수준으로 비명을 지르고 있는데도, 우리는 박쥐가 내는 소리의 주파수를 들을 수 없다. 덕분에 여름 밤 베란다에 앉아 시골이 얼마나 조용하냐고 감탄할 수 있는 것이다. 마찬가지 이유로 동물원 코끼리들이 고속도로 근처에서 살면 잘 지내지 못한다. 왜냐하면 1킬로미터나 떨어져 있어도 자동차의 저주파 소음이 코끼리들 간의 초저주파 의사소통을 방해하기 때문이다. 바로 이런 까닭에—발생상의 또는 개체의 수준에서 보면—십대들은 시끄러운 음악을 자극제로 여겨 끌리는 반면에, 나이에 따른 일반적인 청각 상실을 겪는 늙은이는 환경을 감지하는 능력이 줄어들면서 피해망상에 빠진다. 정신물리학의 탄생은 마음의 출현을 탐구하는 첫걸음이었다.

위대한 도약

정신물리학이 개입해야 설명이 될 만큼 복잡해지자 생명체는 흥미로운 일을 하기 시작했다. 주위의 소리에 이바지하기 시작한 것이다. 생명체 탄생 이전에 지구상의 모든 소리—파도의 철썩거림, 바람의 살랑거림, 번개의 번쩍거림—는 잡음이었다. 스펙트럼 상에서 거의 무작위로 흩어진 음향 에너지의 일정한 흐름을 제공한다는 의미에서 그렇다. (예외라면, 바람이 속이 빈 바위를 통과할 때 가끔씩 낮게 웅웅거리는 소리나 모래언덕 위를 쓰다듬는 바람의 사라락거리는 소리.) 하지만 점점 더 복잡한 다세포 생명체가 등장하면서 듣기 능력이 생기자, 지구의 소리는 달라지기 시작했다. 진동 민감성이 진화상의 경험법칙 때문에 생겨났다. 즉, 자원이 풍부한 틈새가 존재하기만 하면 그곳을 채울 어떤 것이 나타난다는 법칙 말이다.

초기의 진동 민감성은 단순한 유기체 주위의 물살의 변화를 알려주는 초기의 경보 시스템이었다. 이런 국소적인 물살의 변화는 단지 물결이 이는 것에서부터 포식자의 접근 또는 근처에 먹잇감의 존재 등 다양한 상황을 의미할 수 있었다. 하지만 생명체가 주위 환경을 실제로 들을 수 있을 만큼 복잡해지자, 환경을 이용하기에 알맞은 감각의 기능들이 한껏 열렸다. 동물들이 소리를 낼 수 있게 된 것이다. 동물 행동의 복잡성의 위대한 도약이었다.

대체로 햇빛의 빛 에너지를 수동적으로 탐지하는 데 그치는 시각과 달리 소리는 완전히 새로운 의사소통 채널을 제공하는데, 이 채널은 어둠 속에서도 모퉁이를 돌아서도 그리고 시선의 방향과 무관하게 작동할 수 있다.* 소리는 이제 더 이상 초기의 경보 시스템만이 아니라 종들 사이의 그리고 멀리 떨어져 있는 같은 종 구성원들 사이의 행동을 조율하는 능동적인 수단이 되었다.

우리는 소리를 낸 최초의 동물에 관해서 잘 모른다. 다만 척추동물은 아니었다는 사실만 알 뿐이다. 무척추동물들은 개체수와 다양성에서 척추동물을 늘 능가했으며, 우리보다 수십억 년 전부터 지구에 존재해왔다. 하지만 소리내기 행동이 등장한 과정을 알려줄 화석이나 유전자 데이터는 거의 없다. 생명의 역사를 추적하기 위한 이 두 방법에는 한 가지 공통적인 바탕, 즉 적어도 얼마만큼의 적응 사례들이 필요하다.

동물이 소리를 낼 수 있게 만든 수천까지는 아니더라도 수백 가지 적응 사례들이 있다. 오늘날의 딱총새우는 귀를 멀게 할 정도인 100dB에 이르는 수중 합창을 선사한다. 비대한 집게를 재빠르게 움직여 물에서 기포를 낚아채서 내는 소리이다. 이 기포가 폭발할 때는 매우 강한 충격파가 발생해서 빛의 펄스가 생길 정도이다. 대하(大蝦)는 더듬이 끝 부분을 눈 주위의 껍질 상에 있는 까끌까끌한 부위에

* 그렇다고 해서 생명체가 의사소통을 위해 스스로 빛을 발생시키는 놀라운 능력을 폄하하자는 뜻은 아니다. 이와 관련한 경이로운 내용을 훑어보고 싶은 분들에게 다음 책을 권한다. *Aglow in the Dark* by Vincent Pieribone, David F. Gruber, and Sylvia Nasar. 이 책은 자연 상태에서 그리고 유전자 조작을 통해서 식물, 균류, 무척추동물 및 척추동물의 생체발광의 역사를 다룬다.

문질러서 끽끽거리는 바이올린 소리를 낸다. 심지어 척추동물들도 소리를 내는 굉장히 다양한 방법들을 진화시켰는데, 그중 상당수는 복잡한 발성 장치가 필요하지 않다. 동물이 일단 듣기를 발달시키기 시작한 이후 거의 모든 발성이 의미를 지닐 수 있게 되었다.

가장 초기의 소리 내는 동물은 아마도 전문적인 발성 구조를 사용하지 않았을 것이다. 제어할 수 있는 소리라면 거의 모든 것을 의사소통에 사용할 수 있기 때문이다. 대표적인 예가 아주 특이한 척추동물 의사소통 구조의 대명사인, 청어의 FRT(fast repetitive tick, 빠르고 반복적인 틱)이다. 청어는 청각이 뛰어나다. 하지만 그 비밀은 제대로 밝혀지지가 않았다. 왜냐하면 어떤 구체적인 발성 장치를 갖고 있지도 않은 것 같고 소리를 내는 장면이 포착되지도 않았기 때문이다. 2003년의 한 연구에 의하면, 거대한 청어 떼는 항문에서 기포를 방출하여, 가청 범위에 딱 들어맞는 초음파 잡음을 낸다고 한다. 이 연구에서 청어의 FRT에 의한 의사소통 및 사회적 협동이 입증되었다. (또한 이 연구를 이끈 벤 윌슨은 두문자 사전에 당당히 한 항목을 올려놓았다.) 살짝 지저분한 이 사례는 중요한 점 하나를 알려준다. 끝내주는 소리를 내는 수중동물 대다수는 우리가 대체로 전형적인 발성 메커니즘이라고 생각하는 것을 사용하지 않는다는 점 말이다.

육상 척추동물들은 대체로 호흡기의 변형 부위로 공기를 어떤 조직에 불어넣어 제어된 방식으로 그 조직을 진동시킨다. 입과 성대주름을 통해 받아들인 공기를 폐로 불어넣는 오페라 가수든 음파탐지에 도움이 되는 코에 난 아주 희한한 주름을 통해 공기를 받아들이는 잎코박쥐든 간에 원리는 같다. 그러나 수중 척추동물들은 이런 시스템을 거의 사용하지 않는다. 물이 밀도가 높기 때문이다. 진동을 만들기 위해 작은 구멍을 통해 물을 밀어내는 것은 동일한 구조를 통해 공기를 밀어내는 것보다 에너지가 더 많이 든다. 따라서 가령 바다송어 같은 많은 수중동물들은 마찰발음을 이용한다. 육상동물인 귀뚜라미가 노래할 때처럼 딱딱한 지느러미 같은 구조를 서로 문질러서 소리를 내는 방식이다. 아귀와 같은 다른 수중동물들은 소리내기용 근육을 부레에 문지르는데, 마치 사람이 손으로 풍선을 문질러서 삑삑거리는 소리를 내는 식이다.

최초로 소음을 발생시킨 존재들이 지금의 바다송어나 아귀 또는 방귀 뀌는 청어는 아니겠지만, 아마도 위에서 언급한 이런저런 메커니즘을 이용해 소리를 냈을 것이다. 소리를 더 많이 낼수록 이들의 행동은 더 복잡해질 수 있었고 사회적 삶과 생존의 그물망은 소리 파동을 타고 이동하면서 더 멀리 뻗어나갈 수 있었다. 그리고 더 많은 생명체들이 합창에 참여할수록 아주 흥미로운 일이 지구에서 벌어졌다. 즉, 지구의 소리가 달라진 것이다. 둔탁한 충돌과 산사태, 거친 모래바람, 폭풍의 백색잡음이 있던 지구에서 생명체들은 의도적이고 '조화로운' 소리들을 창조하기 시작했다. 음색이 있고 정돈되어 있으며 의미로 가득 찬 소리였다. 소리의 바탕을 이루는 수학은 무작위적이기보다는 정수에 가까웠다. 지구의 음향은 우연한 잡음에서 벗어나 노래로 바뀌었다. 생물권이 더 복잡해지자 지구는 '음향 생태계'를 발전시켰는데, 이는 우리 지구에 생명이 출현함으로써 땅과 바다와 하늘의 진동 에너지에 뚜렷한 변화가 생겼다는 뜻이다.

하늘에서 내리는 쇠와 얼음의 비가 줄어들면서 가끔씩 캐나다 상공에 불의 공이나 우주 쓰레기 조각이 떨어지긴 했지만, 지구는 여전히 시끄러운 곳이었다. 그러나 적어도 지금은 생명이 있는 행성의 소리를 감상하는 청취자들이 존재한다. 우리는 마땅히 그래야 한다. 지구를 거대한 종인 듯 울리는 충돌, 한 지각판이 다른 지각판 아래로 미끄러져 들어갈 때 생기는 지진, 해일 그리고 부드러운 바람은 매번 생길 때마다 생명의 형성에 이바지했다. 태고의 분출물을 뒤흔들어 생명 이전의 화학물질들에 에너지를 전달하여 그것들이 서로 충돌하고 상호작용하고 복제를 시작하도록 만들었다. 지금까지 그 진동은 계속되고 있다.

소리는 오늘날 우리에게 어떤 역할을 할까? 여전히 지구는 고유의 소리들—지진, 바람, 낙석, 비와 눈보라—로 우리를 둘러싸고 있다. 하지만 심해와 대기 사이 우리 행성의 얇은 껍질을 채우는 소리의 상당량은 생명체에서 나온다. 생명체는 갓 부모가 된 사람이라면 누구나 알듯이 매우 시끄러운 존재이다. 소리와 소음은 환경의 조성에서부터 우리 신경의 시냅스 형성까지 포함하면서 생명의 진화와 발달을 계속 이끌고 있다. 듣기에 참여할 때 우리는 개별 동물의 소리만이 아니라 건강한 생물권의 합창도 듣는 셈이다.

❖

최근 태즈메이니아늑대의 복제 시도를 다룬 기사를 읽은 적이 있다. (태즈메이니아늑대는 개 크기의 유대목 동물로 지난 세기 호주에서 사냥으로 인해 멸종되었다.) 이 동물이 어떤 소리를 냈는지 연구하던 나는 야생 태즈메이니아늑대가 나오는 짧은 영상 몇 편을 찾았다. 하지만 그 영상들은 전부 소리가 없었다. 결코 태즈메이니아늑대의 소리를 듣지 못할 거라는 생각이 들었다. 어떤 종이든 멸종하게 되면 음향 생태계에서 어떤 것이 사라진다. 백만 마리 나그네비둘기 떼의 날갯짓 소리도. 도도새의 꽥꽥거리는 소리도. 그리고 할리우드의 온갖 노력에도 불구하고 우리는 공룡의 으르렁거림이나 노랫소리를 결코 듣지 못할 것이다.

하지만 들판에 나가서 주변 소리를 녹음하기만 해도(생물체의 소리를 연구하는 학문인 생물음향학에서 흔히 쓰이는 기법의 하나이다), 수십 년간 보이지 않아 멸종이 우려되는 종들에게 희망을 주는 놀라운 결과가 나온다. 북아메리카에서 가장 큰 딱따구리인 흰부리딱따구리는 서식지 파괴로 인해 1944년 이후 멸종된 것으로 알려졌다. 그렇지만 아서 알렌이 1935년에 한 녹음을 바탕으로, 2005년까지 과학자들은 이 새를 보지는 못했어도 소리를 듣기는 했다고 주장했다. 이렇게 해서 작은 개체군이나마 미국 남부 지역에서 생존해 있을지 모른다는 희망을 갖게 된 것이다. (물론 빅풋(북미 서부에 살고 있는 것으로 여겨지는 온몸이 털로 덮인 원숭이_옮긴이)이 태평양 연안 북서부 지역에서 발을 구르고 으르렁거리는 소리를 녹음한 자료는 헤아릴 수 없이 많다. 오디오 분석 결과에 따르면, 그런 소리들은 곰에서부터 사람에 이르기까지 누구든 쉽게 낼 수 있다고 한다.)

자연의 소리로 채워진 야생의 세계를 개발해나가면서 사람들은 그 공간을 인간의 소리, 인간의 목소리, 차량 소리, 음악 소리, 광고 선전 음향, 길거리 설교자들의 소리와 군중들의 소음으로 채운다. 그리고 점점 더 소란스럽고 시끄러운 환경을 '정상' 내지 '보금자리'로 여기는 우리의 능력 덕분에 상황은 더 악화되고 있다. 조용함의 가치를 깨달으려면 주목하는 대상을 완전히 바꾸거나 장소를 바꾸어야 한다. 우리의 공간을 생명의 소리들로 풍성하게 채우는 대신 다른 종들의 소리를 몰아낸다.

한편으로는 기술 혁신 덕분에 이전에 듣지 못했던 것을 듣게 되었다. 초음파 마이크는 여름밤 우리 머리 위에서 120dB로 꽥꽥거리는 박쥐 떼의 야단법석 소리를 듣게 해주는데, 그 마이크가 없었더라면 듣지 못했을 소리다. 또한 행성 간 탐사선 덕분에 금성의 천둥소리나 토성의 위성인 타이탄의 바람 소리를 들을 수 있다. 과학기술 덕분에 인간은 이 행성의 다른 어떤 종보다 더 많은 소리와 더 멀리서 나는 소리를 들을 수 있는 것이다. 그렇더라도 우리에게 내재된 풍성한 감각을 음미하려면 가끔씩 새로운 장소에 있을 때 조용히 있어야 한다. 즉, 그냥 듣고만 있어야 한다.

chapter TWO

공간과 장소

내가 어렸을 적 어머니는 진 셰퍼드라는 연예인의 라디오 방송을 듣곤 하셨다. 이야기꾼이자 개그맨으로 잘 알려져 있는 인물이었다. (지금은 무엇보다도 그의 이야기를 영화로 만든 〈크리스마스 이야기〉라는 작품으로 기억된다.) 하지만 내가 그를 기억하는 까닭은 사물들이 어떤 소리를 내는지 말해주곤 했기 때문이다. 진 셰퍼드는 여행을 할 때 사진기를 들고 다니지 않는다고 자주 밝혔다. 다들 사진을 찍고 있을 때, 자기는 소리를 녹음했다고 한다.

그 라디오 방송 중에서도 특히 1964년의 만국박람회를 소재로 한 방송이 기억난다. 박람회장을 돌아다니며 진 셰퍼드는 여러 전시관의 소리를 녹음했다고 한다. 당시 박람회장에서 약 두 블록 떨어진 곳에 살았던 나도 박람회장에 자주 들렀다. 내가 그 방송을 재미

있게 들었던 까닭은 그가 말하는 곳이 어딘지 '콕' 집어낼 수 있었기 때문이었다. 가령, 스몰 월드 전시관에서 나오는 노래나 플라스틱 장난감 공룡을 만드는 압출기의 소리를 듣고는 그곳이 어딘지 바로 맞혔다.

한번은 방송에서 코미스키 파크 야구장의 기자석 앞에서 팝콘을 팔던 행상인으로 야구선수들만큼이나 유명했던 어니를 놓고서 이야기를 풀어놓기 시작했다. 이야기 자체로는 별로 흥미가 없었지만, 이윽고 진 셰퍼드는 어니의 유명한 소리를 흉내 내기 시작하더니 어떻게 그 소리가 야구장을 온통 휘감아 울리고 왼쪽 담장과 오른쪽 담장의 득점판에 반사된 다음에 다시 "관중석의 거대한 동굴을 지나면서 메아리로 울려 퍼지고, 야구장 전체를 둥둥 떠다니며 생기를 왕성하게 분출하는지"를 떠벌렸다. 곧이어 그는 열기구 풍선을 타고 지상 1,200미터 상공에서 듣는 세상의 소리가 어떤지 이야기했다. 개 짖는 소리, 사람들 대화 소리, 아이들이 울타리에 막대기를 부딪는 소리를 언급하면서, 지상에서 또는 엔진 소리가 웅웅대는 비행기 안에서는 결코 그런 소리를 들을 수 없었노라고 했다. 그리고 소리가 그 높은 곳까지 올라오는 걸 신기해하면서, 음향학자나 기상학자라면 이유를 알겠지만 자신은 모르겠노라고 말했다.

수십 년이 흘렀지만 여전히 그 방송이 기억난다. 게다가 지금 나는 그가 몰랐던 이유까지 알고 있다.* 음파는 구형 패턴으로 공기 속으로 전파되며 소리가 생겨난 곳에서부터 넓게 퍼져나간다. 이론상으로 소리는 음원에서부터 거리의 제곱에 비례하여 에너지를 잃으면서 거의 영원히 퍼져나갈 수 있지만, 중간에 방해물 때문에 에너지를 훨씬 많이 잃는다. 소리는 굴절할 수도 있는데, 공기의 밀도 변화처럼 단순한 요소에 의해서도 휠 수 있다. 소리는 반사하는 성질도 갖는다. 즉, 딱딱한 표면에 부딪히면 튕겨나간다. 또한 표면 속으로 흡수되는 성질도 갖는다. 물체에 열을 약간 더해주고 소리 자신의 에너지를 잃는 것이다.

물체가 소리를 굴절시키거나 반사시키거나 흡수하면, 소리는 힘과 응집력을 잃으면서 왜곡된다. 방해 물체가 더 많을수록 소리는 더 약해진다. 하지만 지상의 잡동사니들 너머로 올라간 소리는 방해를 받지 않고서 상공에 있는 (그리고 웅웅대는 비행기 엔진으로 둘러싸여 있지 않은) 청취자들에게 자연의 보청기 역할을 해준다. 듣는 장소를 바꾸기만 해도 우리 귀에 들리는 것이 판이하게 달라질 수 있는 것이다. 1,200미터 상공의 하늘이든 지하의 박쥐 동굴 속이든 또는 책장의 위치를 바꾼 후의 내 사무실이든.

---

* 사실 나이가 들어 기억력이 감퇴하긴 했지만, 소리 녹음을 찾는 이들을 위한 놀라운 자료 보고 덕분에 큰 도움을 받았다. 바로 인테넷 아카이브(Internet Archive)로서, 나의 옛 학우인 브루스터 케일이 운영하는 곳이다. 브루스터의 목표는 세계의 모든 미디어에서 정보를 죄다 수집하는 것인데, 그 일을 꽤 잘 시작해 놓았다. 예의 그 방송을 듣고 싶다면, 아래 사이트를 방문하기 바란다. www.archive.org/download/JeanShepherd1965Pt1/1965_03_24_Pop_Art_Worlds_Fair.mp3

에펠탑의 음향 공간

나는 공간과 장소가 달라지면 소리가 달라진다는 것을 이해했을 뿐만 아니라 그 개그맨의 이야기에서 또 다른 무언가를 알게 되었다. 우리 부부는 여행에 나설 때, 사진기는 어딘가에 모셔 놓는 대신 공항 보안검색대를 통과할 정도의 오디오 장치를 싸들고 갈 때가 많다. 가장 흥미로웠던 순간은 에펠탑을 녹음하러 갈 때였다. 아내는 소리에 큰 비중을 두는 예술가이다 보니, 사람의 귀로는 보통 들을 수 없는 초저주파 소리를 포함하여 탑의 실제 소리를 녹음하기를 원했다. 그래서 에펠탑의 관리를 맡은 회사인 SNTE의 허가가 떨어지자 우리는 넉 대의 디지털 녹음기, 몇 대의 귓속형 바이노럴 마이크(binaural microphone. 사람의 양 귀 모양에 따라 제작된 마이크로서 사실감이 뛰어남_옮긴이), 몇백 미터의 케이블 그리고 여덟 대의 수진기—주로 지진이나 굴착 시공을 녹음하는 데 쓰이는 지진 마이크—를 챙겼다. 관광객이라면 이 정도는 기본 아닌가?

수진기는 '캔' 유형이었다. 끝에 전깃줄이 달려 있고, 작지만 무거운 놋쇠 실린더들로 이루어져 있다. 말하자면, 파이프 폭탄 같은 모습이다. 전깃줄은 100미터 길이다. 게다가 깜빡이는 전등과 타이머가 달린 전자장치가 잔뜩 있었다. 놀랍게도 뉴욕 케네디 공항의 보안 요원은 이게 다 뭐냐고 슬쩍 물어본 다음 자기도 파리를 엄청 좋아한다고 주절댔다. 그러고는 우리에게 행운을 빌어주더니 녹음을 어디서 들을 수 있는지를 묻고 나서 우릴 보내주었다. 파리 체류 이틀째 되는 날 지역 SNTE 사무실에서 처리할 일을 마치고 에펠탑의 남쪽 기둥에 수진기들을 강력 접착테이프로 묶기 시작했을 때(프랑스어를 할 줄 아는 아내는 다른 곳에서 비디오 작업을 맡은 이들과 함께 있었다), 꽤 정신 사나운 고함소리를 들었다. 무슨 말인지 이해할 수 없는 소리였다. 아래를 내려 보니 기관총으로 무장한 경찰들이 우루루 몰려 있었다. 분명 나더러 뭔가를 하거나 아니면 뭔가를 중지하라고 재촉하는 듯했다. 나는 (경찰이 올 거라고는 입도 뻥긋하지 않았던) 보안 책임자한테서 받은 편지를 흔들며 "la papier(허가증)!"이라고 여러 번 외쳤다. 뉴욕 악센트 때문인지 별 소용이 없긴 했지만. 때마침 아내가 돌아왔다. 덕분에 음향을 연구한답시고 돌아다니다 총에 맞아 황천길로 가기 전에 간신히 살아날 수 있었다.

전화위복이었다. 이제 허락을 받은 우리는 탑 주위의 가청음은 물론이고 밑바닥에서, 꼭대기에서, (당시에는 엄연히 접근 금지 구역이었던) 지하 기계실에서 그리고 탑의 맨 위쪽 라디오 안테나 아래의 비상탈출 미끄럼대에서 생기는 초저주파 진동을 녹음할 수 있게 되었다. 거기서 보통 들리는 소리는 온갖 나라 말로 떠들어대는 수천 명 방문자들의 말소리, 시위대로 인해 막힌 길에서 나는 택시들의 경적소리, 교통정리를 하려고 경찰들이 내는 두 음색의 유럽 사이렌 소리, 비바람에서부터 어디에나 보이는 비둘기들의 구구구 소리와 날개 파닥이는 소리에 이르기까지 파리라는 도시 환경에서 나는 기본적인 소음들이다. 하지만 나는 다른 대다수 방문객들과 떨어진 가장 높은 곳에 서서, 자칭 진 셰퍼드 효과라고 명명한 것이 옳음을 확인했다. 즉, 바람이 잦아들 때면 수백 미터 아래에서 사람들이 나누는 대화를 가끔씩 들을 수 있었다. 불어로 말하는 목소리들이 특정한 방향으로 왜곡되지 않고 올라온 것이다.

우리 귀엔 들리지 않지만 에펠탑은 자신의 목소리를 지니고 있다. 여러분 생각에는 7,300톤의 금속과 2,500톤의 돌과 50톤의 페인트로 만들어졌으니 에펠탑이 꿈쩍도 않을 거 같겠지만, 사실 그 거대한 구조물은 낮은 주파수로 끊임없이 진동하고 있다. 귀스타브 에펠에 따르면, 자신의 에펠탑 설계는 바람의 저항을 최소화하기 위한 의도였는데, 이는 강한 바람 속에서도 에펠탑이 2~3인치밖에 흔들리지 않는다는 사실(반면에 월드트레이드센터는 10~12인치나 흔들린다)로 입증되었노라고 했다. 그러나 에펠탑은 온갖 저주파 진동에 반응하고 그런 진동을 전파시킨다. 가령 방문객이 발을 구를 때 생기는 진동, (귀스타브 에펠이 설치한 것과 거의 같은 기술을 사용하고 있는) 19세기 엘리베이터를 끌어올리는 균형추를 잡아당기는 거대한 기계장치의 진동, 바람으로 인한 안테나와 조명 시스템의 진동 같은 것 말이다.

에펠탑의 이러한 노래들은 사람에게 들리지 않는다. 대체로 사람들이 듣는 소리는 공기를 통해 전달되기 때문이다. 소리는 매질의 밀도에 따라 다르게 이동한다. 탑은 단단한 구조물이어서 고주파 소리를 약화시키지만, 쇠는 밀도가 높은 까닭에 소리가 공기보다 열다섯 배 빠르게 이동한다. 어떤 진동이라도 전체 구조물 내에서 반사되고 울리면서 공기보다 열다섯 배 빠르게 이동한다는 의미이다. 따라서 탑을 살짝 두드리기만 해도 다른 진동들의 웅웅거림 속에 파묻히기 전까지는 탑 전체를 '울린다.' 물론 0.1Hz에서 20Hz까지, 즉 지진과 산사태의 음향 대역을 기록하고 아울러 우리의 가청 범위로 변환시키려면 지진 마이크를 이용해야만 한다. 그래야만 탑이 숨 쉬고 신음하며 물체들이 탑을 기어오르거나 비와 바람이 탑을 통과할 때 마치 생명체처럼 꿈틀거리고 흔들리는 소리를 우리는 들을 수 있다.

에펠탑은 특별한 경우로, 내가 가본 곳 중에서 분명 가장 흥미로운 음향 공간에 속한다. 하지만 모든 공간과 장소는 형태, 건축 재료, 내부에 채워진 물체 그리고 (가장 중요한 것으로서) 근처에 어떤 소리와 진동의 원천이 있느냐에 따라 다들 제각각의 음향적 특성을 지닌다. 대다수의 음향 연구는 방음 부스는 물론이고 음향 마니아가 침을 질질 흘릴 만한 섬세한 장치들을 갖춘 깔끔하고 잘 정돈된 실험실에서 진행되긴 하지만, 우리의 일상적인 듣기 공간인 나머지 세계는 복잡한 소리들로 가득 차 있다. 두 가지 이상의 주파수로 이루어지며 진폭과 위상도 짧은 범위에서부터 긴 범위까지 다양하게 변하는 소리들이다.

메아리와 잔향

대다수 인간들이 감지할 수 있는 주파수 범위는 아주 낮은 20Hz의 저음에서부터 매우 높은 20,000Hz(20kHz)의 고음까지이다. 각각의 주파수별로 파장(음파의 한 사이클을 완성하는 길이)이 정해져 있다. 이는 소리가 한 공간에서 어떻게 변하는지를 알려주는 중요한 요소이다. 만약 소리가 특정한 매질에서 얼마나 빠르게 이동하는지 알면, 한 파동 내지 사이클이 진행하는 거리를 쉽게 계산할 수 있다. 매우 낮은 100Hz 주파수의 무적(霧笛. 항해 중인 배에게 안개를 조심하라는 뜻에서 부는 고동_옮긴이)은 파장이 3.4미터인 반면에, 박쥐의 초고주파 바이오소나(동물의 음파 탐지 장치_옮긴이)에서 나오는 100kHz 음파는 파장이 약 1센티미터의 3분의 1에 불과하다.

여기서 이런 의문이 든다. 왜 무적은 아주 저음일까? 화물운송에 빗대어 살펴보자. 배는 암초와 불행하게 충돌하는 것을 방지하기 위해, 뭍에서 아주 먼 곳(어딘지도 모르고 아마 보이지도 않는 곳)으로 신호를 보내야 한다. 그렇다면 이 일을 실행할 소리가 필요한데(물론 등대도 쓰이긴 한다), 왜 하필 낮은 주파수일까? 주파수가 낮을수록 파장이 길기 때문이다. 파장이 매우 길면, 음파의 진행이 진행 경로 상의 사소한 요인에 의해 크게 영향을 받지 않는다. 한 사이클에 포함된 모든 에너지는 진행 경로 상에 놓여 있을지 모를 어떤 물체보다 더 먼 거리에 걸쳐 확산된다. 따라서 저주파 소리일수록 더 멀리 퍼져나간다. 박쥐의 바이오소나와 같은 고주파 소리는 파장이 훨씬 짧기 때문에, 작은 물체에도 반사되거나 흡수되기 쉬워 멀리 퍼져나가지 못한다. (박쥐가 내는 많은 고주파 소리들은 비교적 근처에 있는 아주 작은 물체들에 부딪혀 돌아오므로, 박쥐는 이 메아리를 포착해 그 물체들을 잡아먹으러 간다.)

메아리는 박쥐만 사용하는 것이 아니다. 내가 메아리를 처음 접한 것은 어렸을 적 캣스킬산맥에서 화석을 찾아다닐 때였다. 그때 부모님은 어른들이 하는 재미없는 일에 몰두하고 계셨다. 나는 여러 마리의 공룡을 찾겠노라고 흙을 사정없이 파헤치고 있었다. 어머니는 언덕 아래 쪽 400미터쯤 떨어진 거리에 있는 큰 바위 맞은편에 계셨다. 어머니가 내 이름을 부르기 시작하셨는데, 어머니 목소리는 매번 반복할 때마다 점점 더 희미해졌다. 음향 반사의 기적을 접하고 느낀 감동은 "여기로 내려와 당장!"이라는 어머니의 외침 때문에 사그라졌다. 세게 말하신 "당장"만 계속 되풀이되는 바람에 더더욱 그랬다. 나는 서둘러 내려갔다. 어머니는 비밀스러운 능력을 지니신 게 분명했으니까. 그렇지 않고서야 자기 말을 바위가 계속 되풀이하게 만들지 못했을 테니 말이다.

사실 어머니는 음향학적인 면에서 반사를 잘 시키는 매우 육중한 바위를 마주하고 있었을 뿐이다. 바위에 반사된 까닭에 어머니의 목소리는 점점 더 가늘어지면서 계속 희한하게 변해갔던 것이다. 소리는 약 400미터를 와서 되돌아갔는데(약 800미터를 이동한 셈), 소리의 속력으로 첫 번째 메아리가 나한테 도달하는 데는 약 3분의 1초가 걸렸다. (저자는 자기 뒤쪽의 바위와 약 100미터 떨어진 지점에 있었든 듯하다. 그러면 소리가 바위에 부딪혀 메아리가 되어 자신에게 도달하는 데 대략 3분의 1초가 걸린다_옮긴이.) 그러는 동안 고주파의 에너지를 잃으면서 소리는 내 뒤에 있는 바위 경사면에 부딪혀 위쪽으로 그리고 멀리 있는 다른 바위로 반사되었다. 그러면서 이후의 메아리들은 산란 손실 때문에 세기가 약해졌고 고주파들은 훨씬 더 많이 감쇄되었다. 그러다가 마지막 반향들이 조용한 산 속의 주변 잡음에 묻히면서 "당장!"이 압도적으로 강하게 들렸던 것이다.

메아리는 물체가 소리를 바꾸는 방식의 한 예일 뿐이다. 만약 여러분이 침실이나 기차나 버스 또는 교실에서 이 책을 읽고 있다면, 그 공간의 모든 면들—책상, 벽, 심지어 다른 사람들—이 소리가 들리는 거리 내에서 생겨난 모든 소리에 변화를 줄 수 있고 실제로 변화를 준다. 소리가 부딪히는 모든 면은 어떤 식으로든 소리를 변화시키며, 그런 면들을 구성하거나 덮고 있는 재료들도 나름의 방식으로 소리를 변화시킨다. 벽에 장식물이 거의 없고 어느 방향으로든 3미터 길이 정도의 잘 정돈된 방에서 생기는 가장 단순한 소리조차도 서로 겹치는 메아리를 수천 개나 발생시킨다. 또한 각 주파수마다 파장이 다른데다 면에 부딪힐 때 위상과 진폭이 다르다. 따라서 이런 메아리들이 서로 간섭을 일으킬 때, 보강간섭이 일어나면 특정한 주파수의 소리가 더 커지고 상쇄간섭이 일어나면 더 작아진다.

원래 소리에 이처럼 복잡한 변화들이 더해지는 것을 가리켜 잔향이라고 한다. 이 현상에는 수만 개의 개별 메아리들뿐 아니라 해당 공간 내의 물체들에 의한 보강간섭 및 상쇄간섭으로 인해 생기는 감쇄와 증폭도 관여한다. 타일을 깐 단단한 벽과 바닥(욕실이 그런 예인데, 이런 벽의 음향적 속성은 여러분이 샤워할 때 내는 흥얼거리는 소리에 미세한 불규칙성을 가미한다)은 반사하는 성질이 큰 까닭에, 해당 공간을 잔향이 풍부하게 만들긴 하지만 음향적으로 어수선하게 만들 수 있다. 만약 바닥에 카펫이 깔려 있거나 천장에 부드럽고 불규칙적인 표면의 방음 타일이 설치되어 있으면, 진동하는 공기 분자의 에너지가 반사되기보다는 흡수가 더 많이 된다. 이것이 바로 사무실과 같은 장소의 소리 감쇄의 기본 원리이다. 더군다나 울림이 없는 녹음 스튜디오처럼 소리의 질이 매우 중요한 장소에서는 한 단계 더 나아가서 벽에 기하학적 무늬의 부드러운 발포고무를 붙여서 소리 흡수를 키운다.

이런 사례의 단순한 유형을 집안에서도 볼 수 있다. 바닥이 단단한 실내에 오디오가 있다면, 스피커 바로 근처에 깔개를 놓아보라. 그러면 소리가 약해진다. 왜냐하면 바닥에서 직접 반사되는 소리뿐 아니라 바닥에서 반사된 소리가 다른 지점에 부딪혀 다시 반사되어 나오는 소리도 전부 약해지기 때문이다. 그 다음에는 스피커 앞에다 의자를 놓아보라. 그러면 고주파 소리가 약하게 들린다. 왜냐하면 저주파 소리는 의자 주위로 거뜬히 휘어져 나오지만 고주파 소리는 의자에 부딪혀 튕겨나가기 때문이다. 이를 통해 공간의 음향적 특성을 파악할 수 있고 적절한 스피커 설계와 설치가 어떻게 일종의 예술일 수 있는지 알게 된다. 최상의 소리를 얻으려면 최상의 소리 재생뿐만 아니라 음향 에너지가 듣는 이의 귀로 어떻게 흘러드는지도 이해해야 한다.

이론상 복잡하긴 하지만, 우리는 이런 복잡한 음향 특성을 바탕으로 공간에 관한 정보를 파악하는 데 매우 능하다. 하지만 메아리의 시간 지연을 바탕으로 거리를 알아내기와 같은 단순한 일에는 아주 약하다. 나는 다년간 음향심리학 수업을 여러 교수들과 함께 맡은 적이 있다. 당시 수업 시간에 했던 시연의 결과는 언제나 놀라웠다. 나는 두 종류의 녹음된 소리를 재생했다. 피아노의 한 음정을 재생한 다음 한 화음에 이어서 어떤 음계를 재생했다. 이 소리를 처음 재생할 때 나는 단순한 메아리들을 첨가했다. 이때 그 소리와 메아리 사이의 지연 시간이 메아리마다 다르게 했고, 아울러 방사형으로 퍼져나갈 때의 일반적인 손실을 바탕으로 메아리의 세기가 줄어들도록 했다. 두 번째 재생할 때는 크기와 내용물이 상이한 여러 공간의 복잡한 시뮬레이션을 얻기 위해 알고리즘을 이용해 소리를 수정했다. 그러고는 학생들에게 피아노에서부터 반사 벽까지의 거리와 더불어 공간의 크기와 내용물을 맞혀보라고 했다.

하나의 메아리를 통해 거리를 알아내기란 쉽다. 왜냐하면 원래 소리와 메아리 사이의 시간 간격만 알면 되기 때문이다. 아주 간단한 산수로도 거리를 알아낼 수 있다. 번개의 번쩍이는 섬광(초속 약 30만 킬로미터)과 이후에 일어나는 천둥소리(비교적 느린 초속 약 340미터) 사이에 몇 초가 흐르는지를 세는 일과 조금 비슷하다. 몇 초인지 센 다음에는 아마 여러분이 부모님에게 배웠듯이, 그 초를 5로 나누기만 하면 번개가 얼마나 멀리서 쳤는지 알 수 있다. (이런 어림 계산은 마일 단위의 거리를 알아내는 방법이다._옮긴이) 여러분은 번개와 천둥의 무서움을 누그러뜨리려고 그런 계산을 했겠지만, 이 간단한 어림짐작은 물리학의 세계로 여러분을 안내했을 뿐 아니라 여러분의 귀와 뇌가 벌써부터 자동적으로 행하고 있는 일—위험한 현상으로부터 거리를 알아내기—을 의식적으로 행하는 방법을 가르쳐주었다.

이제 다시 위의 소리 시연으로 되돌아가자. 소리가 초속 1,000피트(약 305미터)로 이동하고 어떤 소리가 반사면까지 갔다가 다시 되돌아온다면, 반사면까지의 거리를 아주 쉽게 계산할 수 있다. 한편, 나무 관에서부터 브라이스 캐니언 국립공원에 이르는 다양한 공간의 파라미터들을 단지 잔향만으로 알아내기란 끔찍하게 어렵다. 그런데 매년 변함없이 학생들은 가까운 면보다 더 멀리 있는 면에서 나오는 메아리가 어느 것인지 거의 알아낼 수 없는데도 시뮬레이션된 다양한 공간들의 크기, 형태, 재료 및 내용물을 대체로 약 80퍼센트의 정확도로 알아맞혔다. 직관에 반하는 결과인 듯하다. 메아리가 나오는 면까지의 거리 파악은 단순한 산수 계산인 반면, 미지의 공간의 내용물을 계산하는 일 그리고 심지어 공간에 철제 의자가 있는지 아니면 비어 있는지를 알아내는 일(학생들 중 절반 이상이 맞힌다)은 수백만 번의 계산이 필요하다. 너무 정밀한 작업이어서 여러 대의 컴퓨터를 연결해 상당한 시간 동안 작동시켜야만 한다. 하지만 이런 복잡한 음향 세계에 일상적으로 노출되어 있는 우리 귀와 뇌는 순식간에 계산을 하고 결과를 알려준다. (우리 인간은 메아리 거리 계산에 무척 어둡지만, 박쥐한테는 시시한 일이다. 메아리 거리 계산을 잽싸게 해내지 못하면 박쥐는 먹이를 구하지도 못하고 헛되이 숲속을 헤매거나 아니면 그물을 들고 있는 과학자들한테 잡히고 말 것이다.)

장소와 음향

장소가 어떤 소리를 내는지 알아내는 우리의 능력은 건축음향학—특정한 소리가 나도록 장소를 설계하는 일—이라는 분야와 연결된다. 건물, 특히 공항과 카페테리아처럼 넓은 개방 공간을 지닌 건물은 시끄럽고 잔향이 심한 편이어서, 바로 앞에 있는 사람의 말도 알아듣기 어려울 만큼 소음이 심하다.

가령, 뉴욕시 그랜드 센트럴 터미널의 중앙 홀이라는 아름다운 구조물에는 개방 공간이 엄청나게 많다. 아치형 천장은 높이가 12미터에 이르며 벽면들은 화강암과 대리석 그리고 석회로 이루어져 있다. 그 결과, 중앙 홀은 사람들이 내는 소리뿐 아니라 주위의 기차와 차량에서 나는 저주파의 웅웅거리는 소리—강철 및 석조로 된 기반구조를 따라 고속으로 전파되는 소리—를 마구잡이로 반사시키는 거대한 공간이 되고 만다. 따라서 기차의 도착 및 출발 안내는 말할 것도 없고 그곳에서 열리는 연례 휴일 콘서트도 제대로 듣기가 무척 어렵다.

이처럼 음향학적으로 어수선한 곳에서도 근사한 지점들이 존재한다. 조금 아래로 내려가 오이스터바라는 식당 맞은편에 세라믹을 줄지어 붙여 놓은 낮은 아치에서 벽을 대고 휘파람을 불면, 통로 반대편 사람들도 휘파람 소리를 놀랍도록 선명하게 들을 수 있다. 왜냐하면 단단한, 굽은 벽면에 대고 나직하게 소리를 내면, 벽면이 소리를 산란시키는 대신 소리의 통로 역할을 하기 때문이다. 이런 이유로 '휘파람 아치'라는 이름이 붙었다.

하지만 21세기를 앞두고 리모델링된 이 기차역은 음향 특성이 제대로 설계되지 않았다. 건축음향학은 수십억 달러 규모의 산업과 관련된 거대한 분야로서 삶의 질, 특히 도시 환경에 더더욱 중요한 요소로 여겨지고 있다. 가장 기본적인 수준에서 보자면, 사무실, 호텔 그리고 심지어 가정주택의 건설업자들도 내부 소음 공해를 줄이기 위해 매년 수억 달러를 쓴다. 콘서트홀이나 극장 또는 강당—듣는 것이 매우 중요한 장소—은 사람들이 들어야 하는 소리는 극대화시키고 나머지 소리들은 줄이고 왜곡을 최소화하도록 설계되었다. (아니면 그렇게 설계하지 못한 문제점을 안고 있다.)

건축음향학 분야는 새로운 것이 아니다. 기원전 4세기부터 내려오고 있는 에피다우로스의 고대 그리스 원형극장은 음향공학의 기적이다. 아무런 음향 시스템이 없는 개방 구조지만, 오늘날에도 음향의 질이 굉장히 우수하다. 당시 그런 음향 특성은 다른 어떤 곳에서도 실현된 적이 없었다. 그처럼 뛰어난 음향이 가능했던 이유는 2007년에야 파악되었다. 조지아공대의 니코 드클레르크와 공학자인 신디 드케제르가 밝혀낸 바에 의하면, 좌석의 물리적 형태가 음향 필터 역할을 하여 저주파 소리를 억제하고 고주파 소리들이 퍼져나가도록 했다. 게다가 작은 구멍이 많은 돌인 석회석을 사용하여 무작위로 여기저기서 생기는 소음을 상당히 흡수했다. (베네치아는 차량 통행이 적은데다 건물들이 석회석을 많이 사용했기 때문에 도시가 매우 조용한 편이다.)

좀 더 가깝게는 18세기와 19세기에 지어진 콘서트홀들은 거대한 개방 공간과 늘어뜨린 휘장 그리고 바로크식 장식물을 갖추었으며, 무대에서부터 객석 구석구석까지 소리의 흐름을 극대화하기 위해 세심하게 설계되었다. 그리고 다양한 크기의 정교한 극장 장식들 덕분에 잔향이 소리를 위축시키기보다 더 풍성하게 해주는 음향 환경이 마련되었다. 하지만 20세기 건축물은 깔끔한 기하학적인 선들을 채택하는 바람에, 많은 공간들이 음향학적 음영지역(dead spot)과 탁한 소리에 시달리기 시작했다. 뉴욕필하모닉 홀—나중에 명칭을 바꿔 애버리 피셔 홀—에 콘서트를 들으러 갔던 친구한테서 들은 이야기에 따르면, 거기서는 목관악기나 현악기 소리밖에 들을 수 없었다고 한다. 이 문제는 나중에 음향 엔지니어의 대가인 고(故) 키릴 해리스의 지도하에 전체적인 구조 변경을 하고 나서야 해결되었다. 직선 형태인 원래 건축물의 한계를 극복했고, 아울러 그곳에서 연주되는 음악 종류에 어울리게 한답시고 이상하게 배치한 좌석 배치를 바꾼 덕분이다.

우리를 둘러싼 소리풍경

짧은 시간 동안이라도 주의 깊게 들어보면, 우리 주위의 음원이 얼마나 풍부한지 드러날 뿐만 아니라 공간 형태마다 소리가 어떻게 나는지 그리고 우리 뇌가 소리를 통해 주위 공간을 어떻게 정신물리학적으로 재현해내는지에 대해 깊은 통찰을 얻을 수 있다.

지금부터 소개할 산책 이야기는 몇 년 전 늦은 시월의 어느 일요일 오후 2시 30분경에 있었던 일이다. 기온은 15도쯤이었고 살랑살랑 가을바람이 불던 맑은 날씨였다. 아내와 함께 뉴욕의 센트럴파크를 산책하고 있었다. 뉴욕 시민이 아닌 분들을 위해 설명을 조금 하자면, 센트럴파크는 주말에 대다수의 차량 통행이 금지된다. 따라서 자전거나 인라인스케이트를 타는 사람, 조깅을 하는 사람, 악기를 연주하는 사람 또는 핫도그 노점상들이 줄지어 있는 목가적인 유토피아를 거니는 척하는 사람들로 가득하다. 나는 아내의 도시 생체음향학 프로젝트에 동참하여 산책할 때의 소리를 녹음했다. 아내는 휴대용 디지털 녹음기에 연결된 귓속형 바이노럴 마이크를 끼고 있었다. 귓속형 바이노럴 마이크는 작은 특수 마이크로, 약 40Hz에서부터 17,000Hz까지의 인간의 가청 범위를 거뜬히 다룬다. 그리고 바깥으로 통해 있는 외이도에 딱 들어맞는다.

이 마이크로 한 녹음이 특별한 까닭은 귀 안에 들어가 있기 때문에 귀가 듣는 방식 그대로 소리를 녹음한다는 것이다. 사람마다 고유한 귀의 형태에 따라 귀에 들어오는 소리의 파형과 스펙트럼의 미묘한 변화를 포착해낸다. 또한 양쪽 귀 각각에 들어오는 소리 사이의 미묘한 차이를 포착해내는 데도 뛰어나다. 녹음 대상 지역으로 우리(나는 키가 177센티미터이고 아내는 170센티미터)는 메트로폴리탄 미술관 바로 서쪽의 아스팔트 도로를 따라 북쪽으로 걸었다. 아내는 도로에 가까운 오른쪽에서 걸었고 나는 풀밭 근처의 왼쪽에서 걸었다. 이렇게 자세하게 말하는 이유를 여러분도 곧 알게 될 것이다.

한 시간이나 걸었는데도 녹음할 가치가 있는 소리는 약 34초 정도뿐이었다. 〈그림 1〉에는 두 개의 그래프가 나오는데, 각각은 두 채널로 나누어져 있으며, 왼쪽 채널(왼쪽 귀에서 얻은 소리)이 위쪽에, 오른쪽 채널(오른쪽 귀에서 얻은 소리)이 아래에 있다. 두 그래프 중 위의 것은 '오실로그램'(oscillogram)이라고 하는데, 수평축의 초 단위 시간에 대하여 데시벨(dB) 단위로 측정된 음압 변화를 수직축에 보여준다. 오실로그램은 시간이 흐르면서 변화하는 전체적인 신호의 강도를 분석하는 표준 도구인데, 아울러 고해상도 영상(따라서 짧은 시간 표본)을 통해 신호 파형의 미세한 구조 변화를 확인하는 데도 쓰인다.

이 특정한 사례는 약 34초 동안을 다루기 때문에 미세 구조를 구성하는 파형의 개별 변화를 보여주지는 않는다. 다만 전반적인 진폭의 변화를 보여주는데, 이를 가리켜 소리의 '포락선'(envelope, 包絡線)이라고 한다. 포락선은 (∞ 표시가 되어 있는) 중심선의 위아래로 번갈아 나타난다. 이 녹음은 진폭 범위가 0에서부터 90dB SPL까지에 오도록 설정되었다. 따라서 90dB이 녹음될 수 있는 아마도 가장 시끄러운 소리이며 0dB 아래는 마이크가 포착하기에는 너무 조용한 소리이다. (숫자 앞의 마이너스 기호(-)는 사람이 듣는 가장 시끄러운 소리를 0dB로 정하고, 중심선에 가까워질수록 더 조용한 소리를 나타내는 관례에 따른 것이다.) 중심선(파형의 '부호 변화점')은 ∞ 표시가 되어 있는데, 이는 음향 에너지의 완전한 상실을 나타낸다. 물체를 절대영도 근처로 냉각시켜주는 다량의 액체 수소 없이는 도달하지 못하는 상태이다.

아래의 그래프는 '스펙토그램'(spectogram)이라고 하는데, 시간에 따른 특정한 주파수들의 크기 변화를 보여준다. 오실로그램과 동일한 소리에서 나온 그래프이지만 스펙토그램은 소리에 관한 상이한 세부사항들을 드러내준다. 수평축은 위의 오실로그램과 나란히 흐르는 시간을 나타내는데, 왼쪽에서 시작해 오른쪽으로 약 34초까지 진행된다. 수직축은 상이한 주파수들을 표시하는데, 0에서부터 시작

〈그림 1〉

오실로그램: 시간에 대한 음압의 진폭 변화를 나타낸다

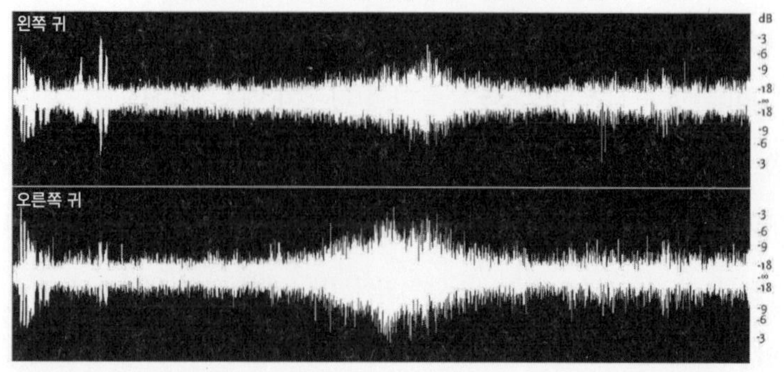

스펙토그램: 시간에 대한 주파수의 크기 변화를 나타낸다

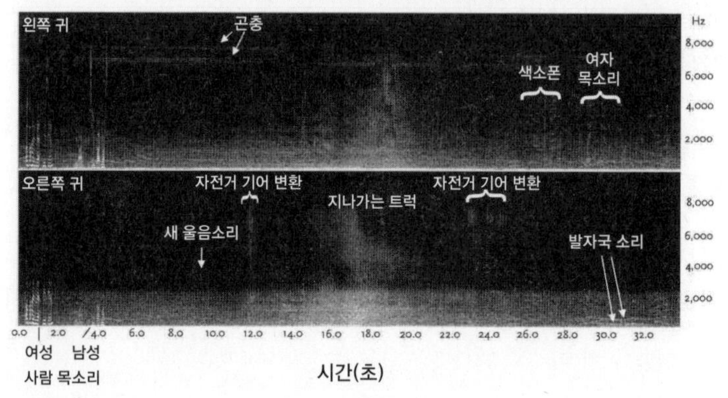

해 약 9,000Hz까지 올라간다. 녹음은 최고 17,000Hz까지 포함하는데 반해, 이 스펙토그램은 윗부분을 잘라낸 것이다. 관심 영역인 소리 에너지의 대다수가 그 주파수 아래에 있는데다 세부사항을 살펴보기 쉽도록 하기 위해서다.

그래프에서 검은 영역은 음향 에너지가 없음을 가리킨다. 밝은 영역은 특정한 주파수가 존재하는 곳임을 가리키는데 진폭이 높을수록 더 밝다. 듣는 이의 관점에서 보자면, 그래프 가운데 위쪽의 흰 수평선 하나는 그 직선의 길이에 해당하는 시간 동안 발생한 4,500Hz의 시끄러운 음이 하나 있었음을 의미한다. 스펙토그램은 주파수들을 따로따로 보여주지, 오실로그램처럼 주파수들을 모두 합쳐서 특정 시간의 모든 주파수들의 진폭 수치를 보여주지 않는다. 따라서 스펙토그램을 보면, 개별 음향 사건들을 파악할 수 있을 뿐 아니라 각 사건의 주파수 내용을 더 쉽게 확인할 수 있다.

소리 풍경에 관한 두 가지 기본적 특징을 알아보는 일로 우리의 음향학 산책을 시작하자. 오실로그램을 보면, 전체 소리 포락선은 약 15dB 아래로는 결코 떨어지지 않는 듯하다. 이것을 스펙토그램 두 채널의 회색 대역(오른쪽 귀가 조금 더 짙다), 즉 약 2,000Hz부터 0Hz까지에 해당하는 영역과 비교해보라. 이 대역은 스펙토그램에서 밀도가 거의 고른데, 이는 음향 에너지가 2,000Hz까지 균등하게 분포되어 있다는 뜻이다. 이것은 '잡음' 대역이다. 비록 도시에서 멀리 떨어진 조용한 숲이나 수풀 지역에서 녹음했고, 또 이 대역의 진폭과 주파수 모두 감소하기는 해도 사라지지는 않는다. 음향 배경 잡음은 어떤 환경에서도 존재하기에 우리는 이 잡음을 거의 의식하지 못한다. 다만 이 잡음 때문에 여러분은 목소리를 무의식적으로 조금 높여 말하거나 음악의 볼륨을 높인다. 이 배경 잡음은 멀리서 들려오는 사람 목소리, 바람 소리 및 차량 소음을 포함하여 수천 가지 음원들이 섞여서 구별이 불가능한 마치 하나의 속삭임처럼 들린다.

이 저주파 잡음의 주요 구성 요소 중 하나는 육상 교통이다. 소리의 속력은 매질의 밀도에 따라 달라지는데, 단단한 흙, 아스팔트 및 콘크리트는 전부 밀도가 높아서 소리의 속력을 공기 중 속력의 최고 열 배만큼 증가시킨다. 따라서 소리는 공기 중에서 이동할 때와 비교해 지면을 따라서 열 배나 더 먼 거리를 이동하고 나서야 사라진다. 개별 발자국, 달리는 자동차 내지 자전거 타이어, 떨어진 물건 꾸러미 소리는 고작 40미터 이내에서만 뚜렷이 들리지만, 지면의 높은 전파 속력 때문에 거의 400미터 반경의 온갖 소리들이 합쳐져서 여러분에게 들려온다. 도로의 위쪽과 아래쪽에서 반사되거나 서로 간섭을 일으키거나 딱딱한 흙이 덮인 영역 전체를 따라 울리는 소리들이다. 지면은 마치 거대한 불량 스피커 역할을 한다. 잡음 밀도(스펙트럼의 밝기)가 왼쪽보다 오른쪽 채널에서 더 높은 까닭도 이 때문이다. 왜냐하면 아내의 오른쪽 귀는 도로를 향하고 왼쪽 귀는 수풀 지역을 향하기 때문이다.

이 산책에서 알게 된 한 가지는 모든 도시마다 고유한 잡음 특성이 있다는 사실이다. 공기 중의 소리는 어떤 특정한 순간에 해당 지역에 존재하는 사람이나 동물의 수나 다른 잡음 발생원에 따라 달라진다. 한 장소의 배경잡음이 다른 장소와 차이가 나는 이유는 도로의 재료와 밀도 때문인 듯하다. 콘크리트 위를 달리는 자동차의 소리는 아스팔트 위를 달리는 자동차의 소리와 상당히 다르다. 주의 깊게 들어보면, 심지어 아스팔트의 구성 성분이 다를 때에도 장소마다 지면의 배경잡음이 달라질 수 있다. 앞서 언급했듯이, 이탈리아의 베네치아가 관광객들로 북적이는데도 무척 조용한 도시인 까닭은 차량 통행이 적은데다가 건물 벽면에 다공성의 석회석, 즉 천연의 음향 감쇄기 역할을 하는 재료가 흔히 쓰였기 때문이다.

그림에 드러나 있는 몇 가지 구체적인 특징들을 살펴보자. 오실로그램을 보면, 처음 4초 동안에 높은 정점이 여럿 나타난다. 처음에는 오른쪽 채널과 왼쪽 채널에서 거의 동일한 높이의 정점이 나오다가 조금 후에는 오른쪽 채널보다 왼쪽 채널이 더 소리가 크다. 이것은 아내 목소리에 이은 내 목소리이다. 아내 목소리가 더 진폭이 큰 까닭은 고함을 지르고 있어서가 아니라 마이크가 귀속에 있는지라 목소리를 아주 가까이서 포착하기 때문이다. 게다가 아내 목소리는 입에서 나와 귀속의 마이크로 곧장 들어가는 것이 아니라, '뼈 전도'(bone propagation)라는 소리 통로를 통해 두개골을 거치면서 몸속으로도 이동하기 때문이다.

3.5초쯤부터 시작하는 정점들은 내 목소리인데, 왼쪽이 더 진폭이 높은 까닭은 내가 아내의 왼쪽 측면에서 말하고 있기 때문이다. 스펙토그램을 보면, 인간 말소리의 음향 특성을 잘 드러내주는 세부사항을 더 많이 알 수 있다. 아내 목소리의 스펙토그램에는 시간에 따라 높이가 조금씩 다른 일련의 밝은 흰 선들이 세로로 띠 모양을 이룬다. 이것을 가리켜 고조파 대역(harmonic band)이라고 하는데, 신

호 없는 영역들에 의해 분리되어 있는 비슷한 주파수들의 모음이다. (고조파는 기본주파수의 정수배의 주파수를 갖는 파형들이다. 보통, 음파는 기본주파수의 파형과 그 정수배 주파수의 파형들의 합으로 표시할 수 있다_옮긴이.) 이 대역의 구체적인 고조파 구조는 아내의 성도(聲道. 성대에서 입술 또는 콧구멍에 이르는 통로_옮긴이)에 의해 정해진다.

아내는 "We're behind the Met Museum(우리는 메트로폴리탄 미술관 뒤에 있어요)"이라는 말을 하고 있는데, 주파수 대역의 방향 변화는 아내의 말이 모음과 자음을 오갈 때 목소리의 주파수 변화를 나타낸다. 주파수 대역의 이런 변화를 가리켜 '포먼트'(formant)라고 하며 사람 말소리의 기본적 음향 특성을 알려주는 요소이다. 살펴보면, 아내 목소리의 대역(약 2초까지)은 한 무리를 이루며 양측에서 약 6,000Hz까지 올라가는데, 낮은 주파수일 때 더 밝다. 반면에 내 목소리 대역은 약 4,000Hz까지만 올라가며 오른쪽보다 왼쪽 채널(아내의 귀가 나를 향하고 있는 쪽)에서 더 밝다. 오른쪽 채널을 보면, 아내의 오른쪽 3,000~4,000Hz 이상에서는 거의 아무것도 보이지 않는다. 이것은 아내 머리로 인한 소리 그늘(sound shadow)의 결과인데, 이 때문에 약 4,000Hz 이상의 소리는 아내 머리 주위를 돌아 다른 편 귀로 들어가지 못한다.

내가 하는 말은 "We're on Museum Drive North(우린 미술관 북쪽 진입로에 있어요)"이다. 4초쯤에서 내 목소리의 고조파 대역을 자세히 살펴보면, 목소리의 에너지 대부분이 아내 것("D"와 "th"를 발음할 때는 제외. 이 소리를 발음할 때는 잡음이 많이 낀다)보다 낮게 머무를 뿐만 아니라 대역이 서로 가깝게 모여 있다. 이 두 요소로 인해 내 목소리는 아내 것보다 음정이 낮다. 여러분의 귀가 소리의 음정을 판단하는 데에는 주파수 범위의 위쪽 끝만이 아니라 고조파 대역 사이의 간격도 한몫을 한다.

거의 처음부터 분명하게 나타나며 왼쪽/오른쪽 차이를 확연히 드러내주는 또 한 가지 특징은 약 6,000Hz와 7,000Hz 부근에 스펙토그램의 맨 위에 나타나는 꽤 밝은 두 가닥 직선이다. 자세히 살펴보면, 이것은 소리의 전체 지속기간 동안 거의 지속적으로 반복되는 매우 조밀한 수직의 흰 선들로 이루어져 있다. 이것은 우리가 걷던 왼편 수풀 지역의 나무에 앉아 있는 곤충(아마도 매미)의 소리이다. 곤충 소리는 오실로그램에 지속적으로 나타나는 배경 진폭의 주요인이지만, 이 역시 소리 발생원의 반대편 쪽인 오른쪽 귀에서는 소리가 매우 제한적으로 나타난다. 고주파가 아내 머리에 가려지기 때문이다. 그 소리가 오른쪽 채널에서 제대로 나타나는 것은 약 10초에서 12초 사이일 뿐인데, 우리가 매우 큰 나무를 지나가고 있을 때였다. 노래하는 곤충이 있던 장소가 바로 그 나무였던 듯하다.

계속 걸어가는 중에 일어난 다음 사건은 9초쯤에 약 3,000Hz에서 나타난 작은 수직선이다. 도로 바로 맞은편에서 작은 새가 짹짹거리는 소리이다. 오실로그램에는 이 새소리를 나타내는 정점이 나오지 않지만, 스펙토그램을 보면 그 소리를 배경 잡음과 분명히 구별할 수 있다. 이 단순한 울음소리에는 깊은 이야기가 담겨 있다. 스펙토그램의 그 부분을 더 자세히 살펴보면, 1,500Hz쯤에서 또 하나의 작은 신호가 포착되는데, 이 때문에 3,000Hz 신호가 고조파 대역이 되는 것이다. (3,000Hz가 1,500Hz의 정수배이기에 두 주파수는 고조파 대역을 이룬다는 뜻_옮긴이.) 하지만 낮은 대역은 배경 잡음의 영역에 있기에 거의 보이지 않는다. 이는 동물 의사소통에 중요한 의미를 갖는다. 왜냐하면 도시에 사는 새는 이 배경 잡음과 늘 경쟁해야 하기 때문이다. 최근의 여러 연구에 의하면, 도시 환경에서 사는 새는 울음소리가 배경 잡음 이상의 영역에서 들릴 수 있도록 울음소리를 바꾸어야 한다. 이로써 (사람을 포함하여) 새의 이웃들은 행동과 스트레스 수준에서 흥미로운 변화를 보이게 된다.

12초쯤에서는 오실로그램과 스펙토그램 둘 다 진폭이 잠시 증가한다. 스펙토그램에서는 대부분이 고주파인 잡음이 나타나고 그 안에 희미한 대역이 들어 있다. 이것은 도로의 오른쪽에서 우리를 지나가는 자전거의 기어 변환 소리이다. 아스팔트 도로상의 바퀴들의 저주파(그리고 비교적 낮은 진폭) 소리는 배경 잡음에 묻혀 포착되지 않는다. 하지만 이것을 오실로그램에서 14초쯤에서 시작해 20초 무렵까지 지속되는 한 사건과 비교해보라. 소리가 재빠르게 커지는데, 이번에도 역시 오른쪽에서 특히 더 그렇다. 조금 후에는 왼쪽에서 정점이 나타난다. 스펙토그램을 보아도 비슷한 패턴이 생기지만, 소리는 약 8,000Hz까지 줄곧 꽤 짙게 나타나다가 오른쪽에서는 17초쯤에서 정점을, 왼쪽에서는 19초쯤에서 정점을 보인다. 아스팔트 도로에서 운송 트럭이 천천히 북쪽으로 달리는 소리다. 왼쪽 채널과 오른쪽 채널의 차이 그리고 스펙토그램과 오실로그램의 모양 차이를 통해 우리는 이 움직임의 정체를 완전히 알 수 있다. 즉, 소리는 먼저 음원에서 더 가까운 쪽에서 감지되므로 오른쪽 귀의 마이크를 지날 때 진폭이 정점에 이른다. 이어서 아내 머리의 소리 그늘로 인해 부분적으로 차단되었다가 마침내 아내의 앞쪽을 통과하여 아내의 왼쪽 귀로 들어간다.

약 19초에서는 높은 진폭에서 훨씬 더 넓은 잡음 대역을 갖는 트럭 소리가 곤충 소리를 차단 내지 '가린다.' 이 가림 현상은 트럭이 이 거리에서 곤충보다 더 시끄럽다는 사실 때문만이 아니다.* 트럭 소리가 주파수 영역이 훨씬 더 넓기 때문에, 결과적으로 두 가지가 합쳐진 잡음은 곤충이 노래하는 데 이용하는 좁은 대역을 차단하게 되는 것이다.

24초쯤에서는 여러 번 기어를 바꾸면서 자전거가 지나가는 사례가 나온다. 25초쯤에서는 오실로그램의 진폭이 살짝 증가하고 아울러 일련의 직선들이 교대로 나타난다. 이 직선들은 저주파 영역에서 관찰되며 4,000Hz까지 계속 올라가는데, 오른쪽보다 왼쪽에서 더 시

* 만약 둘이 여러분으로부터 동일한 거리에 있다면, 매미의 90dB 소리는 트럭의 음향적 타격을 무색하게 만들 것이다. 우리가 익숙하게 듣는 매미 소리는 나무에서 10미터쯤 떨어진 곳에서 듣는 것이다.

끄럽다. 이러한 고조파 대역은 처음에 나왔던 사람 목소리에서 관찰된 것보다 더 단순하며 일종의 계단 형태를 띤다. 이것은 우리 왼편의 야트막한 언덕에서 색소폰이 내는 음들이다. 색소폰 연주는 (20초쯤부터 시작해) 꽤 한참 동안 들려오긴 했지만, 우리가 연주자에게 아주 가까이 다가가서야 비로소 고주파 음들이 등장했으며 저주파 음들도 배경 잡음 대역을 뚫고 분명하게 드러났다. 이 소리들은 몇 초 후에 한 여성이 우리 뒤에서 다가와 옆쪽으로 오면서 내는 목소리의 고조파 대역과 쉽게 구별이 가능하다.

마지막으로 살펴볼 것은 30초쯤부터 시작하여 이 녹음 끝까지 계속된다. 배경 잡음의 아주 아래쪽에서 조용한 스펙트럼 대역이 약 200Hz와 500Hz 사이에서 번갈아 나타난다. 이 척도에서는 연속적인 듯 보이지만, 주파수 대역에 짧은 틈들이 있으며, 두 대역은 사실은 교대로 나타난다. 우리 뒤에서 달려와 34초쯤 오른쪽으로 지나가는 사람의 발자국 소리다. 왼쪽(저주파)과 오른쪽(고주파) 발자국 소리가 크게 다른 것이 이상하게 보이긴 하지만, 이는 음향 인식에 관한 또 한 가지 흥미로운 통찰을 안겨준다.

달리기 주자가 완벽하게 대칭적인 걸음으로 달리고 두 발이 완벽하게 앞뒤로 나란하다면, 두 소리는 차이가 거의 없을 것이다. 하지만 주자가 옆을 지날 때 언뜻 보니, 달리는 사람의 오른발이 두드러지게 바깥으로 틀어져 있었고 왼쪽 발꿈치를 땅에 강하게 내딛었다. 발꿈치에 먼저 닿았다가 발을 구르면서 발바닥 전체가 닿기 때문에

왼발은 오른발보다 충격이 덜하다. (오른발은 닿는 표면적이 적어서 작은 발자국에 더 많은 에너지가 집중되기에 고주파에서 조금 더 시끄러운 소리가 난다.)

예전에 우리 실험실에 한 학생이 있었다. 이 학생은 발자국 소리만으로 어떤 사람인지를 알아낼 수 있는가라는 문제에 관심이 많았다. 학생은 아주 깔끔한 소규모 실험 하나를 실시했는데, 몸무게와 키가 비슷한 사람들한테 비슷한 신발을 신기고서 복도를 따라 걷거나 뛰게 한 다음 소리를 녹음했다. 그러고는 피험자들이 이전에 달리는 소리를 들은 적이 있던 사람들한테 녹음 소리를 들려주었다. 사람들은 이 단순한 소리만으로도 피험자들이 누군지 거뜬히 알아냈다. 우리의 뇌가 미묘한 음향 단서를 바탕으로 매우 복잡한 신원 파악 및 분석을 수행할 수 있음이 또 한 번 입증된 것이다. 그냥 재미있는 학문적 연구일 뿐이라고 여기는 분들이라도, 나중에 어두운 거리에서 누군가의 발자국 소리가 등 뒤에서 들린다면 이 실험 결과에 유념하기 바란다. 여러분도 이상한 소리가 들릴 때 굳이 뒤돌아보지 않더라도 낯선 사람이 여러분을 쫓아오는 소리인지 아니면 열쇠를 찾는 룸메이트의 발자국 소리인지 알아낼 수 있을 것이다.

chapter THREE

물고기와 개구리

모든 장소가 저마다의 음향 특성이 있듯이, 모든 청취자도 자신에게 필요한 소리를 듣는 나름의 방법이 있다. 척추동물 세계에는 5만 가지 종류의 청취자들이 존재한다. 이들 각각은 무슨 소리를 들을지에 관한 나름의 해법이 있는데, 대체로 이 해법은 해당 청취자의 생활환경의 음향 특성과 아주 긴밀한 관련이 있다. 이 청취자들 가운데서 백여 가지가 과학적으로 탐구되었다. (그리고 대다수 데이터는 아래 열두 가지 동물한테서 얻었다. 제브라피시, 금붕어, 아귀, 황소개구리, 발톱개구리, 생쥐, 쥐, 게르빌루스쥐, 고양이, 박쥐, 돌고래 그리고 인간.)

어떤 측면에서 보자면 위와 같은 연구는 괜찮다. 모든 척추동물의 청각은 일정한 구조를 지닌 유모(有毛) 세포를 이용해 압력이나 입자 운동의 변화를 감지하며 이를 행동에 도움을 줄 지각으로 변환시킨다. 귀만 보자면, 무척추동물의 뇌는 일반적인 구조가 비슷하다. 후뇌는 날것의 감각운동 정보의 상당수를 송수신하며 중뇌는 입력 정보와 출력 정보를 통합하며, 시상하부는 전뇌 영역으로 정보를 보내는 중계기 역할을 하고, 전뇌는 의도적인 행동을 관장한다. 하지만 한편으로 보자면, 각각의 종은 들어야 할 것에 대한 저마다의 고유한 해법을 발달시켰다. 게다가 각각의 개체는 해당 종의 '정상' 상태와 차이가 있다. 유전적 변이 그리고 생존 기간에 경험하는 환경 때문이다. 따라서 소수 종들의 사례를 통해 청각의 온갖 다양한 유형을 이해하려는 시도는 매우 실망스러운 결과를 가져올 수 있다.

어쨌든 청각을 연구하는 이들은 궁극적으로 인간의 관점에서 청각을 이해하길 원한다. 우리는 우선적으로 인간의 경험에 관심이 있기 마련이다. 지구상의 다른 생명체들보다 인간의 수가 극히 적긴 하지만, 인간은 음량 측정기를 만들고 소음 감소 법칙을 알아내서 그 법칙에 따르며 또한 소리를 줄이거나 재생 곡명을 바꿀 수 있는 (나머지 네 손가락과) 마주보는 엄지를 지닌 동물이다. 그리고 우리는 다른 종들을 인간의 기능이나 관심사와 겹치는 특징이 있는 시스템으로 보는 편이다. 이런 경향은 지난 20년 전부터 점점 더 심해져서 오늘날에는 대다수의 연구 지원기금이 '중개연구'로 흘러들어간다. 중개연구란 인간의 생체의학에 이론적으로나 기술적으로 응용할 수 있는 연구를 가리킨다. 따라서 우리는 최근에 '유용하다'고 여겨지는 특정한 종에 초점을 맞추는 경향이 있다. 그런 까닭에 오리너구리,

이보다 작은 별코두더쥐 또는 기린*의 청각에 관한 논문은 많지 않은 편이다. (이 동물들은 전기수용(electroreception), 접촉 민감성 및 하품 연구에는 애용된다.)

하지만 인간이 다른 모든 척추동물과 진화상의 유산을 공유한다는 사실과 유용함이 입증된 생체모방 기술 덕분에 우리는 다른 동물을 대상으로 충분히 청각을 연구할 수 있다. 5만 종의 청취자들을 전부 조사할 수는 없지만, 성공 이야기들—오랜 세월 생존해오면서 뭔가를 거뜬하게 해낸 동물들의 이야기—을 살펴보기만 해도 우리 자신의 청각에 대해 배울 뿐 아니라 가까운 장래에 기술과 생체의학으로 할 수 있는 일의 범위를 확장시킬 수 있다. 이번 장에서 우리는 청각의 아래쪽 끝단이자 청취자 풀(pool)의 제일 얕은 영역인 물고기와 개구리부터 시작한다.

물고기의 청각

지구의 생명은 바다에서 왔다. 바다에서 시작한 생명체들은 수억 년의 실험 기간을 거쳐 머리를 물 밖에 내밀고 건조한 공기의 세계로 나가는 모험을 감행했다. 오늘날에도 대다수의 유기체들은 물속에서 산다. 물속에서의 듣기는 우리와 같은 지상 생명체에게는 매우

* 기린은 올리비에 왈루신스키 박사에 의하면 하품을 하지 않는 유일한 동물이라고 한다.

복잡해 보인다. 왜냐하면 인간의 귀는 꽤 밀도가 낮은 매질인 공기 중의 소리의 압력 변화를 포착하도록 진화했기 때문이다. 이런 압력 변화가 우리 고막을 진동시킨다. 고막의 진동은 이어서 세 개의 작은 듣기용 뼈, 즉 이소골(耳小骨)—망치뼈, 모루뼈, 등자뼈—에 의해 증폭된다. 이렇게 증폭된 소리는 다시 난원창(卵圓窓)을 진동시킨다. 난원창은 인간 내이(內耳)에 있는 액체로 채워진 기관인 달팽이관에 이르는 입구이다. 달팽이관 속의 유모세포는 전달 받은 진동을 유용한 신호로 변환한다.

욕조나 수영장에서 여러분의 머리를 물속에 담가보라. 그러면 모든 소리가 이상하게 들릴 것이다. 다이버인 내 친구는 이 상황을 다음과 같이 절묘하게 표현했다. "모든 소리가 더 시끄러우면서 동시에 더 부드럽고 또한 모든 곳에서 들려온다." 이유 중 하나는 인간의 귀는 저밀도인 공기의 진동을 내이의 고밀도 유체의 진동으로 번역하도록 진화했기 때문이다. 외이도를 물로 채우면 이런 시스템을 뒤집는 셈이다. 이제 외이도는 물로 채워져 있지만, 이소골이 든 중이는 여전히 공기가 들어 있어서 왜곡된 신호를 보내게 된다.

물은 공기보다 밀도가 약 8배 높다. (내이의 액체 그리고 나머지 신체 조직의 밀도와 비슷하다.) 밀도가 이처럼 차이가 난다는 것은 물이 공기보다 임피던스(impedance)가 높다는—물속에서 소리를 내는 데 더 많은 에너지가 든다는—뜻이다. 하지만 일단 소리가 나면 약 5배 빠르게 이동하는데, 이로 인해 소리의 정체와 출처를 파악하는 우리의 능력에 큰 혼란이 빚어진다. 그런 까닭에 다이버들은 비싼 통신 장치 없이 방수 화이트보드를 사용하거나 다른 다이버의 공기탱크를 두드리는 것으로 의사소통을 한다. 또한 위의 이유 때문에 욕조 근처에서 라디오를 아무리 크게 틀어도 머리가 물속에 들어가 있으면, 공기 중의 소리는 물과 공기의 임피던스 차이로 인해 물 표면에서 반사된다. 따라서 욕실 전체에는 소리가 가득 울려 퍼지지만, 욕조 안에 있는 여러분은 수도꼭지에서 떨어진 물방울이 수면을 천천히 두드리는 소리밖에 듣지 못하는 것이다.*

물고기는 수억 년 동안 물속에서 소리를 듣고 있다. 외이나 중이도 없는데다 주위의 물과 거의 똑같은 음향 임피던스에도 불구하고 말이다. 단순한 물리학에 따르자면, 소리는 기본적으로 물고기를 그냥 지나쳐가야 마땅하다. 하지만 어떤 적응 과정을 거치면서 물고기의 비교적 단순한 내이는 진동을 충분히 포착할 수 있게 되었다.

물고기는 유모세포를 지닌 특이한 구조의 감각기관인 구형낭(球形囊)을 이용해 소리를 포착한다. 구형낭은 내이 안에서 수직으로 향해 있고 유모세포들은 바깥쪽으로 뻗어 있다. 유모세포의 끝 부분에는 점액질이 들어 있는데, 이 점액질 속에는 아주 작은 뼛조각과 같은 탄산칼슘 결정이 가득 차 있다. 이석(耳石)이라고 하는 이 구조는

* 욕조 속으로 들어오는 소리는 욕조 자체의 진동으로 생긴 소리뿐이다. 예외라면 여러분이 라디오를 욕조 바로 위에 매달아놓아 스피커가 수면을 곧바로 향하게 했을 때이다. 이 경우에는 일부 소리가 욕조 안으로 들어온다. 하지만 라디오 소리를 들으려면 그냥 욕조에서 머리를 내미는 편이 더 쉽다.

주위 조직보다 훨씬 더 밀도가 높다. 소리 압력 파동이 물고기에 닿을 때, 대부분의 에너지는 물고기 몸체를 지나가면서 소리로 물고기를 진동시킨다. 하지만 밀도가 높은 이석은 나머지 조직보다 임피던스가 높다. 머리 양쪽에 있는 이석과 물고기 몸체의 진동 차이는 유모세포 끝 부분을 휘게 만들고 유모세포의 전압을 변화시키는데, 이렇게 해서 생긴 신호는 소리의 특성을 부호화하는 청신경을 통해 전송된다. 내가 듣기로 이것을 가장 잘 설명한 사람은 로욜라대학교의 딕 페이다. 페이는 이렇게 설명한다. "육상 척추동물의 경우 몸은 정지해 있고 소리가 귀를 흔든다. 물고기의 경우 귀는 정지해 있고 소리가 몸을 흔든다."

상어, 가오리 및 홍어와 같은 많은 물고기들은 이런 단순한 청각 시스템으로 잘 살아간다. 이런 연골어류는 청각 기능이 비교적 제한적이어서, 꽤 큰 소리와 좁은 범위의 주파수 범위에만 반응한다. 그러나 진화상으로 더욱 후대에 출현한 경골어류 중 꽤 많은 종들은 적응을 통해 부레라는 기관을 갖게 되었다. 부레는 진화상으로 인간의 폐보다 먼저 나온 것인데, 공기가 들어 있는 주머니이다. 물고기의 몸에 큰 공기 주머니가 존재하는 바람에 소리에 대한 임피던스 불일치가 생기는데, 많은 민물고기들은 부레와 내이를 이어주는 베버소골(Weberian ossicles)이라는 등골뼈의 변형체를 진화시켰다. 금붕어를 포함하는 이런 물고기들은 물속에서도 꽤 잘 듣는데, 약 4kHz까지의 소리를 무난히 들을 수 있기 때문에 '듣기 전문가'로 여겨진다.*

청어목(目) 물고기(청어, 정어리 그리고 이들의 친척)는 한걸음 더 나아가 두개골 속으로 들어가 내이를 직접 자극하는 부레의 연장 기관을 지니고 있다. 메릴랜드대학교의 아트 포퍼의 연구에서 입증된 바에 의하면, 이들 물고기 중 일부는 초음파 영역까지 들을 수 있다. 그리하여 어떤 물고기는 바다 너머 세계를 듣기 위한 첫 번째 단계로서 약간의 공기를 몸속에 넣게 되었다. 개구리가 바로 그런 예다.

개구리의 구애 울음소리

내게는 죽마고우인 그레그가 있다. 우리는 여덟 살 때 황소개구리를 잡으려고 함께 몸을 날렸다. (우린 서로 부딪혀 나뒹굴었고 황소개구리는 달아나버렸다.) 열 살 때 황소개구리 파블로(연못에서 나한테 잡혀 잠시 애완용으로 기르던 녀석인데, 매일 밤 유리 용기 밖으로 용케도 기어 나왔다)는 매일 밤 계단 맨 위에서 우리 어머니께 싱글벙글 인사를 한 다음 노래를 불러주었다. 그리고 프란체스카도 있었다. 거의 성체가 다된 황소개구리였는데, 나는 신시사이저로 B플랫 음을 칠 때마다 녀석의 머리를 왼쪽으로 돌리도록 훈련시키려 했지만 끝내 실패하고 말았다.

* 금붕어는 물고기의 청각 연구에 특히 애용되고 있다. 다루기가 쉬운데다 어항 안에 들어오는 누군가를 잡아먹을 가능성이 매우 적기 때문이다. 상어 청각 연구의 대상들과는 정반대이다.

브라운대학교의 대학원 프로그램에 처음 지원했을 때 나는 예비 대학원생을 위한 모임에 나가서 장차 내 지도교수가 될 안드레아 시몬스와 남편(나중에 나의 박사후 과정 지도교수)인 짐 시몬스를 만났다. 당시 안드레아는 황소개구리가 음정을 어떻게 탐지하는지를 전문적으로 연구하고 있었다. 짐은 그때나 지금이나 박쥐의 음파탐지를 연구하고 있다. 잠시 안부를 서로 주고받은 후에 짐이 말했다. "개구리는 아래쪽 끝단을 차지하고 박쥐는 위쪽 끝단을 차지합니다. 이 둘 사이에서 청각에 관한 모든 걸 알아낼 수 있어요."

나는 (다른 몇 종을 포함해) 그 종들을 20여 년 동안 연구하고 있지만 여전히 청각에 관한 모든 것을 알아내지 못했다. 하지만 짐의 말은 지금도 여전히 일리가 있으며 내 연구의 바탕이 되고 있다. 그래서 나는 50킬로그램 남짓의 녹음 장비를 모기와 악어거북이 득실거리는 늪으로 끌고 가는 일부터 뇌의 재성장 능력에 관한 분자 차원의 이유를 밝히기 위해 부상당한 개구리를 유전자 검사하는 일까지 온갖 노력을 다했다. 한번은 나를 집어삼킬 작정인 수컷 황소개구리의 입에 손을 집어넣기도 했고, 젖꼭지에 아기들을 매단 어미 박쥐들이 급습하는 바람에 박쥐 똥으로 도배가 된 다락방 바닥에 넘어지기도 했다. 내 주치의에 따르면, 나는 황소개구리 오줌에 알레르기가 있다고 한다. 보고된 바로는 내가 전 세계에서 유일한 사례라고 했다.

내가 개구리에 흠뻑 빠지게 된 사연은 이렇다. 양서류인 개구리는 물에서 과감히 나와서 뭍으로 오르는 데 가장 일찍 성공한 대표적인 생명체다. 화석기록에 의하면 해부학적 구조상 요즘의 개구리들은 지난 3억 년 동안 계속 존재해왔다. 그런 까닭에 개구리는 '단순한' 혹은 원시적인 유기체이며 개구리를 연구하면 고작 청각의 기본적 내용만을 배울 수 있을 것이라는 인식이 퍼졌다. 이를테면 오랫동안 개구리의 청각은 단순한 짝짓기 울음소리 감지 체계라고—즉, 개구리의 청각은 범위가 좁아서 다른 개구리의 소리만 들을 수 있다고—보았던 것이다.

언뜻 생각해보면 타당한 말인 듯하다. 동일종인 다른 개구리를 부르거나 듣는 것이 개구리의 사회적 행동을 결정하는 경우라면 뇌의 자원을 외부의 소음에 낭비할 이유가 무엇이란 말인가? 하지만 개구리는 다른 모든 동물들과 마찬가지로 특정한 임무에만 맞게 설계된 기계가 아니라 복잡한 생태계 속에서 활동하는 복잡한 유기체이다. 딕 페이의 말을 다시 인용해보자. "동일한 종의 소리만 들을 때의 문제점은 동일종의 울음소리가 도달하는 영역 바깥에서 소리를 내는 첫 번째 포식자에게 아마도 잡아먹히게 된다는 것이다." 한 무리의 개구리에게 살금살금 접근해본 사람이라면 누구나 알듯이, 페이의 말은 옳다. 귀가 멍멍할 정도인 100dB의 크기의 저음 울음소리를 밤새 내는 황소개구리 합창단은 20미터 이내에 발자국이 들어오자마자 갑자기 조용해진다. 이들의 울음소리는 200에서 4,000Hz까지의 가청 주파수를 포함하고 있지만, 또한 인간의 귀가 포착할 수 있는 것보다 음정과 진폭이 훨씬 낮은 지상의 지진파 진동도 감지할 수 있다.

그러나 물고기와 마찬가지로 모든 개구리를 하나로 뭉뚱그려 취급해서는 안 된다. 개구리는 저마다 사는 방식이 다양하다. 어떤 녀석은 완전히 수중생활을 하고 어떤 녀석은 주로 뭍에서 산다. 어떤 녀석은 사람의 손끝에 올라앉을 크기이지만, 또 어떤 녀석은 무게가 4킬로그램 남짓에 길이는 30센티미터에 이른다. 공통점을 하나 꼽자면, 알려진 모든 개구리 종들은 사회적 행동과 생존을 청각에 의존한다는 것이다.

사실, 명확한 고막(사람의 고막에 상응하는 기관)의 존재 여부는 과학자들이 개구리와 두꺼비를 구별하는 데 사용한 초기의 방법 가운데 하나였다. 그리고 눈 대비 고막의 상대적 크기는 지금도 수컷 개구리와 암컷 개구리를 구별하는 데 쓰이는 방법이다. (수컷의 고막은 눈보다 훨씬 큰 반면 암컷의 고막은 자그마하다.) 하지만 유전적인 관련성보다 외부적인 특징으로 동물을 분류하는 일이 흔히 그렇듯이 이런 구분은 문제가 있음이 드러났다. 일부 개구리는 완전한 내이를 갖고 있기 때문이다. 이런 사정으로 인해 수중개구리인 제노푸스 라에비스(*Xenopus laevis*)는 처음에는 아프리카수중두꺼비라고 불렸다. 완전히 수중생활을 하면서 내부의 고막 원반을 진화시켜 이 원반을 통해 서식지인 탁한 웅덩이에서 서로의 울음소리를 들을 수 있는 엄연한 개구리였는데도 말이다.

제노푸스 라에비스는 1930년대 이후 여러 가지 연구에 애용되고 있다. 이 개구리의 난자는 매우 융통성 있는 구조여서, 다른 종에게서 이식된 단백질을 발현시켜 기능적 구조들을 생성한다. 가령, 뉴런 이온 통로(뉴런의 세포막에 존재하면서 세포의 안과 밖으로 이온을 통과시키는 막 단백질_옮긴이)와 같은 세포들을 부호화하는 DNA가 제노푸스 라에비스의 난자나 난모세포에서 번역 과정을 통해 뉴런 이온 통로를 지닌 난자를 생성한다. 덕분에 연구자들은 다행히도 신경운동학이나 약력학(藥力學) 연구를 정밀하게 수행할 수 있다. 이 개구리의 올챙이는 체외의 투명한 알에서 발생한다. 덕분에 껍질로 덮인 닭이나 자궁에 감싸인 포유류보다 훨씬 더 쉽게 다양한 발생학 연구에 쓰일 수 있다. 올챙이 자체도 투명하기에, 세포 운명 추적(cell fate mapping)을 위해 염료나 추적 물질의 주입이 가능하다. 이를 통해 세포 분열 후에도 개별적으로 꼬리표가 붙은 세포들의 발생과 이동 과정을 추적할 수 있다.

한편 제노푸스 라에비스는 복제된 최초의 척추동물 종이었다. 한동안 이 개구리는 귀의 발생에 관한 수백 건의 연구를 포함하여 분자생물학 및 유전학 연구에 필수였다. 그러나 지식이 많아지면 '아차!' 하는 순간이 생길 가능성도 뒤따르는 법이다. 제노푸스 라에비스는 발생생물학에서 매우 중요한 연구를 이끌긴 했지만, 알고 보니 이 개구리의 유전학적 특성은 척추동물로서는 매우 기이하게도 '이질사배체'(allotetraploid)였다. 무슨 말인고 하니 각 유전자의 복사본이 두 개가 아니라 네 개라는 뜻이다.

반대로 인간을 포함한 대다수의 다른 척추동물은 이배체(diploid)이다. 이런 까닭에 제노푸스 라에비스는 선택적 조작을 통해 유전자를 제거 내지 '기절'시키거나 특정한 돌연변이를 만들 수 없다. 이 종을 대상으로 행해졌던 일부 유전 연구는 요즘 의심을 받고 있다. 그래서 이전에 이 종을 대상으로 행해진 연구 중 상당수는 오늘날 이 종과 가까운 친척인 제노푸스 트로피칼리스(*Xenopus tropicalis*)를 대상으로 재현되고 있다. 이 개구리는 더 작고 수명이 짧지만 이배체 종이다.

그럼에도 제노푸스 라에비스는 청각 연구에는 흥미로운 동물이다. 양서류이긴 하지만, 이 개구리는 사지가 없이 헤엄치는 올챙이 시절부터 육식성의 (때로는 동족을 잡아먹기도 하는) 네발 달린 성체에 이르기까지 평생 수중생활만 한다. 그리고 물고기처럼 측선도 있다. 측선은 머리와 양 측면에 걸쳐 솔기라고 불리는 점선으로 구성된 일련의 외부 유모세포로서, 물 흐름의 변화를 감지하는 기관이다. 어린 제노푸스 라에비스 올챙이는 이 기관을 이용하여 물이 흐르는 방향을 판단하고 부력과 자세 안정에 유리한 쪽으로 자세를 잡는다. 주류성(走流性)이라고 하는 이 행동은 물속에서 자신의 위치뿐 아니라 무리 내에서 다른 올챙이들과의 상대적 위치를 유지하는 데 도움을 주고, 아울러 포식자가 근처에 있음을 알려주는 물 흐름의 갑작스러운 변화를 감지하는 데 유용하다. 성체는 길이가 25센티미터까지 자라고 몸무게는 450그램이 넘는데, 보통 탁한 연못 바닥 근처에서 지내기에 빛을 잘 쬐지 못한다. 성체는 측선을 이용해 위에 있는 작은 곤충이나 물고기의 움직임을 감지하면, 덮쳐서 발톱 달린 발가락으로 붙잡은 다음 넓은 주걱 모양의 입에 쑤셔 넣는다. 위쪽으로 향한 희한하게 생긴 눈은 이 개구리가 수면에 다다르기 전까지는 거의 쓸모가 없다. 그리고 완전히 수중생활을 하는 대다수 동물과 마찬가지로 이 개구리는 외이가 없다.

하지만 네발 달린 물고기를 평평하게 해놓은 듯한 기이한 외모 때문에 이 생명체가 청각의 진화에서 중요한 진전을 이루었다는 사실이 종종 무시된다. 물고기의 구형낭(특히 올챙이일 때 듣기 역할을 하는 기관)을 공유하고 있으면서도 이 개구리는 추가적인 내이 기관인 양서유두(amphibian papilla)와 기저유두(basilar papilla)를 갖고 있다. 유모세포가 풍부한 작은 구조로서 물속에서의 소리 듣기를 전담하는 기관이다.

양서유두는 내이에 걸쳐 뻗어 있는 하나의 막으로 이루어져 있는데, 여기에는 약 50~1,000Hz까지의 저주파 소리에 반응하는 유모세포들이 느슨하게 '음위상적'(tonotopic)인, 즉 특정 주파수에 반응하는 구조로 배열되어 있다. 기저유두는 이보다 더 작은 컵 모양의 기관으로 보통 4,000Hz까지의 고주파 소리에 반응하는 유모세포로 가득 차 있다. 그리고 구형낭이 존재하는데도 제노푸스 라에비스는 물고기와 달리 중이가 있다. 중이는 인간의 고막에 상응하는 내부 연골 고막 원반들로 이루어져 있다. 이 기관은 소리로 인해 생기는 압력 변화를 받아 진동할 수 있을 정도로 주변 조직 및 물과 밀도가 다르며, 아울러 등골근(背骨筋)이라고 불리는 한 조각의 연골에 의해 내이와 연결되어 있다.

이렇게 말하니까, 제노푸스 라에비스는 인간에 관해 무언가를 알아내기에는 아주 이상한 동물인 것만 같다. 비록 이상하고 오래된 생명체이긴 하지만, 제노푸스 라에비스는 음향을 이용한 사회적 행동을 연구하는 데는 훌륭한 모델이다. 소리와 섹스에 관한 이야기를 들려주기 때문이다.

제노푸스 라에비스는 사랑 노래를 부르기 위해 사는 개구리다. 다른 모든 개구리와 마찬가지로 굴성성(屈聲性)—이성이 내는 소리가 있는 쪽으로 향하는 성질—을 갖고 있기에, 거친 보금자리인 남아프리카의 탁한 연못(또는 조금 덜 탁한 물이 있는 실험실 수조)에서도 이 개구리들은 서로를 찾을 수 있다. 대다수의 다른 개구리 종들과는 달리 암컷도 수컷만큼이나 울음소리를 많이 내는데, 상황을 좌지우지하는 쪽은 오히려 암컷이다.

제노푸스 라에비스는 발성 도구가 복잡하지 않다. 후두 근육을 이용해 두 개의 연골 원반을 부딪쳐 캐스터네츠를 딱딱거리는 듯한 소리를 낸다. 음색이 다양하지는 않지만, 이런 유형의 신호는 발성 기관 밖으로 공기를 내보내 소리를 물거품과 뒤섞이게 할 일이 없는지라 소리가 왜곡 없이 물에 잘 퍼져나간다. 게다가 다른 모든 사랑 노래와 마찬가지로 리듬이 잘 맞다. 수컷은 비교적 넓은 범위의 울음소리를 내는데, 암컷과 사랑의 포옹을 나눌 때 내는 느린 울음소리—몇 초 꼴로 탁탁거리는 소리—에서부터 (특히 붙잡혔을 때 내는) 짹짹거리는 소리 및 연속으로 딱딱딱거리는 소리까지 다양하다. 짝짓기에서 가장 중요한 울음소리는 '구애 울음소리'(advertisement call)이다. 0.5초 길이의 딸깍거리는 소리가 계속 이어지는데, 처음에는 느리다가 나중에는 급작스럽게 빨라지며, 최고 1분에 100회까지의 속도로 반복된다.

구애 울음소리는 들리는 그대로이다. 즉, 영역 내의 암컷을 유혹하고 다른 수컷을 겁주어 쫓아내기 위한 신호로서, 암컷의 울음소리에 대한 답가의 형식으로 주로 내는 소리이다. 제노푸스 라에비스의 암컷은 울음소리가 달랑 두 가지—끼르르르르 소리와 째깍 소리인데, 이 또한 다양한 타이밍의 소리로 이루어진다—뿐이지만 충분히 수컷의 행동을 통제한다. 째깍 소리는 꽤 느려서 고작 초당 네 번의 소리로 이루어지는데, 암컷이 이 노래를 할 때는 짝짓기를 받아들이지 않겠다는 뜻이다. 발끈한 째깍 소리를 들은 수컷은 뒤도 돌아보지 않고 자리를 뜬다. 끼르르르르 소리는 암컷이 짝짓기를 받아들이려고 할 때 내는 울음소리이다. 째깍 소리보다 약 3배 빠른 소리로 초당 11번에서 12번 소리가 난다. 끼르르르르 소리는 영역 내의 수컷에게는 음향 최음제 역할을 한다. 심지어 녹음한 암컷의 끼르르르르 소리를 틀어주기만 해도 수컷은 음원으로 다가가서 소리를 내는 것이 뭐든지 간에 짝짓기를 시도한다. 그래서 종종 실험실 연구자가 수

중 스피커를 들어 올려 말끔하게 씻느라 진땀을 빼기도 한다.

사람의 경우 노래하는 이의 능력은 여러 생리학적, 인지적 및 행동적 요소들(특히 연습, 또는 오토 튠(Auto-Tune) 같은 음정 보정 소프트웨어)에 달려 있지만, 개구리의 경우 수컷과 암컷의 노래는 생리학적인 구조 속에 결정되어 있다. 내가 가장 좋아하는 실험 중 하나는 다르시 켈리와 마르샤 토비아스가 행한 '복스 인 비트로'(vox in vitro, '접시 속의 노래')이다. 토비아스와 켈리는 수컷 개구리와 암컷 개구리에게서 후두 신경의 일부와 함께 후두를 제거했다. 그 신경을 적절한 속도로 자극하자, 몸체에서 분리된 후두만으로도 이성을 유혹하는 노래를 실제로 만들 수 있음이 밝혀졌다. 물론 자극 속도를 달리한다고 해서 암컷 후두의 울음소리가 수컷 후두의 울음소리처럼 빨라지게 할 수는 없었다. 암컷과 수컷은 후두의 근육 섬유가 서로 다르기 때문이다. 수컷의 후두 섬유는 빠른 씰룩거림 근육섬유(유형 Ⅱ)이다. 암컷의 후두 섬유는 주로 느린 씰룩거림 근육섬유(유형 Ⅰ)여서 지구력은 높지만 느리게 수축한다. 둘의 차이는 발생 과정 동안 성호르몬의 노출 정도에 따라 정해진다. 발생 과정 동안 높은 농도의 안드로겐(이 호르몬 중에서 가장 유명한 것이 테스토스테론)에 노출되면 발현되는 근육섬유의 유형이 달라진다. 하지만 후두의 성 차이가 암컷 개구리와 수컷 개구리의 울음소리를 다르게 만드는 주된 요소는 아니며, 여러 원인 중 하나일 뿐이다. 수컷 울음소리와 암컷 울음소리의 차이가 생기는 결정적인 원인은 뇌의 발성 영역이 성별에 따라 다르기 때문이다.

성별에 따른 뇌의 차이는 수 세기 동안 과학계에서 논쟁을 불러온 사안이다. 19세기 초반의 해부학자들은 평균적인 여성 뇌의 크기가 더 작다는 사실을 거론하면서 여성이 선천적으로 덜 지적이라고 주장했다. 세월이 흐르면서 과학자들은 성적 지향이 유전적이냐 아니면 후천적인 행동에 따른 것이냐는 논쟁을 그만두었다. 하지만 아직까지도 성적 행동과 뇌의 관련성은 여러분이 과학에 친해지는 일만큼이나 어려운 사안으로 남아 있다.* 그런데 제노푸스 라에비스는 발성의 가짓수가 비교적 제한적이면서도 성별에 따라 차이가 나므로, 매우 복잡한 주제의 기본적 내용을 연구하기에 훌륭한 동물이다. 가령, 만약 수컷을 거세하고 약 한 달이 지나면 울음소리를 거의 내지 않지만, 테스토스테론을 투여하면 암컷을 유혹하는 소리를 다시 내기 시작한다. 만약 성체 암컷에게 테스토스테론을 투여하면 울음소리의 떨림이 점점 더 빨라지는데, 후두 근육의 한계 때문에 보통의 성체 수컷의 가장 빠른 울음소리에는 필적하지 못하지만 그래도 수컷에 가까워지는 것은 분명하다. 이것은 특정한 중요 시기에만 울음소리 행동을 바꾸는 조류와 포유류에서 관찰되는 것과는 다르고 분명 더 단순한 체계이다.

* 과학과 성의 만남이 얼마나 기이할 수 있는지를 제대로 훑어보려면, 메리 로치의 『봉크』를 읽기 바란다. 단, 책을 읽은 후에는 머릿속을 깨끗이 비워내야 한다.

성별에 따라 차이를 보이는 뇌의 기본 속성을 객관적으로 살피기 위해, 야마구치 아야코와 동료들은 암컷과 수컷 제노푸스 라에비스의 뇌 전부를 드러내도 뇌가 꽤 오랫동안 살아서 활동하도록 만들었다. 동물들이 늘 노심초사하는 쓸데없이 끈적끈적한 몸뚱이를 몽땅 제거하고 나자, 산소가 공급되는 인공적인 뇌척수액에 담겨 접시 속에서 살아가는 뇌는 정말로 중요한 것에 집중할 시간이 생겼다. 연구팀은 여러 가지 복잡한 행동에 관여하는 신경전달물질인 세로토닌을 가하면, 뇌는 이른바 '거짓 노래'를 부르기 시작한다는 사실을 알아냈다. 즉, 뇌 속의 노래 생성기에서 개구리의 교미에 적합한 속도로 신경 신호를 후두 신경으로 내보낸다. 세로토닌 수용기, 구체적으로 5-HT2sc 수용기의 분포와 기능이 성별에 따라 미세한 차이가 나는 까닭에 신호가 신경으로 전달되는 속도가 달라지고, 이로 인해 수컷 뇌와 암컷 뇌의 노래가 달라진다.

음정을 인식하는 황소개구리

지금까지 우리는 수중생활에 대해 이야기했다. 욕조에서 라디오를 들어본 경험으로 알 수 있듯이, 수중생활은 공기를 통해 듣고 의사소통하는 생활과는 다르다. 이제 우리는 물 속 개구리인 제노푸스 라에비스를 떠나 북아메리카산 황소개구리(*Rana catesbeiana*)와 같은 개구리과(*Ranidae*)의 개구리를 다룬다. (전 세계에 가장 널리 분포하는 개구리류이다. 반면 제노푸스 라에비스는 발톱개구리과(*Pipidae*)에 속한다_옮긴이.) 이 종은 물 속과 물 밖 두 군데서 소리를 내고 듣는다. 황소개구리는 북아메리카 개구리들 중에 가장 크다. 내가 연구한 나이 든 암컷들은 무게가 1킬로그램 남짓인데다 내가 잡으려고 하자 기세등등하게 싸움을 걸어왔다.*

제노푸스 라에비스와 마찬가지로 황소개구리의 사회적 행동은 울음소리 내기와 듣기에 집중되어 있다. 하지만 제노푸스 라에비스와 달리 이들은 물 밖에서 많은 시간을 보낸다. (적어도 머리는 물 밖에 나와 있다.) 밤이면 황소개구리들은 연못 가장자리 주변에 수백 마리 수컷들이 모여 앉아 "즈-야-옴"이라는 구애 울음소리를 내는데, 이 합창은 그야말로 사방이 혼란스러운 소리의 벽에 둘러싸인 듯 귀를 멀게 할 정도인 100dB 이상일 수도 있다. 물론 황소개구리로서는 타당한 행동이다. 이 울음소리는 수컷의 영역 주장을 나타내어 다른 수컷을 쫓아낼 뿐 아니라 암컷들이 다가와 축축한 녹색 살갗으로 포옹해달라고 유혹을 한다.

여름밤에 손전등을 들고 황소개구리 연못에 가면, 공기 중의 소리 듣기가 물속의 소리 듣기와 다른 차이점과 더불어 수컷과 암컷의 울음소리를 구별할 간단한 방법을 알아차릴 수 있다. 바로, 황소개구리

---

* 결국 내가 이겼지만 황소개구리 오줌을 한 바가지나 덮어쓴 다음에야 얻은 승리였다. 나는 황소개구리 오줌에 알레르기가 있다. 득점 현황, 황소개구리 1 : 베나드릴(알레르기 치료제) 없는 과학자 0.

의 귀를 보는 것이다.* 귀 바로 뒤에는 사람의 고막과 마찬가지로 접시 같은 구조의 고막이 있다. 암컷의 고막은 눈과 크기가 엇비슷해서 1센티미터가 조금 넘는다. 그러나 수컷 황소개구리는 고막이 평생 동안 계속 자란다. 다 큰 성체 수컷의 고막은 폭이 4센티미터 남짓이어서, 가끔은 마치 평평한 녹음실용 헤드폰을 쓴 모습처럼 보인다. 이것은 공작의 꼬리처럼 성적인 신호가 아니다. 고막의 크기를 통해 우리는 귀가 어떤 주파수에 가장 민감한지를 알 수 있다. 고막의 크기가 클수록 저주파의 소리에 더 민감하게 반응한다.

수컷 황소개구리의 구애 울음소리는 이중 모드이다. 다시 말해, 두 가지 주파수 정점을 갖는데, 200Hz 근처의 낮은 영역에 하나, 1500Hz 근처의 높은 영역에 또 하나가 있다. 이 고주파 정점은 종 특징적이다. 즉, 비교적 황소개구리에 고유한 것인데, 적어도 황소개구리의 일반적인 울음소리 환경을 공유하는 다른 종과 비교할 때 그렇다. 암컷 황소개구리의 고막은 특정 시기에 성장을 멈추는데, 종 특징적인 1500Hz 정점에 가장 민감한 크기에서 성장을 멈춘다. 반면 수컷 황소개구리의 귀는 계속 자라서 나이가 들어가면서 낮은 주파수와 높은 주파수 모두에 더욱 민감해진다. 성별에 따른 이러한 차이는 중요하다. 암컷은 다른 황소개구리(오직 수컷)의 구애 울음소리의 음정에 특히 민감하다. 이로써 자기 종의 수컷에 실제로 다가가

---

* 사람들과 만난 자리에서 이야깃거리로 단연 훌륭한 소재가 된다.

서 짝짓기에 알맞은 수컷을 고른다. 발성은 어떤 종류의 것이든 에너지가 많이 들기에, 더 시끄럽고 더 많이 우는 수컷이 가끔씩 우는 수컷보다 아마 더 건강하고 짝짓기에 더 알맞은 상대일 것이다.

수컷의 고막은 평생 계속 자라는데, 듣기에는 실제로 크기가 중요하다. 고막이 넓을수록 저음의 소리에 더 민감하다. 따라서 황소개구리는 아주 멀리 떨어진 수컷의 존재를 감지한다. 왜냐하면 고주파는 저주파보다 더 빨리 감쇄하기에, 이를 이용해 잠재적인 경쟁자와의 거리를 판단할 수 있기 때문이다.

구애 울음소리는 술집에서 들리는 '저기, 예쁘신데요' 같은 말보다 훨씬 더 복잡하다. 뇌가 작은데도 불구하고 수컷은 복잡한 음향 환경에 대처해야 하므로, 행동 규칙이 있기 마련이다. 조용한 암컷은 물 가장자리에서 울고 있는 수컷들 사이를 헤엄치거나 아니면 폴짝 뛰어 연못 밖으로 나가지만, 연못 맞은편에서 다른 수컷이 울고 있는 소리를 들은 수컷은 개골개골 소리가 한참 이어지다가 끝날 때까지 기다린 후에 답가를 한다. 가까이 있는 수컷들은 잠자코 있거나 아니면 그 자리를 벗어나기도 하지만, 만약 울음소리를 내는 수컷의 소리가 자기보다 더 작거나 약하면, 더 큰 소리를 내려고 한다. 그러면 종종 근처의 수컷은 공격적인 울음소리로 맞대응을 하게 되어, 둘 중 아무도 소리를 낮추지 않으면 장소를 둘러싼 두 수컷 간의 살벌한 싸움이 벌어진다. 녹색의 작은 스모 선수들이 자신의 늪 영역을 지키고자 벌이는 이 싸움에서는 (자기 머리만큼이나 큰) 상대방의 머리를 삼켜야 할 때도 있다. 한편 마키아벨리가 자랑스러워할 비열함으로, 위성 수컷(satellite male)이라고 하는 작은 수컷들은 큰 수컷 주위를 얼쩡거리다가 큰 녀석들이 자기들끼리 힘자랑을 할 때 짝짓기 하러 다가오는 암컷을 가로챈다. 개구리 세계에서도 때로는 힘보다는 머리가 이긴다.

개구리를 처음 연구하기 시작했을 때, 제일 큰 관심사 중 하나는 개구리가 어떻게 음정을 인식하느냐는 것이었다. 음정은 소리의 주파수와 정신물리학적으로 상관되어 있다. 높은 주파수는 높은 음정으로 들리는 것이다. 뇌가 소리를 그런 식으로 해석하기 때문이다. 개구리는 비교적 낮은 주파수를 들을 수 있다. 인간의 20kHz에 훨씬 못 미치는 약 4kHz까지만 들을 수 있다. 개구리의 청각 뉴런은 뇌의 고등 중추로 신호를 보낼 때 '시간적 부호화'(temporal coding)를 이용하는데, 청각 뉴런의 발화가 해당 소리의 시간이나 위상과 동기를 맞추어 일어난다는 뜻이다.

스파이크(spike)라고도 불리는 신경 신호는 지속 시간이 보통 2밀리초, 즉 1초의 500분의 1이다. 이것은 컴퓨터나 MP3 플레이어로 보자면 '샘플링 속도'에 해당한다. 그러니까, 500Hz 이하의 저주파 소리일 경우, 내이에서부터 개구리의 중뇌까지 뻗어 있는 청각 뉴런은 해당 주파수가 사이클 내지 위상 내에서 동일한 지점에 이를 때마다 발화할 수 있다. 뉴런은 실리콘칩이 아니라 생화학적 신호기인지라, 대체로 500Hz(대략 어린아이 목소리의 기저, 즉 가장 낮은 주파수)를 훌쩍 넘는 주파수일 경우 모든 스파이크와 동기를 맞출 수가 없다. 따라서 뉴런은 집단을 이루어 연발(連發. volley)이라고 불리는 수학적으로 연관된 간격에 발화한다. 이런 방식으로 뇌는 약 4,000Hz까지의 소리를 부호화할 수 있다.

이로써 황소개구리의 청각이 음정 인식의 단순한 모형이 되는 까닭을 알 수 있다. 황소개구리가 낮은 음정의 소리를 내고 꽤 넓은 범위에 걸쳐 잘 듣기 때문이다. 하지만 수컷 황소개구리의 구애 울음소리는 정신물리학에서 제기되는 문제들 중 하나를 증명해준다. 즉, 매우 중요한 어떤 소리를 들었는데, 물리학적으로 보자면 그런 소리가 존재하지 않는다는 것이다. 황소개구리 울음소리의 스펙토그램을 보면, 보이는 것이라고는 상이한 주파수 대역에서 나타나는 일련의 선들인데, 200Hz쯤에서 시작해서 점점 작아지다가 2,500Hz쯤에서 사라진다. 직선들은 거의 규칙적으로 배치되어 있지만 직선들 사이에는 유사정기적(pseudoperiodic) 패턴이라는 패턴을 띠며 틈이 존재한다.

저주파 대역의 대다수는 약 100Hz씩 떨어져 있다. 가령 직선들이 200Hz, 300Hz, 400Hz에 존재한다. 이 울음소리가 어떤 소리를 낼지를 단순히 수학적으로 살펴보자면, (인간 여성 목소리의 기저 주파수와 대략 일치하는) 약 200Hz에서 제일 아래 끝단을 지닌 저음의 소리이지만, 고조파가 풍부하여 복잡하면서도 섬세한 구조 내지 음색을 자랑한다. 그러나 개구리가 실제로 '듣는' 것은 (수십 년간 개구리 뇌와 청각 뉴런에서 나온 신호를 바탕으로 볼 때) 주로 100Hz의 소리이다. 그 주파수에 음향 에너지가 존재하지 않는데도 어떻게 100Hz 소리를 들을 수 있을까? 왜냐하면 심지어 작은 개구리의 뇌조차도 '기저음 누락'(missing fundamental)이라는 원리를 이용하기 때문이다. 울음소리의 고조파들이 규칙적인 간격으로 떨어져 있다면, 뇌는 스펙트럼의 에너지 대역들 사이의 차이를 상관시켜 이 차이의 타이밍 내지 주기를 계산함으로써 존재하지 않는 소리—100Hz 음정—를 '듣는다.'

개구리에게만 있는 희한한 일인 것 같지만, 사람한테도 통하는 이야기이다. 그리고 이것은 가장 흔한 음향 기술의 바탕이기도 한데, 전화기 및 저가의 스피커도 이 기술을 이용한다. 대다수의 전화기에는 아주 작은 스피커가 달려 있는데, 이 스피커는 300~400Hz 아래의 주파수를 재생할 수 없는데도, 기저 주파수가 보통 150에서 200Hz 사이인 성인 남성 목소리를 쉽게 알아들을 수 있다. 게다가 대다수의 저렴한 오디오나 컴퓨터 스피커는 작은 서브우퍼가 있더라도 100Hz 아래의 소리는 잘 내지 못한다. 전화기에서 저음을 또는 어느 정도 값이 나가는 스피커에서 풍부하고 깊은 저음을 '들을' 수 있는 까닭은 인간의 뇌가 하드웨어의 능력 부족을 메우기 위해 진화를 통해 터득한 신경 계산(neural computation)을 이용하기 때문이다.

올챙이는 귀머거리?

개구리 청각에서 애초부터 내가 가장 매력을 느꼈던 측면은 개구리가 어떻게 듣기를 '배우느냐'는 것이다. 개구리는 모든 양서류와 마찬가지로 물속에 알을 낳는다. 어린새끼인 올챙이는 부모와 전혀 딴판이다. 네 다리를 가진 부분적인 육상동물인 황소개구리는 이들이 사는 환경에서 보자면 크기가 거의 사자에 맞먹으며, 꽤 두드러진 외이를 갖고 있다. 성체 황소개구리는 귀에서 뇌로 소리를 전달하는 청각 통로가 두 개다. 하나는 진동성의 통로로, 몸의 양측면, 머리 및 지상으로부터 나온 매우 낮은 주파수 소리를 앞다리를 거쳐 견갑대(肩甲帶)—견갑대는 한 조각의 연골을 거쳐 난원창으로 이어지는 근육인데, 여기를 지난 소리는 내이로 들어간다—로 보낸다. 이러한 덮개 통로(opercularis pathway. 어깨를 내이와 연결시키는 덮개 근육(opercularis muscle)을 따서 지은 이름)는 인간의 뼈 전도와 유사하다. 특화된 외부 청각 구조보다는 몸의 단단한 부위를 통해 진동을 전달한다는 점에서 그렇다. 두 번째 소리 통로인 고막 통로는 인간의 귀에서 보이는 것과 더욱 비슷하다. 여기서는 외부의 고막이 등골이라는 뼈 형태의 부위에 붙어 있는데, 등골은 내이의 난원창의 앞부분과 연결되어 있다.

그러나 올챙이는 사지가 없으며, 완전히 수생(水生) 초식동물이고 귀의 흔적이 전혀 보이지 않는다. 이 때문에 과학자들은 무척 곤혹스러워했다. 황소개구리 올챙이는 2년 동안 자란 후에야 새끼 개구리가 되고 그 후 성체 개구리로 7년을 산다. 올챙이가 부화할 때 내이는 물고기의 것과 매우 비슷해 보인다. 크고 돌출된 구형낭이 있고, 두 개의 작은 이석 기관이 있다. 두 기관 중에 난원낭(卵圓囊)은 측면 운동에 민감하고 전정계의 일부이며, 라게나(lagena)는 주로 수직 진동인 매우 낮은 주파수에만 반응한다.

압력에 민감한 양서유두와 기저유두는 인간의 달팽이관과 유사한 기관인데, 올챙이가 나중에 개구리로 성장해나갈 때에야 발생한다. 발생의 이 단계에서조차 외이가 없다는 것은 번식을 위해 청각에 크게 의존하는 종으로서는 기이한 일처럼 보인다. 그리고 올챙이에 대한 해부학적 연구에 의하면, 성체에서 보이는 청각 주변부의 흔적이 전혀 없다. 올챙이는 심지어 부화할 때에도 폐가 있지만, 일부 물고기의 뛰어난 청각을 뒷받침하는 부레 기반의 전문 기관이 존재하지 않는다. 이 때문에 많은 과학자들은 올챙이가 귀머거리이거나 그 비슷한 상태가 아닐까 여긴다.

내이와의 유일한 연결 지점은 기관지 기둥(bronchial columella)이라는 특이한 가닥의 연결 조직을 통해서인데, 이것은 내이의 뒷부분을 폐와 연결시키고 실제로 대동맥을 통과한다. 폐가 내이와 연결되어 있다는 것은 올챙이가 설령 듣는다 하더라도 듣기가 신통치 않다는 뜻이다. 왜냐하면 첫째, 이 기관지 기둥은 뼈나 연골로 되어 있지 않다. 대신에 콜라겐으로 둘러싸인 섬유아(芽)세포로 이루어져 있어서 강도가 파스타 정도밖에 되지 않는다. 따라서 이를 지나는 진동은 뭐든지 간에 왜곡되기 쉽다. 게다가 이런 불안정한 구조를 통해 소리를 얻는다면, 개구리는 자신의 지속적인 심장박동 소리를 참아야 할뿐 아니라 폐에 공기가 찼는지 아닌지에 따라 들리는 소리가 달라진다.

올챙이가 기본적으로 귀머거리라는 이론은 약 40년 동안 내려오다가 드디어 검증을 받게 되었다. 올챙이 뇌에서 나온 청각 반응을 기록한 최초의 시도를 통해 올챙이는 예상한 것처럼 청각 민감성이 변변찮음이 밝혀졌다. 이대로 문제가 해결된 듯하다. 하지만 과학적 사실을 규명하기는커녕, 이 연구는 과학자들이 기본적 사실을 검증하기보다는 예상을 바탕으로 무언가를 연구할 때 당면하는 문제들 가운데 하나를 부각시켰을 뿐이다. 즉, 연구 대상이 된 올챙이들은 물 밖의 판자 위에서 젖은 가제에 둘러싸여 있었기에 공기 중에서 내는 소리가 이 올챙이들에게 재생되었던 것이다. 여러분 머리가 욕조 안의 물속에 있을 때의 청각을 어떤 과학자 개구리가 검사하는 상황을 상상해보자. 그러면 여러분의 청각이 시원찮다는 결과가 나올 것이다. 저주파 소리에는 거의 아무런 반응도 안 하며 (얕은 물은 고주파 소리에 대한 필터 역할을 하므로) 소리의 출처를 알아내는 능력이 전무하다는 결론이 나올 것이기 때문이다. 과학자 개구리가 보기에 여러분은 분명 귀머거리다.

어떤 동물의 행동 방식을 알아내고 싶다면, 자연 상태의 환경과 비슷한 상태에서 검사를 하는 것이 매우 중요하다. 사실, 매우 어려운 일이긴 하다. 가령, 보통의 방음 부스 안에서 동물을 대상으로 전기생리학 실험을 실시하기란 어려우며, 또한 그 동물의 머리를 물속에 둔 채로 개별적인 신경 반응을 일일이 기록하는 데 필요한 정밀도로 전기 시스템을 작동시키기란 거의 불가능에 가깝다. 따라서 올챙이의 청각에 관한 사안이 해결되었다고 선언한 지 수십 년이 지났는데도 나는 그걸 실험해보기로 했다.

나는 엄청난 양의 알루미늄 포일(수조를 접지하기 위해서임), 강력 접착테이프 및 식품저장용 플라스틱 용기를 이용해 맞춤형 수중 녹음 탱크를 만들었다. 그리고 올챙이의 뇌를 노출시키면서도 물이 뇌에 들어가지 않게 할 방법(그리고 올챙이가 깨어나서도 계속해서 개구리로 성장해나갈 수 있도록 정밀하게 수술하는 방법)을 꽤 오래 걸려 알아냈다.* 이렇게 실험해본 결과, 올챙이에 관한 약 60년간의 짐작이 틀렸음을 알아냈다.

올챙이는 사실 수중에서 뛰어난 청각을 지니고 있다. 그런데 대부분의 시기를 물속에서 살긴 하지만 올챙이는 물고기가 아니기에 물고기를 검사하듯이 검사할 수는 없다. 초기 단계의 올챙이는 상어나 단순한 물고기의 듣기 방식과 흡사하게 듣는다. 즉, 머리 측면의 조

* 더군다나 나는 소리는 막지만 흐물흐물한 머리는 으깨지 않는 맞춤형 귀마개도 만들어야 했다. 특허 출원 중.

직을 통해 소리가 들어오면 난원창을 직접 두드리고 이 진동이 구형낭 및 내이의 다른 발생중인 기관들로 전달된다. 뒷다리와 앞다리를 모두 갖춘 후기 단계의 올챙이는 양 측면에서부터 앞다리를 거쳐 내이로 이어지는 기능적인 저주파 덮개 통로가 생긴다. 하지만 고막 통로는 올챙이가 마지막 꼬리 부분을 흡수해 새끼 개구리가 된 후 24시간쯤 지나야지만 나타난다. 문제는, 내가 일부 올챙이들한테서 녹음을 시도하려고 했을 때 아무것도 얻지 못했다는 것이다. 득점 0.

열 번쯤 시도한 후 나는 틀린 결과가 아니라는 확신이 들었다. 그래서 지도교수를 찾아갔다. 처음에 지도교수님은 상냥한 눈빛을 보냈다. 적의에 찬 학과장을 40미터 거리에서도 녹여버릴 수 있을 정도의 눈빛이었다. 게다가 나는 막 대학원생이었을 때였다. 우리가 모든 데이터를 함께 살펴보기 시작했을 때 뭔가 이상한 것을 알아차렸다. 이 '귀머거리' 올챙이들은 몽땅 앞다리가 나오기 직전의 매우 짧은 어떤 발생 단계에 있었다. 알고 보니, 48시간 정도인 이 짧은 기간에 저주파 통로가 발생하긴 하지만, 내이를 견갑대에 부착시키는 연골 조각과 근육이 내이의 한 측면, 즉 난원창의 구멍(더 어렸을 때는 소리가 들어오게 해주었던 부위)을 막아버렸던 것이다. 땅의 진동을 들어야 하고 결국에는 공기 중의 소리를 들어야 하는 성체로 옮겨갈 준비를 하는 과정에서 올챙이는 짧은 '귀머거리 시기'를 거치는 것이었다. 그 48시간이 끝나고 나면 올챙이의 청각은 갑자기 회복되어 더 넓은 주파수 범위에 걸쳐 그리고 낮은 끝단도 더 잘 듣게 된다. 다음

주를 지내면서 올챙이는 계속 새끼 개구리로 발달하는데, 이 무렵 공기 중의 소리를 듣기 위해 고막이 머리 측면에서 나타난다. 이 시점의 청각은 성체 개구리보다 더 고주파 소리에 더욱 민감하지만, 이젠 진정으로 양서류의 청각 생활을 할 준비가 된 것이다.

올챙이의 청각 연구를 왜 할까?

올챙이의 청각에 관한 60년 이상 묵은 과학적 오해를 바로잡는 즐거움이야 있겠지만, 왜 이런 연구를 할까? 으레 많은 사람들은 "올챙이 청각을 누가 신경 쓴답니까? 그게 나랑 무슨 관계가 있나요?"라고 묻는다. 실제로 꽤 깊은 관련이 있다.

우리 인간도 수중 유기체로서 생명을 시작한다. 우리는 생명의 첫 아홉 달을 어머니 자궁의 얕은 연못에서 둥둥 떠서 지내는데, 이때는 직접적으로 맞닿은 자궁 속 환경 밖은 대체로 모른다. 하지만 여섯 달째부터는 발생중인 우리의 뇌가 발생중인 귀와 연결되어 비로소 들을 수 있게 된다. 얕은 연못이 어디서나 그렇듯, 자궁은 시끄러우면서도 한편으로는 이상하게 잠잠하다. 어머니의 심장박동과 숨소리의 지속적인 리듬에 잠겨 있으며, 어머니 목소리의 저주파 성분들이 양수를 거쳐 들려온다. 수족관의 물고기처럼 (또는 욕조에 들어가 있는 성인 인간처럼) 복부와 자궁벽의 공기-물 접경지역을 통과하는 소리는 거의 없으며, 설령 통과해서 들어온 소리라 할지라도 약해져 있으며, 고주파 소리는 살과 액체에 의해 걸러진다. 소리는 태아에게 더 큰 세계의 맛을 살짝 보여주는 첫 번째 계기인 셈이다.*

그러나 아기가 세상 밖으로 나오면 자궁이라는 잠잠하던 세계가 사라지고 대신 이전에 들어본 적이 없는 소리들의 불협화음이 만발한다. 그리고 발생 중이던 올챙이가 귀머거리 시기를 거쳤듯이, 우리는 이제 두개골 및 액체에 감싸인 귀를 통해 들어온 저주파 소리 대신 공기 중의 소리를 듣기 위해 갓 자라난 귀를 갑자기 사용해야 한다. 두말할 것도 없이 우리가 태어나서 첫 번째 숨을 쉰 후에 제일 먼저 할 일이라고는 우는 것이다. 바깥세상은 소란스러우니까.

인간의 태아에서부터 갓난아기의 청각 변화를 연구하기 위한 흥미롭고도 유용한 모형이라는 점과는 별도로, 올챙이 청각에 관한 이야기는 숨겨진 노다지 하나를 드러내준다. 앞다리가 생기기 전에 올챙이의 뇌는 연결 패턴이 물고기와 같다. 내이의 듣기 및 균형 담당 부위에서 신호를 전달하는 청각신경이 있고, 또한 측선 시스템을 통해 어떤 분리된 신경 쌍으로 신호를 보내는데, 이 신경은 배측수질(dorsal medulla)이라는 후뇌 영역으로 뻗어 있다. 여기서 신경들은 별도의 영역으로 분리되는데, 어떤 것은 균형과 진동을 처리하고 어떤 것은 소리를 처리하는데, 상당수는 이 두 가지를 함께 처리하며,

* 재미있는 사례를 보고 싶으면, 브루노 보제토(Bruno Bozzetto)의 애니메이션 〈베이비 스토리(Baby Story)〉를 보기 바란다. 특히 약 7분 56초 무렵에 어머니가 춤을 추는 장면을 추천한다.

또 어떤 것은 측선 시스템을 담당한다.

규칙적인 패턴을 띠는 이러한 상호연결 덕분에 올챙이 몸체의 각 측면에서 나오는 신호의 비교가 가능해진다. 이는 올챙이가 (위올리브핵(superior olive nucleus)이라는 뇌 부위를 이용해) 소리의 출처를 알아내는 데 도움을 주며, 물속에서 자세를 유지하거나 위험상황—자기 부모도 해당된다. 성체 황소개구리는 먹잇감을 선택할 때 이것저것 가리질 않는다—에서 놀라거나 도망치는 데도 긴요하다. 이 뇌 영역들 중 다수는 반고리둔덕(torus semicircularis)이라는 청각 담당 중뇌로 이어지는데, 여기서 청각 신호는 복잡한 소리를 다루기 위해 재부호화되며, 시각을 포함한 다중 감각 시스템에서 들어온 입력 신호들이 통합되어 올챙이의 의사결정 영역으로 전송된다.

그러나 올챙이가 귀머거리 시기에 들어갈 때는 무언가가 달라진다. 아직 이유가 밝혀지진 않았지만, 새로운 청각 통로가 물속의 소리를 받지 못하게 내이를 차단하는 동시에, 뇌는 급속하게 자신의 배선 상태를 재설정한다. 배측수질은 중이와의 연결을 끊고, 위올리브핵은 회로에서 이탈하며, 측선 시스템은 완전히 없어지기 시작한다. 성장 단백질이 급증하고, 뇌 영역들은 차츰 이리저리 움직이며 다시 연결되고 엄청난 화학적 변화를 겪는다. 48시간쯤 지나 새로운 청각 통로가 완성되어 소리를 다시 받아들이기 시작할 때면, 뇌는 현저히 다른 구조로 회로배선이 바뀌어 공중의 소리를 듣기에 더 적합해진다. 48시간 만에 올챙이는 뇌의 약 4분의 1을 기본적으로 재배치한다.

이런 사실은 1997년에 발견되었다. 나는 동료들과 함께 어떻게 해서 이러한 변환이 일어나는지를 이해하기 위해 13건 이상의 프로젝트를 진행했다. 이를 위해 유전자검사와 유전자염기서열분석에서부터 올챙이가 개구리로 변할 때 올챙이의 행동 관찰에 이르기까지 온갖 방법을 다 동원했다. 우리가 확인하기로, 개구리는 인간의 청각 및 뇌 자체를 이해하는 데 매우 중요하다. 왜냐하면 올챙이는 뇌의 구조를 바꾸는 능력이 탁월하기 때문이다. 통상적인 발생 단계뿐만 아니라 부상을 입은 후에도 그렇다. 개구리는 발생 프로그램에 따라 단지 뇌를 변화시키는 것이 아니다. 개구리의 뇌는 스스로 '치유'한다.

해마다 수백만의 사람들이 귀가 멀거나 마비를 일으키거나 눈이 멀거나 말을 못하게 된다. 이는 사지, 눈, 귀, 입이 손상되어서가 아니라 뇌와 척추에 돌이킬 수 없는 손상을 입기 때문이다. 인간은 주변부의 신경은 재생할 수 있지만, 중추신경계의 손상은 대체로 영구적이다.

한편 개구리는 이런 손상을 회복할 수 있다. 헤럴드 자콘 등의 연구에서 밝혀낸 바에 따르면, 인간과 달리 황소개구리는 청각신경에 손상을 입으면 (인간은 영구적인 청각상실로 이어지지만) 스스로 치유할 뿐만 아니라 기능 회복이 가능하도록 연결 상태를 적절하게 재구성한다. 내이의 유모세포가 상실되면, 그 이유가 부상이든 아니면 젠타마이신과 같은 특정 유형의 항생제에 노출되었기 때문이든 인간은 보통 영구적으로 회복이 불가능하지만, 개구리는 부상을 겪거나 약품에 노출되고 나서 신경을 재생시킨다. 게다가 어떤 증거에 의하면 개구리는 오래된 유모세포가 쇠약해지면 일부 유모세포를 지속적으로 만들어낸다.

양서류와 포유류 사이의 진화 사슬 중 어디에선가 우리는 뇌, 뇌신경 그리고 귀의 상당 부분을 치유하는 능력을 잃었다. 따라서 개구리가 어떻게 48시간 만에 뇌의 배선을 바꾸는지 그리고 어떻게 청각신경을 재생시키고 기능을 회복하는지 연구하는 일은 단지 과학의 즐거움만을 위한 연구가 아닌 것이다. 십중팔구 이 연구는 인간에게 그러한 능력을 회복시킬 유전자 치료법 내지 약리학적 치료법을 찾아낼 단서를 마련해줄 것이다.

chapter FOUR

박쥐의 청각

만 세 살 때 나는 귀가 멀었다. 풍진에 걸렸기 때문도 어린아이답게 면봉으로 귓속을 너무나 열정적으로 파헤쳤기 때문도 아니고, 단지 운이 없어서 수두에 걸려 고막이 상했기 때문이었다. 이 사건을 구체적으로 기억하고 있지는 못하지만, 어쨌든 내 청력은 되살아났다. 지금도 남아 있는 문제라고는 고막에 약간 상처가 나서 조금 두꺼워진 것뿐이다. 지금은 박쥐 소리도 들을 수 있다.

대다수 사람들은 가급적 박쥐를 피한다. 더운 여름날 밤에 야외에 있을 때조차, 사람들이 박쥐와 맺는 상호작용의 대부분은 시커먼 형체들이 펄럭거리며 날아다니는 모습을 그냥 바라보는 것이 고작이다. 굳이 우리와의 관계를 더 밝히자면, 작은 녀석들은 모기를 쫓아내주고 큰 녀석들은 마당의 왕풍뎅이를 쫓아내주는 정도이다. 물론 나는 실험실에서 오랫동안 일대일로 박쥐를 대했는데, 그럴 때마다 항상 놀라움을 금치 못했다. 땅콩 크기의 뇌를 가진 동물이 메아리의 미묘한 삼차원 영상을 창조하여 소리를 통해 자신의 세계를 대부분 구축한다는 점이 경이로웠다.

외이와 달팽이관

대다수 사람들은 박쥐의 청각 세계가 인간의 청각 경험과는 한참 동떨어진 것이어서 박쥐를 침묵의 존재라고 여긴다. 그러나 박쥐와 인간은 둘 다 포유류라는 점에서 유전적 유산을 많이 공유한다. 그리고 포유류로서 우리는 진화상의 한 배타적인 클럽, 즉 고주파 클럽의 일원이다. 개가 듣는다고 하는 초음파 영역의 소리를 들을 수 있으면 좋겠다고 아쉬워해본 적 있는 분들이라면, 사실 인간은 다른 모든 포유류와 마찬가지로 가청 범위가 상당히 넓다는 사실에 위안을 삼기 바란다. 포유류가 아닌 척추동물의 가청 범위는 일반적으로 약 4~5kHz의 위쪽 끝단에 국한되어 있다. (올빼미와 동굴칼새 같은 특별한 새들은 약 12~15kHz까지 들을 수 있다.) 사냥, 짝짓기, 영역 정하기 및 포식자 피하기를 위해 소리에 의존하는 다른 모든 척추동물 중에서 우리는 가청 범위가 가장 넓어서, 코끼리의 초저주파에서부터 돌고래가 이용하는 초음파까지 들을 수 있다.

이는 우리가 더 진보된 존재라거나 진화의 과정상 새로운 종이라서가 아니다. 포유류는 공룡만큼이나 오래되었지만, 당시 우리의 선조들은 쥐나 (주둥이가 나와 있는) 뒤쥐와 비슷했으며 누군가의 먹이가 되는 것을 피하기 위해서 예민한 청각을 가졌을 가능성이 높다. 다만 우리의 귀가 물고기, 개구리, 파충류 그리고 새의 귀보다 더 전문화되어 있는 것뿐이다. 아울러 우리의 청각 시스템이 다른 모든 척추동물들과 기본적인 특징을 공유하긴 하지만, 우리의 시스템은 다른 동물들한테 없는 두 가지 특징이 있다. 이 두 가지는 고주파 듣기에 매우 중요한데, 바로 외이와 달팽이관이다.

청각을 연구하는 과학자들 중에도 외이를 당연시하는 경향이 있다.* 인간의 외이는 너무 튀어나와 있으면 안경을 걸거나 장난을 치기에 좋은 부위이다. 그리고 요즘 우리는 비행기나 헬스장 같은 시끄러운 환경에서도 소리를 선명하게 들으려고 귀에 꽂는 이어폰을 통해 듣는 일이 엄청나게 많기 때문에, 외이를 그리 중요하지 않은 흔적기관이라고 여겨 무시하는 경향이 있다. (예외라면 영화 〈저수지의 개들〉의 기억에 남을 한 장면에서 귀를 특이하게 다룬 예(이 영화에는 사람 귀를 자르는 장면이 나온다_옮긴이)가 있다.) 하지만 인간의 외이는 실제로 진화를 통해 발달해온 흥미진진한 기관으로서, 포유류의 청각이 기능하는 환경뿐 아니라 우리가 무엇을 듣는지에 대해서도 많은 것을 알려준다. 그리고 여러분이 이어폰을 빼고 머리를 돌려 주변 소리를

* 사람들의 배경, 나이 및 아는 체하는 정도에 따라 외이는 바깥 귀, 귓바퀴, 이각(耳殼)이라고도 한다.

들어보면, 우리의 귀가 무엇을 하는지 실제로 이해할 수 있다.

외이는 기본적으로 비교적 딱딱한 살로 이루어진 평평한 고깔 모양으로서 '외이도'(外耳道)의 입구에 위치한다. (외이도 너머까지 면봉이 들어가서는 안 된다.) 외이도의 기능을 논하는 대다수의 문헌을 보면, 외이도는 저주파 소리를 모으는 장치라고 나와 있다. 이를 위해 귀 바깥의 소리를 좁은 외이도로 통과시킬 수 있는 진동 공간의 부피를 증가시켜 소리의 상대 이득(relative gain. 원래는 안테나의 이득을 나타내는 용어인데, 이 값이 클수록 신호의 증폭 효과가 크다고 볼 수 있다_옮긴이)을 20dB까지 높인다. 이것만으로도 수동적인 보청기로서 인상적인 역할을 하는 셈이다. 다시 상기하자면, dB은 자연로그에 따라 증가하므로 6dB이 증가할 때마다 소리 압력은 두 배로 커진다. 따라서 20dB의 이득은 소리를 매우 크게 증폭시키는 것이다. (만화 같은 데 나오는 19세기의 옛날 보청기는 이른바 나팔형 보청기다. 긴 금속 나팔처럼 생겼는데, 작은 끝 부분이 귀 속으로 딱 들어가게끔 되어 있다. 기본적으로 확장된 인공 외이였던 셈이다.) 물론 이런 이득 변화는 다른 모든 척추동물들도 꽤 잘 듣는 범위인 약 4~5kHz 아래의 소리에만 적용된다.

한편 고주파 소리는 공기 중에서 굉장히 크게 감쇄되는데, 한 가지 이유를 들자면 파장이 짧은 소리이기 때문이다. 이 소리들은 아주 크지 않는 한 비교적 짧은 거리를 퍼져나가다가 열잡음으로 변환되어버린다. 따라서 이 소리들을 이용하려면 머리 측면의 작은 구멍이나 두개골의 가장자리에서 돌출해 있는 고막보다는 소리를 더 많이 모을 어떤 것이 필요하다. 망원렌즈가 클수록 먼 사물을 더 잘 보듯이, 소리를 모으는 영역이 큰 일종의 오디오 망원렌즈가 필요하다. 그리고 소리를 더 많이 모을 장치뿐 아니라 소리가 나는 방향을 바탕으로 소리의 미묘한 변화를 구별하는 방법도 갖추어야 한다. 고음의 출처를 알아내려고 연신 주변을 두리번거려서는 곤란하다.*

외이가 실제로 어떤 모양인지 생각해보자. 다른 사람의 귀를 보거나 아니면 자기 귀를 살며시 만져보라. 만화에 흔히 나오는 것처럼 단순한 원뿔 모양이 아니다. 사람마다 모양이 제각각이긴 하지만, 등성이들이 겹겹이 있고 또한 외이도로 통하는 구멍 바로 위에서 살짝 앞으로 향해 있는 작은 부위가 있다. (이주(耳珠)라고 하는 이 구조는 대체로 작은 포유류일수록 훨씬 더 크다.) 고주파 소리, 특히 6~8kHz를 넘는 소리일 경우, 사람 귀의 등성이들과 계곡들은 특정한 주파수 소리의 진폭을 살짝 감소시키는 작은 차단제 역할을 하여 스펙트럼 상에 V자 모양의 홈을 한 개 이상 만들어낸다.

소리 스펙트럼 상의 이러한 홈들의 패턴은 귀의 모양과 위치에 따라 사람마다 다르다. 이러한 '외이 홈' 덕분에 고주파 소리들의 출처, 특히 수직면상에서의 위치를 알 수 있다. 소리가 여러분 머리의 위에서 오느냐 아래에서 오느냐에 따라 이런 등성이들 및 이주와 상이한

* 어떤 포유류는 그러기도 한다.

각도로 부딪히므로, 상이한 주파수의 소리가 차단된다. 이 현상은 여러분도 직접 확인할 수 있다. 특히 여름에 매미나 다른 시끄러운 곤충들이 울 때 바깥에 나가보면 된다. 외이도 앞의 작은 덮개를 포함해(물론 외이도 자체를 막아서는 안 되지만) 여러분의 외이를 머리 측면에 대고 평평하게 눌러보라. 그러면 소리가 머리를 기준으로 위, 아래 또는 수평 중에 어디서 오는지 알아내기가 훨씬 더 어려울 것이다.

외이 홈은 또 한 가지 흥미로운 기능이 있다. 이것은 내가 알기로 아직 본격적으로 연구된 적이 없지만, 오랜 세월 음향에 관해 생각해본 사람에게는 꽤 명백한 것이다. 이 기능을 알려면, 흥미를 느낄 만한 새로운 소리를 포유동물에게 들려주고 관찰을 하면 된다. 개를 대상으로 삼으면 안성맞춤이다. 아무튼 개든 작은 아이든 고양이든 또는 교실에 가득 찬 학생들이든 대상을 정한 다음에 아무 뜻도 없는 헛소리를 내뱉어라. 하지만 마치 "제가 한턱 살까요?"나 "이게 마지막일 겁니다"처럼 의미 있는 말을 하는 것처럼 해라. 어떤 반응이 나올까? 고개를 이쪽 아니면 저쪽으로 조금 돌릴 것이다. (내가 알아내기로, 사람은 머리를 왼쪽으로 돌리는 경향이 있다.)

이에 관해서 어떤 실험 결과도 본 적은 없지만, 듣기 과학이라는 명목 하에 친구나 가족이나 학생이나 애완동물을 고문해본 결과 이것이 꽤 일관된 행동임을 알게 되었다. 너무나 일관적이기에, 만화나 삽화 같은 데를 보아도 포유류가 방금 들은 소리를 파악하려고 하면 머리를 어느 한쪽으로 돌리는 모습이 종종 나온다. 머리를 이런 식으로 기울임으로써 외이의 위치를 바꾸고 소리의 타이밍과 스펙트럼 특성을 변화시키는데, 이로써 소리가 다시 반복될 때 조금 다르게 들을 수 있게 된다. 3D영화 감상용 안경의 청각 버전인 셈이다. 즉, 시각적으로 조금 변형된 장면을 보는 대신에 머리를 기울임으로써 조금 다른 청각적 위치에서 소리를 듣는다. 그럼으로써 소리의 출처에 관해 더 많은 정보를 얻어서 뇌가 소리를 확인할 수 있는 것이다.

고주파 소리를 모으고 변형시키는 이런 전문적인 기능이 포유류에게 있다면, 구체적으로 인간의 귀는 어떻게 작동할까? 다른 척추동물들은 중이와 내이의 민감성이 약 4~5kHz에서 가장 높지만, 우리 인간은 진화상의 적응을 통해 내이에 달팽이관을 갖추고 있다. 달팽이집 모양의 이 구조는 감각을 담당하는 유모세포들로 가득 차 있는데, 이 세포들은 중이와 고막의 청각 뼈들을 통해 외부 세계와 연결되어 있다. 다른 척추동물들의 내이의 일반적인 얼개도 이와 동일하지만, 달팽이관은 상당히 더 복잡하다. 달팽이관에서 유모세포의 끝 부분은 덮개 또는 '천장' 같은 막으로 감싸여 있고, 이 세포들의 아랫부분은 기저막이라고 하는 긴 사다리꼴 모양의 막 속에 들어 있다. 모양이 중요한데, 왜냐하면 외부 세계에 가장 가까운 난원창 근처의 기저 말단(basal end)은 더 좁고 빳빳하기에 고주파 소리가 들어오면 가장 크게 진동한다.

한편 멀리 있는 정점 말단(apical end)은 더 넓고 느슨해서 저주파 소리에 더 잘 반응한다. 이러한 가변적인 유연성으로 인해 상이한 영역에 있는 유모세포들은 특정한 주파수 범위에 반응하여 가장 적절하게 진동한다.

이러한 배치 때문에 유모세포들은 소리 위상의 타이밍과 정확하게 일치해 발화하지 않아도 된다. 대신에 유모세포들의 조율은 이들이 기저막 상의 어디에 위치하느냐로 정해진다. 소리가 달팽이관 내의 액체로 가득 찬 방으로 들어오면 진행파(traveling wave. 반사파 없이 한쪽 방향으로 진행하는 파동_옮긴이)가 되는데, 특정한 주파수에 대응하는 기저막의 장소에서 최대 굴절을 겪는다. 이때 유모세포는 '장소 부호화'(place coding)—청각신경이 초당 수만 번 발화하는 부담을 덜어준다—에 의해 반응한다.

달팽이관 안의 진행파는 동물 연구를 통해서가 아니라 인간의 사체를 연구하다가 발견되었는데, 이 연구로 게오르크 폰 베케시는 1961년 노벨생리의학상을 받았다. 문제는, 알고 보니 그의 이론이 적어도 부분적으로 틀렸다는 것이다. 왜냐하면 복잡한 소리가 달팽이관 속으로 진행할 때 실제로 어떻게 구성 주파수들로 나뉘는지를 설명하지 못하는 이론이기 때문이다. 이는 해부학의 기본적인 문제점 한 가지를 고스란히 드러내준다. 즉, 방부 처리된 죽은 조직은 살아 있는 조직과 똑같이 작동하지 못한다는 것인데, 특히 청각과 같은 역동적인 감각에서는 더욱 그렇다. 죽은 사람은 이야기를 들려주지 못할 뿐 아니라 듣지도 못한다.

폰 베케시 이론의 결점은 죽은 조직에서는 확인할 수 없었던 다른 포유류 내이의 전문적인 부위를 살펴봄으로써 드러났다. 포유류의 달팽이관에는 내부 유모세포 말고도 외부 유모세포가 있다. 내부 유모세포 하나당 외부 유모세포는 세 개가 존재한다. 그리고 내부 유모세포가 특정 주파수의 진동을 받으면 휘어지거나 굽는 데 반해, 외부 유모세포는 다르게 작동한다. 내부 유모세포와 마찬가지로 외부 유모세포의 끝 부분은 덮개 막으로 감싸여 있고 아랫부분은 기저막 속에 있다.

외부 유모세포에는 근섬유의 메커니즘과 비슷하게 아주 작은 분자 나노모터(nanomotor)가 있어서 공기를 위아래로 펌프질 할 수 있다. 소리가 들어와서 기저막을 진동시킬 때, 외부 유모세포는 소리 진동과 동기를 이루며 위쪽 막을 당기거나 밀어 신호를 증폭시킨다. 또한 이런 움직임은 낮은 에너지로 진동하는 기저막의 일부분에서 진동을 감쇄시키기도 한다. 따라서 포유류는 매우 넓은 범위에서 작동하는 물리적 구조를 진화시켰을 뿐 아니라 주파수 특성을 지닌 일련의 내부 증폭기를 진화시킨 셈이다. 이 둘의 상호작용 덕분에 우리는 척추동물들 중에서도 가청 범위가 가장 넓다.

청각을 가장 극단적 형태로 발전시킨 동물

스탠 리의 말을 조금 바꾸어 표현하자면, 넓은 가청 범위에는 큰 발견이 뒤따른다. 가령, 나는 박쥐의 청각과 생쥐의 청각을 비교하는 연구를 진행한 적이 있다. 박쥐는 엡테시쿠스 푸스쿠스(*Eptesicus fuscus*)라는 종으로서, 사람들이 가장 흔히 접하는 큰갈색박쥐다. 큰갈색박쥐가 음향학 연구에 애용되는 까닭은 바이오소나를 이용해 메아리로 자신의 세계에 대한 삼차원 영상을 구성해내기 때문이다. 하지만 또 어떤 면에서 보자면, 이들의 청각은 다른 작은 포유류와 그리 다르지 않다. 보통의 생쥐(*Mus musculus*)와 큰갈색박쥐의 청력도(audiogram. 상이한 주파수에 대한 민감도 측정값)를 비교해보면, 둘 다 주파수 범위가 엇비슷하다. 차이는 그 주파수 범위로 무엇을 하느냐에 있다. 비유하자면 생쥐는 두려움으로 뭉쳐진 작은 털 뭉치다. 사마귀부터 고양이까지 주변에 포식자가 널려 있다는 말이다. 따라서 생쥐의 청각은 넓은 주파수 범위에 걸쳐 매우 민감하기에, 아주 작은 소리만 나도 포식자의 존재를 알아차리고 도망칠 수 있다. 박쥐는 붙잡기가 훨씬 더 어려우며, 동일한 주파수 범위를 이용하여 100+dB의 울음소리로부터 돌아온 메아리의 변화를 감지한다. 이를 감지하는 민감도가 매우 커서, 캄캄한 밤에 시속 약 40킬로미터의 속력으로 날아다니는 왕풍뎅이의 소리와 바로 뒤에 있는 나뭇잎이 살랑거리는 소리의 차이를 구별할 수 있을 정도다.

둘을 비교할 때의 문제점은 내가 매일 'bat(박쥐)', 'mouse(생쥐)' 그리고 'audiogram(청력도)'를 펍메드(PubMed)에 입력할 때 생겼다. 펍메드는 생물학 분야에서 쓰는 검색 엔진이다. 문제는 어떤 생쥐냐는 것이다. 말 그대로 생쥐는 수백 가지 품종이 존재하는데, 흥미로운 맞춤형 돌연변이(가령 나쁜 소리에 노출되면 발작을 일으키는 품종)도 많고, 이런 돌연변이의 부작용을(네댓 달 후에 귀머거리가 된다든지) 겪는 품종도 많다. 그렇기에 청각의 여러 가지 상이한 측면들(그리고 다른 여러 요소들)을 모형화하기에 굉장히 좋은 동물이기도 하지만, 생쥐가 무엇을 듣는가라는 질문을 불러온다. 또한 생쥐가 무엇을 듣는지 뿐만 아니라 어떤 생쥐가 듣느냐는 질문도 해야 한다. 내게는 더 흥미로운 점이 있다. 생쥐는 유전적으로 포유류인데, 어떻게 생쥐 크기에다 뒤쥐 비슷한 생김새의 동물이 4천만 년 전에 음향계의 종결자—음파탐지를 하는 박쥐—가 되기 위한 음향적 군비경쟁을 시작했느냐는 것이다.

박쥐는 청각을 가장 극단적인 형태로까지 발전시켰다. 박쥐의 밤 사냥은 완전한 어둠 속에서 벌어지는 훌륭한 공중 난투극이다. 고속 추격, 이동 목표물 탐지 그리고 바이오소나 추적 시스템 등이 동원된 전투로서, 박쥐가 늘 승자의 자리에 오른다. 따라서 박쥐가 인간 청력 연구에 가장 적절한 동물은 아닐지 모르지만, 생체모방 기술(자연의 형태를 바탕으로 하는 최첨단 기술)과 같은 다른 응용 연구에는 최상의 모형이다. 1912년 하이럼 맥심 경이 박쥐 행동을 바탕으로 선박에 '자연의 육감' 역할을 하는 능동 소나를 탑재하는 방법을 제안한 이후로, 전 세계의 군대는 어떻게 박쥐가 전투기 조종사나 자동비행 드론이 하는 일을 태연히 할 수 있는지 알아내려고 수백만 달러의 연구비를 쏟아 부었다.* 그렇다면 거의 들을 수 없는 저음 울음소리를 내거나 인간 가청 범위의 위쪽보다 다섯 배나 높은 고주파 소리를 내는 동물의 발성과 청각은 어떻게 연구해야 할까?

브라운대학교의 인지언어심리학부 지하에는 방이 하나 있는데, 대다수 사람들이 불안감을 느끼는 곳이다. 대략 길이가 12미터, 높이가 3.5미터, 폭이 4.5미터다. 벽과 천정은 검은 방음용 발포 고무로 덮여 있고 바닥은 두꺼운 카펫이 깔려 있다. 방에는 바이러스 여과기들 및 작동 중단을 위한 벽면 스위치가 장착된 별도의 통풍기가 있다. 이 방 내부에는 구리 철망으로 만들어진 또 하나의 방이 있는데, 이 철망 덕분에 우주의 나머지 부분과 전자기적으로 효과적으로 단절되어 있다. 벽을 따라 약 1미터마다 아주 작은 초음파 마이크가 배치되어 있는데, 이 마이크의 신호는 24채널 오디오 믹서에 전달된다. 오디오 믹서는 100kHz까지의 소리를 샘플링할 수 있는 고속 브로드밴드 데이터 샘플링 카드를 장착한 컴퓨터와 맞물려 있다. 아, 그리고 보통의 경우에는 방이 아주 캄캄하다. 유일한 조명은 특수 장치를 위해 방을 비추는 적외선 방출기들에서 나오며, 이 특수 장치가 나중에 전체 상황을 매우 상세하게 재구성해낸다.

방 내부는 그물, 밧줄, 바닥에서 천정으로 이어진 플라스틱 사슬,

* 관심을 보이는 곳은 군대만이 아니다. 나사(NASA)도 나의 박쥐 연구에 자금지원을 했다. 스모그 가득한 고층 건물 사이를 누빌 수 있는 자동비행 탐험 로봇을 개발하기 위한 야심찬 연구다.

막대기들 위에 놓인 작은 스티로폼 공들, 초음파 마이크 그리고 적외선 감지 비디오카메라와 더불어 자그마한 애벌레 무더기와 바닥에 가끔씩 보이는 네코 웨이퍼(Necco wafer)라는 동글납작한 캔디들로 가득 차 있다.* 일단 방에 들어가서 문을 닫고 조명도 끄면, 압도적인 침묵과 어둠이 엄습한다. 방음용 발포 고무가 모든 소리를 빨아들이는 탓에, 몇 분 후에 들리는 가장 시끄러운 소리라고 해봤자 여러분의 귓구멍 속에서 공기 분자들이 부딪히는 소리뿐이다. 그렇게 한참 시간이 흐르고 나면 결국 들리는 소리라고는 여러분 자신의 심장박동 말고는 아무것도 없다. 내가 이 방이 어둡다고 말했던가? 이것은 에드거 앨런 포 희곡의 스팀펑크 버전이 아니다. 제임스 시몬스의 지휘 하에 펼쳐지는 브라운대학교 박쥐 놀이터이다.

이 방에 날아 들어온 박쥐는 대체로 엡테시쿠스 푸스쿠스, 즉 큰갈색박쥐다. 박쥐는 신화 속의 생명체로 오랫동안 알려져 있었고, 대체로 어두운 데서 지낸다. 그래서 대다수의 사람들은 박쥐가 보통의 환한 환경 바깥에 사는 드문 야행성 동물이라고 알고 있다. 하지만 박쥐는 포유류 가운데서 두 번째로 가장 흔한 유형이며, 북극을 제외하고 전 세계의 모든 대륙에 1,100종 이상이나 서식한다. 박쥐들은 육지 생태계 곳곳을 차지하고 있다. 꽃가루, 꽃꿀 및 과일을 먹고 살

---

* 박쥐는 네코 웨이퍼를 좋아하진 않지만 이 캔디는 매달린 애벌레들만큼이나 강하게 메아리를 발하기 때문에, 과학자들은 이 캔디를 이용하여 약 50년 동안이나 음파탐지 박쥐를 헷갈리게 만들고 있다. 개인적으로 나는 이 캔디를 실제로 '먹는' 사람을 본 적이 없다.

고 낮에 활동하며 음파탐지를 하지 않는 호주의 회색머리날여우박쥐(*Pteropus poliocephalus*)에서부터 음파탐지를 하는 흡혈 동물일 뿐 아니라 독사처럼 열화상 카메라 기능을 하는 구멍 기관을 지닌 중앙아메리카 흡혈박쥐(*Desmodus rotundus*)에 이르기까지 온갖 종들이 존재한다.

물론 그렇다 해도 대다수의 박쥐들은 야행성 곤충 포식자이다. 흰배박쥐(*Antrozous pallidus*)와 같은 일부 박쥐들은 먹이를 주워 먹는다. 전갈이나 다른 곤충들이 모래 위를 종종걸음으로 지나갈 때 나는 소리를 듣고서 잡아먹는 것이다. 하지만 대다수의 박쥐들은 음파탐지나 바이오소나를 통해 신호를 보내는데, 이 신호의 메아리가 먹잇감의 위치, 거리 및 속성에 관한 실마리를 알려준다. 박쥐는 매일 밤 곤충 및 기타 절지동물을 자기 몸무게만큼 먹기 때문에, 먹이를 찾아내고 잡으면서도 동시에 나무나 과학자의 포획 그물 같은 먹기 어려운 것에 부딪히지 않기 위한 매우 효과적인 시스템이 필요하다. 이런 야행성 박쥐들은 눈이 먼 동물이 '아니다.' 사실 박쥐의 시력은 황혼녘에 활동하는 여느 다른 작은 포유류와 맞먹으며, 일부 과학자들의 의견에 따르면 어떤 이동성 박쥐 종은 밝은 별을 보고서 비행을 할 수 있다고 한다. 그럼에도 이 어두침침한 포유류 시력은 운동 감지에는 꽤 좋지만, 형태 파악에는 매우 나쁜데 특히 시속 40킬로미터의 속력으로 9G의 회전을 할 때는 더더욱 그렇다.

능동적 청취자

음파탐지를 하는 박쥐들은 우리와는 다르게 소리를 이용한다. 우리는 수동적인 청취자이다. 우리는 주변의 소리를 듣고서 (주파수를 바탕으로) 무슨 소리인지 그리고 (크기와 위상을 통해) 소리가 얼마나 멀리 그리고 어디에서 나는지 알아내려고 한다. 반면 박쥐들은 능동적 청취자이다. 주변 지역을 날아다니는 데 이용하려고 스스로 소리를 내서 그 메아리를 듣는다. 뇌는 인간에 비하면 매우 작지만, 박쥐는 강력한 음향 엔진을 탑재하고 있다. 자신의 울음소리의 내적 표상을 메아리와 비교하여, 반사되는 메아리들의 미세한 차이를 통해 바깥 세상에 무엇이 있는지 알아낸다.

음파탐지를 하는 박쥐는 두 가지 상이한 유형의 기본적인 울음소리를 사용하는데, 이에 따라 메아리 소리도 다르다. 주파수 일정(constant frequency. CF)형 박쥐는 대체로 단일하고 일정한 음조의 울음소리를 내는데, 가끔씩은 막바지에 살짝 낮은 소리의 찍찍거림이 가미된다. CF형 박쥐가 숲처럼 빽빽한 지역을 날고 있을 때 돌아오는 메아리는 대체로 처음 보낸 음조의 지연된 버전이다. 이 박쥐의 울음소리가 근처에서 날고 있는 곤충에 부딪히면 곤충 날개의 운동은 메아리의 도플러 지연 효과를 발생시키고 박쥐는 근처에 무언가가 움직이고 있음을 알아차린다.

큰갈색박쥐와 같은 다른 유형의 박쥐는 주파수 변조(frequency

modulation, FM)형 박쥐라고 불린다. FM형 박쥐는 다른 유형의 울음소리를 내는데, 고주파에서부터 저주파로 하강하는 '찍찍' 소리를 낸다. FM형 박쥐는 CF형 박쥐보다 울음소리가 더 다양하다. 그냥 날고 있을 때에는 1초에 약 한 번꼴의 찍찍 소리를 내지만, 메아리를 하나 감지하고 나면 울음소리를 날카롭게 다듬는다. 점점 더 빠르게 소리를 내면서 더 많은 메아리를 수신할 때까지 마치 스포트라이트를 비추듯이 음파탐지 신호를 주위로 보낸다. 먹이를 찾아내기 위해 도플러 효과에 의지하는 대신 FM형 박쥐는 특수한 레이더처럼 작동하여 목표물로부터 다중 반사 신호를 수신하여 이 신호들을 통합해 삼차원의 시각 영상에 대응하는 음향 정보를 얻는다.

수백 년 동안의 실험을 통해 우리는 박쥐가 어떻게 그렇게 하는지 어느 정도 알게 되었다.* 기본적인 수준에서 보자면, 박쥐의 거리 판별법은 메아리 지연 시간을 목표물과의 거리로 변환시키는 방법이다. 덕분에 박쥐는 나뭇가지의 벌레가 얼마나 멀리 있는지 알아낼 수 있는데, 이 정보는 놀라울 정도로 정확하다.* 박쥐의 청각 담당 중뇌의 일부는 그야말로 메아리 거리측정 컴퓨터로서, 신경이 울음소리에 반응하는 시간을 박쥐가 그 소리를 냈을 때의 시간과 비교한 다음 지연 시간 내지 대기 시간을 거리로 변환해준다. 이런 변환

---

* 1770년대에 라자로 스팔라자니는 박쥐가 소리에 의해 비행을 한다고 가정했지만, 당시의 심의 위원회에서 통과되지 못할 기법을 사용한 설명이었다.
* 인간은 그렇지 못하다. 앞서 소개한 내 수업에서 진행한 실험에서 여실히 드러났듯이.

의 일부는 실제 지연 시간에 바탕을 두고 있지만, 특히 고주파 소리는 거의 고정된 비율로 감소하는 경향이 있다. 이 경우 박쥐의 뇌는 메아리의 세기를 바탕으로 거리를 산정해내는데, 이를 가리켜 진폭-잠복기 거래(amplitude-latency trading)라고 한다.

박쥐는 1초의 백만 분의 1인 마이크로초 미만의 시간에 일어나는 소리의 변화에 반응할 수 있다. 이는 절대 불가능하다곤 할 수 없어도(몇몇 박쥐 과학자들은 불가능하다고 주장하지만) 도무지 직관에 반하는 말인 듯하다. 모든 신경계가 밀리초 규모에서 작동한다는 것은 우리로서는 너무 빠른 듯하다. 하지만 실험에서 밝혀진 바, 박쥐를 특정한 메아리 지연에 반응하도록 훈련시키면(정말로 박쥐는 훈련시키기가 아주 쉽다)—기본적으로는 누군가에게 특정 거리만큼 떨어진 글자를 읽도록 시키는 것과 같다—박쥐는 몇백 '나노초' 범위에서 두 소리의 지연 시간의 차이를 구별할 수 있다. 나노초는 십억 분의 1초이므로, 박쥐는 대략 여러분 뇌의 작동 시간보다 천 배쯤 빠르게 음향 정보를 감지한다.

이렇다보니 실험의 타당성에 대한 진지한 논쟁이 오랜 세월 이어졌다. 이 논쟁은 특정 길이의 케이블 내에서 전자의 통과 시간과 같은 요소들을 다루기 위한 이중점검 장비 보정 및 1데시벨 미만 수준의 절대 진폭 보정이 이루어진 후에야 끝났다. 이런 장비를 이용하는 일은 너무나 정밀하여 시간 지연을 설정하기 위해 수동으로 이진 프로그래밍을 해야만 한다. 청각 시스템의 작동 방식에 관한 고전적인 신경과학 개념에 따르면, 이런 개념은 너무 터무니없는 것이어서 위에서 말한 발견의 해석을 놓고서 과학자 회의에서 주먹다짐이 벌어지기도 했다. 그 정도의 정밀성을 갖추려면 박쥐는 일종의 초능력자여야 할 터이다. 정말로 박쥐는 그렇다.

단 하나의 메아리를 수신하는 경우라면, 박쥐는 맛있는 나방과 이파리(또는 이보다 더 나쁜 상황으로서, 다른 박쥐)를 구별하기가 어려울 것이다. 박쥐의 울음소리의 구조, 즉 약 100kHz에서부터 20kHz까지 내려가는 두 개의 고조파 대역 덕분에 박쥐는 울음소리에 포함된 여러 주파수들의(0.3에서부터 1.7센티미터까지의) 파장을 바탕으로 상이한 크기의 물체들에게서 나오는 메아리를 수신할 수 있다. 게다가 곤충처럼 복잡한 모양은 울음소리를 자기 신체의 상이한 지점들로부터 반사하므로, 박쥐는 지연 시간이 아주 근소하게 다른 다수의 개별 메아리 또는 음향적 깜빡거림(glint)들을 수신한다. 이 깜빡거림은 메아리의 미세 구조를 변화시키는데, 박쥐는 이를 이용하여 대상의 모양을 재구성할 수 있다. 특히 그 대상이 움직이고 있거나 모양을 바꾸고 있을 때에도 그렇게 할 수 있다. 그렇기 때문에 박쥐는 대상이 가까워질수록 목표물로부터 더 많은 메아리와 더 많은 정보를 얻으려고 울음소리 행동을 더 빠르게 하거나 울음소리를 더 짧게 낸다. 일이 잘 풀리면, 먹잇감을 잡기 직전에 종료음을 내면서 울음소리가 끝난다.*

박쥐 음파탐지의 이런 기본적 방식에 관한 연구들은 대체로 실험실에서 실시되었다. 보통의 경우 박쥐 연구는 인간에게 필요한 기술 발달을 위해 이루어졌다. 하이럼 맥심 경이 발명한 잠수함용 소나도 박쥐가 일종의 비시각적 감각—아마도 날개 막에 닿는 감촉을 이용해서 공기 분자의 미세한 운동을 감지하는 방식—을 이용한다는 아이디어를 바탕으로 한 것이었다. (이 아이디어는 20세기 초 과학자들이 어렴풋하게만 이해하고 있던 개념이었다.) 박쥐가 실제로 초음파를 방출한다는 사실은 1940년대가 되어서 로버트 갈롬보스와 도널드 그리핀이 초음파 마이크, 흔히 박쥐 탐지기라고 알려진 마이크를 발명한 후에야 확인되었다. 이후 '능동' 감각 시스템을 이용할 수 있게 되면서 소나와 레이더가 개발되었다. 하지만 박쥐들(적어도 붙잡히지 않을 정도로 똑똑한 박쥐들)은 실험실이 아니라 현실 세계에서 사는데, 박쥐가 수행하는 현실 세계 청각 장면 분석은 수학적으로 대단히 어려운 일이다. 특히나 땅콩 크기의 두뇌를 가진 생명체한테는 말이다.

청각 장면 분석(auditory scene analysis)이란 청각 실험실의 말끔한 음향 환경이 아니라 현실 세계를 구성하는 복잡한 소리들을 전부 다루어야 한다는 뜻이다. 모든 동물들, 그러니까 이웃들의 울음소리의 크기와 음정을 바탕으로 언제 울음소리를 내야 할지 또는 언제 싸움을 걸어야 할지에 관해 앞서 언급했듯이 간단한 규칙을 마련

* 박쥐는 입으로 곤충을 잡지 않는다. 그건 마치 사람이 눈꺼풀로 무언가를 붙잡는 격이다. 시야를 막게 될 것이다. 대체로 날개나 꼬리비막(uropatagium. 꼬리 및 그 주위의 막)으로 곤충을 낚아챈 다음에 입으로 던져 넣는다. 이때 박쥐는 종종 공중제비를 선보이기도 한다.

해낸 동물들은 그런 분석을 행한다. 심지어 개구리조차도. 그런데 박쥐한테는 여간 벅찬 상황이 아니다. 여러분이 파티에 참석해서 누군가와 이야기를 나누다가 말을 못 알아들었다면, "뭐라고요?" 하면서 그 사람한테 가까이 다가가면 된다. 하지만 박쥐는 저녁 식사를 쫓아 어둠 속을 고속으로 비행하고 있는 처지인지라 "뭐라고?"라고 하다가는 그대로 나무에 부딪히고 만다.

박쥐는 메아리가 없는 말끔한 공간에서는 사냥을 자주 나가지 않는다. 나뭇가지의 앞 또는 나뭇가지 사이로 날아다니는데, 각각의 가지와 잔가지가 메아리를 되돌려준다. 그리고 박쥐들은 각자 어느 정도 텃세를 부리면서도 서로의 영역을 종종 침범하기도 한다. 따라서 적어도 다른 박쥐의 사냥 울음소리를 무시하는 법을 숙지하고 있거나 아니면 자기 영역을 침범한 박쥐를 부리나케 쫓아내는 화난 경쟁자를 피해 달아나야 한다.

박쥐는 먹잇감들, 범위 바깥에 있는 다른 벌레들 그리고 도중의 관목이나 나무들에서 오는 메아리들을 구별해내는 동시에 다른 박쥐의 울음소리를 무시해야 한다. 박쥐가 현실 세계의 청각 장면을 어떻게 다루는지를 조사하기 위한 실험들이 시작된 것은 불과 몇 년에 지나지 않는다. 일본 교토 도시샤 대학교의 리키마루 연구소와 로드아일랜드 주에 있는 브라운대학교의 시몬스 연구소가 이러한 실험의 산실이었다. 그리하여 박쥐는 우리가 생각하는 것보다 훨씬 더 유연하다는 사실이 밝혀졌다.

인간의 청각 상실과 박쥐

늘 그렇듯이, 우리의 가청 범위를 넘어서는 울음소리를 지닌 종의 행동을 이해하는 데는 다음과 같은 두 가지 제약이 따른다. 첫째는 박쥐를 복잡한 세계 속에서 살아가는 복잡한 생명체라기보다는 하나의 소나 기계로 취급한다는 문제이다. 응용 연구가 급성장하다보니 자연스레 생기는 문제점이다. 방정식과 메마른 데이터로 포유류처럼 역동적인 생명체의 행동을 전부 파악해낸다는 것은 어렵기 마련이다.

두 번째 문제는 우리의 가청 범위를 넘는 소리를 듣는 동물을 이해하려면 우리가 기술적 및 실험적 도구들을 사용해야 한다는 것이다. 세월이 흐르면서 발전해온 이 도구들은 더 복잡해질수록 단지 정보들을 끌어 모으기만 하는 것이 아니라 더 나은 결과들을 가져다줄 것이다. 박쥐가 마이크로초보다 더 빠르게 메아리의 변화를 판단할 수 있다는 사실이 1990년대 초반 발견되면서 관련 논쟁이 불과 몇 년 전까지지도 치열하게 벌여졌다. 그 무렵에야 향상된 디지털 기술 덕분에 여러 번에 걸쳐 사실이 확인되었다. 이렇게 박쥐가 시간에 대해 아주 민감한 이유가 몇 년 전부터 관심을 끌기 시작했는데, 90년대 초반보다는 더 나은 분자 기술이 필요해졌다. 메아리의 타이밍을 판단하는 박쥐의 능력은 초능력을 요하는 것이 아니다. 아마도 진화상의 돌연변이로 인한 발생학적 특징이 다른 작은 포유류보다 박쥐한테서 오래 지속되다가 뇌 연구의 큰 발전이 이루어진 요즘에서야 확인된 것일 뿐이다.

태아 상태에서 발생하고 있을 때 포유류의 뇌는 유전자 표현의 패턴을 바탕으로 연결 회로를 구성한다. 우리의 DNA는 수없이 많은 화학 신호들을 켜고 끄는데, 이 신호들로 인해 세포들은 이른바 '운명 지도'(fate map)를 따라 구체적인 세포 유형으로 분화되어 발생지를 벗어나 발생중인 뇌의 특정 장소로 이동한다. 하지만 갓 생겨나 위치를 잡은 후 서로 연결을 시작할 때, 뉴런들은 출생 후의 변화하는 환경 조건에 뇌가 반응할 수 있게 해주는 신경화학적 복잡성이 결여되어 있다. 발생 중인 많은 뉴런들은 수정 가능한 화학적 시냅스들로 연결되는 것이 아니라 간극연접(gap junction)으로 연결되어 있다. 이것은 한 뉴런을 다른 뉴런과 직접 연결시키는 작은 채널로서, 뉴런들 사이의 정확하고 빠른 신호 전달을 담당한다. 또한 뇌의 초기 연결 패턴을 구성하는 데 유용하다.

이런 간극연접 대다수는 뇌가 발달해나가면서 화학적 시냅스로 대체되므로 일부분만이 성인이 되어서도 뇌에 남는다. 그리고 2008년까지는 한 포유류 뇌의 중앙 청각 시스템에서는 이 간극연접이 보인 적이 없었다. 그해에 나는 배송 실수 때문에 내가 실제로 주문한 신경 추적물질 대신 코넥신-36(Cx36)—간극연접을 구성하는 단백질—에 대한 항체가 든 작은 약병을 받았다. 항체는 뇌 화학에서 널리 쓰인다. 왜냐하면 항체는 특정 단백질에 달라붙는데다, 항체에 형광 표시를 하면 단백질이 뇌 속에 어떻게 분포하는지를 보여주는 매우 다채롭고 정확한 지도를 얻을 수 있기 때문이다.

반송하기보다(그러면 파손되었을 것이다), 나는 Cx36이 생쥐의 뇌와 비교했을 때 박쥐의 뇌 속에 어떻게 분포되는지 알아보기로 했다. 알고 보니, 대체로 박쥐의 Cx36 분포는 생쥐의 것—성체 생쥐에서 간극연접 단백질을 표현하는 영역들은 거의 나타나지 않았다—과 흡사했다. 하지만 뭔가가 이상했다. 청각신경이 뇌에 처음 들어가는 영역, 이른바 앞배쪽달팽이핵(anteroventral cochlear nucelus, AVCN)이 뇌 안에서 가장 밝게 표시되었지만, 청각신경 섬유 입구와 처음 접촉한 부위 주변에서만 그랬다. 더 자세히 살펴보니, 형광 표시는 상호연결망을 구성하는 듯 보이는 특정 세포 집단에서만 나타났다. 이 연결망의 위치는 바로 뇌에 들어오는 첫 번째 청각 신호에 영향을 미칠 수 있는 곳이었다. 추가 실험에서 이들 세포는 표면에 코넥신이 잔뜩 묻었을 뿐 아니라 다른 신경들을 억제시키는 신경전달물질인 감마아미노부티르산, 즉 GABA도 표시되어 있었다는 점이 드러났다. 이 세포들은 신경 추적물질로 표시했을 때 청각 시스템의 나머지 부위로 방출되지 않았다는 것이 결정적으로 드러난 것이다. 대신 뇌로 신호를 전송하는 청각신경 섬유나 최초 처리 뉴런한테만 작용하도록 설정되어 있는 듯했다.

한편 우리는 시간적 필터—정확하게 타이밍을 맞춘 신호들만 뇌로 들어가게 해주는 것—의 생물학적 등가물을 발견했는데, 이것은 다른 동물에게선 일찍이 본 적이 없었다. 우리가 알아본 바로 그 필터의 작동 방식은 달팽이관이 비슷한 주파수들에 반응하는 영역들로부터 신경 섬유 다발을 보낸다는 것이다. 포유류의 귀는 실리콘과 전선이 아니라 살아있는 웻웨어(wetware)로 만들어져 있기에, 달팽이관에서 나온 신호들의 도착 시간에는 어느 정도의 결함이 있다. 심지어 바로 옆의 것보다 고작 미크론 단위 정도 떨어진 신경 섬유들에게서 나온 신호들조차 그렇다. 그리고 이 책을 쓰고 있는 지금 이 순간에도 연구 중인 사안이긴 하지만, 아마도 박쥐들은 어떤 진화상의 돌연변이로 인해 이러한 태아기의 특징을 성체에서도 지닌다. 그래서 청각 시스템의 가장 낮은 단계에서 네트워크 기반의 필터를 발달시켰고 이 필터로 인해 어떤 특정한 주파수의 첫 번째 신호만이 통과될 수 있는 것이다. 이러한 주파수-시간(spectrotemporal) 대문이 존재한다는 것은 박쥐의 청각 시스템이 생쥐나 인간의 것보다 빠르지 않고, 단지 훨씬 더 정밀하다는 뜻이다. 박쥐는 초능력자일 필요도 없으며 소리로부터 영상을 창조해내기 위해 물리법칙을 어길 필요도 없다. 단지 진화상의 특별한 발생 과정의 소산일 뿐이다.

그렇다면 우리가 박쥐한테서 배울 수 있는 응용 가능한 점, 즉 인간의 청각과 직접 관련된 점은 무엇일까? 박쥐는 소나에서부터 초음파에 이르기까지 여러 기술 발전의 원천이 되긴 했지만, 매우 정밀한 박쥐의 청각은 인간이 듣는 방식과는 별 관련성이 없는 진화상의 희한한 현상인 것만 같다. 그러나 박쥐는 우리가 나이가 들면서 누구나 시달리기 마련인 하나의 문젯거리에 대한 비밀을 쥐고 있을지 모른다. 바로 노화와 관련된 청각 손실인 노인성 난청이다.

우리 인간은 다른 모든 포유류와 마찬가지로 나이가 들면서 청각을 잃는다. 고출력 스피커 앞에서 또는 헤드폰을 낀 채 오랜 세월을 보내거나 시끄러운 환경에서 일하지 않더라도 말이다. 노화 과정의 자연스러운 일부라고 늘 여겨져 왔지만, 이 현상은 가령 매우 정상적인 음향 환경에서조차도 말을 알아듣는 능력을 상실한다든지 심각한 인지적 및 행동적 장애를 초래한다. 그리고 알츠하이머 등의 치매와 관련된 피해망상도 이러한 청각 상실 때문인지도 모른다.

감각이 무뎌져 바깥 세계를 제대로 파악하지 못할 때 우리는 무력감을 느끼기 쉽다. 청각 상실의 기본 이론은 이렇다. 달팽이관의 기저부(난원창 근처의 가장 좁은 부위)에 있는 유모세포들은 외부 세계에 가장 가깝기 때문에 음향적 입력—사람의 말과 같은 '보통의' 소리이든 폭발 소리 내지 만성적으로 접하는 지하철 소음이든지 간에—을 가장 크게 받는다. 포유류는 개구리와 달리 정상적인 환경에서 청각 유모세포들을 재생하지 못하므로 고주파 감지 유모세포들이 가장 먼저 닳는다.

하지만 이 이론에는 심각한 문제점이 하나 있다. 40년 동안 소리를 들으면 청각 시스템이 닳는다는 주장은 지극히 타당하다. 그런데 청각 기능에 관한 가장 흔한 모형 중 하나인 생쥐는 수명이 고작 한두 해인데도 출생 후 일 년쯤 지나면 고주파 청각 상실을 보이기 시작하며 어떤 돌연변이는 고작 몇 달 만에 그런 증상을 보인다. 그러므로 이것은 공산품 제조업자가 정상적인 마모라고 부르는 사안보다 분명 더 복잡하다. 비록 명백한 인과관계는 아니지만, 고주파 청각 상실에 관련된 것으로 보이는 온갖 유전자 및 유전자산물에 대한 연구는 수백 건이나 된다. 따라서 우리가 지금 살피고 있는 것은 포유류의 보편적 문제라고 할 수 있다. 그렇지 않은가? 답은 박쥐의 귀와 뇌 속에 있을지 모른다.

음파탐지를 하는 박쥐는 유별나게 오래 산다. 내가 아끼던 큰갈색박쥐 멜라니는 열여섯 살까지 살다가 죽었다. 작은갈색박쥐(*Myotis lucifugus*)는 서른네 살까지 살았다는 문서 기록도 있다. 신진대사율이 높은 작은 포유류로서는 터무니없이 긴 수명이다. 박쥐는 매일 자기 몸무게만큼의 곤충을 먹으며, 사냥하는 박쥐의 심작박동은 분당 1,000회에 달할 수 있다. 인간의 심장이라면 폭발하고도 남을 속도다. 보통의 대사 모형을 따르자면 박쥐는 수명이 삼사 년 정도여야 한다. 동면을 고려한 여분의 시간을 기준으로 삼더라도 박쥐는 여전히 세 배는 더 오래 산다.* 그런데도 이 동물은 고주파 청각에 절대적으로 의존한다. 귀가 먼 박쥐는 사물에 부딪힐 뿐 아니라 사냥을 못해서 굶어죽는다. 어쨌든 박쥐는 적어도 음파탐지에 필요한 가장 중

* 다음 연구과제로 이 메커니즘을 알아내서 나도 240살까지 살아볼 참이다. 비록 애벌레와 나방을 주식으로 삼더라도.

요한 가청 범위를 확보한 청각 시스템을 진화시켰는데, 이 범위는 큰갈색박쥐의 경우 약 20kHz에서 시작하며 작은갈색박쥐의 경우 약 40kHz에서 시작한다. 그리고 알려진 다른 어떤 포유류보다도 훨씬 오래 이런 기능을 유지한다. 하지만 우리는 어째서 그럴 수 있는지 모른다.

매년 청각에 관한 논문이 수천 편(그리고 과학의 다른 분야의 온갖 논문들)이나 쏟아진다고 앓는 소리를 하는 학생을 대할 때면, 언뜻 생각하기에 청각에 관한 내용은 모조리 밝혀진 듯하다. 그런 반응을 들으면 나는 빙긋 웃으며 머리를 가로저으며 우리가 답을 얻지 못한 온갖 질문들을 학생들에게 던지기 시작한다. 박쥐는 청각의 가장 위쪽 끝단을 잃고 가장 낮은 끝단을 유지하는데, 이는 단지 청각 범위의 크기 조절 기능을 의미할 뿐인가? 아니면 박쥐는 유모세포를 건강하게 유지하기 위한 분자적 내지 체계적 방법을 갖고 있는가? 또는 물고기나 개구리 또는 새처럼 손상된 유모세포를 재생하는 능력을 갖고 있는가? 우리가 모르는 질문의 목록은 한정이 없다. 심지어 음향과학자와 동물행동학자들한테도 아주 이국적이고 낯설어 보이는 음파탐지 박쥐들은 인간이 평생 건강한 청력을 유지하게 해줄 비밀의 열쇠를 쥐고 있을지 모른다. 이에 관한 적절한 질문들에 우리가 답을 내놓을 수 있다면.

chapter **FIVE**

청각의 진화생물학

몇 년 전 로드아일랜드 주 남부에서 살 때 나는 밤에 달리기를 했다. 낮에 달리기를 할 때는 대체로 헤드폰을 끼고서 적절한 박자에 맞추어 달린다. 자동차 소리도 듣지 않을 수 있는데다 뜀박질 속도를 일정하게 유지할 수 있기 때문이다.* 하지만 밤에 달릴 때는 음악은 내팽개치고 주위 환경에서 나는 소리만 듣는다. 햇빛이 없으니까 소리가 훨씬 풍부한데다 주변에 일어나는 모든 소리를 들을 수 있으니 더 안전하다. 그날 밤 내가 제일 좋아하는 연못 근처의 내리막길을 달리고 있었는데, 그곳은 짝짓기 행운을 잡으려는 황소개구리와

* 『엔도르핀이 없는 사람』이란 훌륭한 책에서 제임스 고먼이 말했듯이, 나는 달리기는 좋아하지만 너무 많이 달리는 것은 좋아하지 않는다. 달리기는 머리를 벽에 부딪기와 비슷하다. 멈출 때 제일 기분이 좋다.

청개구리들의 울음소리로 가득했다. 그러나 도로로 접어들면서 제일 앞쪽의 개구리들을 지나오고 나니 웬일인지 개구리들이 평소보다 조용하다는 생각이 들었다. 심지어 나의 천둥 같은 뜀박질 소리가 잦아들었을 때도 마찬가지였다. 아무튼 계속 달리고 있자니 아주 가벼운 발자국 소리 같은 것이 들리기 시작했다. 나는 달리기를 멈추고 제자리걸음을 하면서 주위를 둘러보았다.

도로는 2~300미터 떨어진 채석장 근처에 달랑 가로등 하나가 있을 뿐이어서 어두웠다. 정말로 '시골의' 캄캄한 어둠이었다. 뉴욕에서 이사 온 지 얼마 안 된 터라 이런 어둠이 아직은 익숙하지 않았다. 하지만 거기엔 아무것도 없었고 다른 소리라곤 들리지 않았기에 다음 연못으로 나아갔다. 개구리들은 내가 수십 미터 거리에 들어오자 울음소리를 멈췄다. 그러나 아까 들었던 그 발걸음 소리가 다시 들리는 것 같았다. 그때부터 살짝 긴장이 되어, 다시 뜀박질을 멈추고 주위를 둘러보았다. 모든 것이 조용했다.

조명용 가로등이 있고 위급한 일이 일어나면 뛰어들 상점들이 있는 브루클린 같은 곳이 아니었기 때문에 일단 속력을 높이기로 했다. 가로등을 향해 냅다 달리려는 찰나 첨벙하는 소리와 으르렁거리는 소리가 들렸다. 나는 수백 미터를 점프한(사실은 몇십 센티미터였을지도 모른다) 다음에 주위를 빙빙 돌며 연못을 살폈다. 온몸은 초긴장 상태였고 그 소리의 출처가 어디든 간에 반대방향으로 도망칠 만반의 준비를 하고 있었다. 내가 본 것은 더할 나위 없이 안쓰럽고 후

줄근하고 가여운 코요테였다. 녀석은 몇백 미터쯤 나보다 먼저 달리다가 만화에 나오는 와일 E. 코요테처럼 인도 가장자리를 벗어나 연못에 처박혔음이 분명했다. 물에 빠져서 허둥거리는 신세가 된 것이다. 녀석은 연못에서 뛰쳐나와서 몸을 털어서 말리고는 혼자 뭐라고 중얼거리며 살금살금 멀어져갔다. 웃음이 터져나왔다. 나는 "크크크"라고 웃어준 다음 다른 방향으로 내달렸다.

이 이야기는 어두운 곳에서 헤드폰을 쓰지 않는 것이 왜 중요한지 알려준다. 듣기는 우리가 아이튠즈 재생 목록을 힐끔거리는 것보다 더 중요하며, 아주 가까이서 나는 소리를 포착하게 해준다. 우리의 시야 바깥에 있거나 어두운 주변 세계를 살필 수 있게 해주며, 더군다나 다른 감각기관들보다 더 빠르게 살핀다. 우리 뇌는 패턴 검색 기계로서, 쏟아져 들어오는 모든 감각과 지각 사이의 관계를 쉴 새 없이 확인한다. 어떤 식으로든—비슷한 주파수, 타이밍, 음색 또는 위치(또는 비청각적 세계에서는 모양, 색깔, 맛 또는 냄새)에 의해—서로 연관되어 있는 감각 입력들은 뉴런들이 비슷한 패턴으로 또는 거의 동시에 발화하게 만든다. 뉴런들이 동기를 이루어 발화하면 목표 뉴런이 발화하게 만들기가, 따라서 "무작위적이지 않은 사건이 일어났다"라는 메시지를 뇌의 운영 처리 영역에 보내기가 더 쉬울 것이다.

청각은 시각보다 빠르다

우리의 지각은 감각 입력의 흔한 요소들을 시간과 공간 내에서 결합하여 일어나기 때문에, 공간에 제한되어 있으며 비교적 느리게 작용하는 시각과 같은 감각들은 과도하게 중첩되거나 애매한 특징들을 서로 연관시킬 때 종종 거짓 양성 반응(false positive response. 통계상 실제로는 음성인데 검사 결과는 양성이라고 나오는 반응_옮긴이)을 보인다. 그런 까닭에 신기한 광학적 환영을 전문적으로 다룬 웹페이지는 아주 많은 반면에 청각적 환영을 언급하는 웹페이지는 극소수이다. 귀를 속이기가 더 어렵다는 뜻이다. 청각은 시야의 제한을 받지 않으므로 아주 넓은 범위에서 정보들을 모으더라도 입력 정보들을 적절하게 분류하는 데 더 능하다. 이런 의미에서 청각이 시각보다 더 빠르다.

언뜻 생각하면 청각이 시각보다 더 빠르다는 말은 직관에 반하는 것 같다. 우리는 뇌와 시각이 매우 빠르다고 으레 여긴다. "생각처럼 빠른"(존스홉킨스대학교 연구에 의하면 약 750/1,000초)이라거나 "눈 깜빡할 사이에 사라졌다"(약 300/1,000초)와 같은 표현이 이를 뒷받침하는 예다. 그래도 소리는 여러분이 이 문단을 읽는 데 걸린 시간과 비교하면 빠르다고 할 수 있다. 물론 이 모두는 상대적이다. 몇 가지 예를 살펴보자. 구식 손목시계의 수정발진기는 초당 32,000번 진동한다. 원자시계는 활성화된 단일 세슘-133 원자의 진동수, 즉 초당 90

억 번 이상의 진동수로 설정되어 있다. 요오드 원자는 초당 십억의 백만 번 진동한다. 쿼크는 고작 1욕토초(10^{-24}) 동안 존재하는데, 따라서 여러분이 콘택트렌즈 안에 무언가가 끼었음을 알아채는 데 걸리는 시간 동안 쿼크는 2×10^{-21}번의 탄생과 죽음을 겪는다. 다행히도 우리는 훨씬 제한된 시간 축척에서 작동한다. 가령 영점 몇 초에서부터 수명까지의 시간 동안 사는데, 수명이라고 해보았자 슬프게도 2.5×10^{9}초밖에 되지 않는다. 그것도 평생 규칙적으로 운동한다고 했을 때 말이다.

우리는 시각적인 종이고 (대체로 낮 시간 동안 깨어 있는) 주행성이며 (매우 다채로운 범위의 색을 볼 수 있는) 삼색형 동물이다. 그래서 우리는 주변 환경을 시각적인 묘사를 통해 기술하거나 파악한다. 시각은 빛의 지각에 바탕을 두고 있으며, 빛은 우주에서 가장 빠른 속력, 즉 초속 3억 미터이다. 이 책 지면에서 나온 빛이 여러분의 뇌 속의 시각피질에 닿는 데는 1나노초(10억 분의 1초)도 걸리지 않는다. 하지만 여러분의 뇌가 방해를 하는데, 이는 뇌가 두개골 뒤쪽을 가로막고 있기 때문만이 아니다.

입력 신호로부터 사물 인식에 이르는 시각 과정은 수백 밀리초에서 수천 밀리초 정도 걸리는데, 이는 빛의 속력보다 수백만 배 느리다. 광자들이 우리의 눈으로 들어와 망막의 특수 광수용체에 부딪히고, 이후로는 차츰 느려져 화학적 속력에 따라 작동한다. 광수용체의 2차 메신저 시스템이 활성화되고 여기서 나온 신호가 시냅스를 거쳐 망막 신경절 세포로 전달된다. 그 다음에 신경절 세포는 다른 망막 세포를 이중점검하면서 이 입력을 수용할지 거절할지 판단하고, 그 결과에 따라 화학적-전기적 혼합 신호를 광학 신경의 긴 경로를 따라 외측슬상체(lateral geniculate) 내의 여러 목적지 층 가운데 한 곳으로 내려보낸다. 거기서부터 '다시' 시냅스를 거쳐 일차시각피질로 가거나 아니면 윗언덕(superior colliculus) 같은 곳으로 가는데, 어느 쪽이든 간에 가엾은 시각 신호는 아주 위험한 지하철에 오른 꼴이 된다.* 그리고 수백 밀리초의 시간이 지나야지만 여러분은 "음, 내가 뭘 보긴 보았나?" 같은 말을 할 수 있다.

다행스럽게도 우리 뇌는 시각을 바탕으로 '실시간'을 다룰 수 있도록 시간적으로도 조율되어 있다. 현실적으로 1초에 약 열다섯 번에서 스물다섯 번 일어나는 것보다 더 빠르게 변하는 사건은 개별적인 변화로 인식되지 않는다. 수많은 신경학적 및 심리학적 적응 과정을 거친 덕분에 우리는 그런 사건을 하나의 연속적인 변화로 지각한다. 이는 텔레비전, 영화 및 컴퓨터 산업에 매우 유용하다. 왜냐하면 욕토초로 작동하는 그래픽카드를 위한 드라이브를 고객에게 제공할 필요가 없기 때문이다.

그러나 청각은 객관적으로 더욱 빠른 처리 시스템이다. 시각은 초

* 사실, 다비트 판 에센 교수가 작성한 가장 완벽한 시각 연결망 지도는 잭슨 폴록이 그린 뉴욕 지하철 지도와 판박이다.

당 15~25번이 최대치이지만, 청각은 초당 수천 번 일어나는 사건에 바탕을 두고 있다. 귀 안의 유모세포는 초당 5,000회까지의 진동들 또는 한 진동의 특정 위상에 동기를 맞출 수 있다. 실제 지각의 측면에서 보자면, 초당 200회(박쥐라면 이보다 훨씬 더 많은 횟수) 이상 일어나는 청각적 사건의 변화를 쉽게 알아차릴 수 있다. 대니얼 프레스니처와 동료들이 최근 진행한 연구에서는 청각 인식 기관의 일부 특징들이 달팽이핵에서 일어난다는 것이 입증되었다. 청신경으로부터 입력을 받는 뇌의 첫 번째 부위인 이곳에서는 소리가 귀에 도착한 지 1000분의 1초 만에 그런 과정이 벌어진다.

소리가 어디서 오는지를 알아차리는 곳은 위올리브핵인데, 이곳에서는 귀에 도달하는 저주파 소리의 마이크로초에서 밀리초 사이의 차이(고주파 소리일 경우에는 소리 세기에 대한 1데시벨 이하의 차이)를 바탕으로 두 귀의 입력을 비교하는데, 고작 몇 밀리초의 시간 지연밖에 생기지 않는다. 심지어 신경 사슬의 제일 위에 있는 피질—수많은 양의 데이터가 운반되며 비교적 느린 편이다—에서조차도 고속 발화를 가능하게 해주며 귀로부터 뇌 쪽으로 청각 정보 전달의 가장 기본 특성들을 유지하고 있는 특수한 이온 채널이 존재한다. 따라서 이런 신호들이 약 10개 이상의 시냅스를 거쳐 피질—의식적인 행동이 일어나는 곳이라고 알려져 있는 부위—에 도달한 후에도 소리를 확인하고 그 출처를 알아내는 데 50밀리초도 채 걸리지 않는다.

우리는 소리를 어떻게 인식할까?

물론 앞서 이야기한 것은 청각 통로를 고전적인 관점으로 바라볼 때의 이야기다. 이를테면 위키피디아의 내용이나 청각 생물학에 관한 학부 수업에 나오는 내용인 것이다. 이 수준에서 보자면 청각은 매우 단순한 시스템인 듯하다. 귓속의 유모세포에서부터 소리가 부호화되며 청각신경을 따라 달팽이핵으로 전달된다. 여기서 신호는 주파수, 위상 및 진폭에 따라 분류된 후에 마름모섬유체(trapezoid body)를 거쳐 출처 판단을 위해 왼쪽과 오른쪽의 위올리브핵으로 이동한다. 이어서 신호는 복잡한 타이밍 과정들을 처리하는 가쪽섬유띠(lateral lemniscus)의 핵으로 보내진다. 여기서부터 신호는 청각 담당 중뇌의 아래둔덕(inferior colliculus)로 보내지고, 여기서는 개별 특징들의 일부를 복잡한 소리로 통합한 다음 청각 시상의 안쪽무릎체(medial geniculate)로 간다. 이곳은 신호를 청각피질로 보내기 위한 일차 중계소 역할을 한다.

청각피질은 귀에서 들은 소리를 의식적으로 인식하기 시작하는 곳으로서, 음색을 확인하는 측두평면(planum temporale)처럼 상이한 청각 특성을 보조하는 특수 영역들과 더불어 각각 말의 이해와 생성을 담당하는 베르니케 영역과 브로카 영역을 갖고 있다. 또한 이곳은 소리 처리의 대뇌 좌우 기능 분화가 일어난다. 오른손잡이 대다수는 말의 정보적 측면들이 좌뇌에서 처리되고 말의 정서적 내용은 우뇌에서 처리된다. 이러한 기능 분화는 한 가지 흥미로운 실제 현상을 낳는다.

여러분이 전화 통화를 하고 있다고 상상하자. 전화기를 오른쪽 귀에 대는가 아니면 왼쪽 귀에 대는가? 대다수의 오른손잡이들은 전화기를 오른쪽 귀에 대는데, 왜냐하면 오른쪽 귀로 들어오는 청각 입력의 상당수가 뇌의 좌반구로 건너가서 말을 이해하는 데 도움이 되기 때문이다. 왼손잡이들은 반대이다. 물론 왼손잡이들 중에서도 좌뇌에서 말의 정보를 인식하고 우뇌에서 정서적 내용을 처리하는 경우도 있다. 오른손잡이들 중에서도 이와 비슷한 변형이 일어나기도 한다. 나는 이상하게도 오른손잡이인데도 전화기를 왼쪽 귀에다 대지 않으면 통화 내용을 이해하는 데 어려움을 겪었다. 수년 전에 신경영상 연구에 자원봉사자로 참여하고 나서야 내가 내용·정서 처리 중추가 뒤바뀐 소수의 돌연변이에 속한다는 사실을 알게 되었다. 뇌의 나머지 부분은 대체로 정상적이다. 일부 연구에 따르면 진화상으로 새로 생긴 능력은 대뇌 좌우 기능 분화와 같은 현상에 변형을 나타내는 경향이 더욱 큰데, 언어 이해가 그런 새로운 능력에 속한다.

그러나 아래쪽 뇌간(腦幹)에서 나온 청각 신호들은 피질로 올라가지 않기에, 여러분은 음악을 즐기거나 옆집에서 바이올린을 엉망으로 연주하는 소리에 발끈할 수 있다. 청각 통로의 단일 요소에 관한 것만도 다양한 종을 대상으로 수십 때로는 수백 건의 논문이 나왔는데, 그 내용은 개별적인 신경 유형들의 연결 상황에서부터 여러분이 제공하는 입력 유형에 따른 초기발현유전자들의 표현의 가변성에 이르기까지 다양하다. 어떤 시스템에 관해 더 많은 데이터가 쌓일 때 그저 더 많은 정보가 더해지는 것만은 아니다. 사고방식이 올바르다면 (또는 대학원생 정도의 학식이 있다면) 여러분은 사물이 작동하는 방식에 관한 옛날 규칙들이 더 이상 제대로 통하지 않음을 차츰 깨닫기 시작한다.

대학원생이던 1990년대에 나는 '구체적 에너지의 법칙'(귀는 소리에만, 눈은 빛에만, 전정기관은 가속도에만 반응한다는 법칙) 그리고 '꼬리표원칙'(신경 연결은 양상(modality)별로 고유하기에, 소리는 청각핵과 연결된 귀로 들어가 결국 '듣기'로 처리되는 반면, 시각 입력은 눈에 들어가 '보기'로 처리된다는 원칙)이라는 용어를 들었다. 이러한 "모듈식 뇌"라는 개념이 널리 채택되었다. 뇌의 특정 영역이 자신이 받은 입력을 처리하고 이런 영역들 사이의 의사소통을 통해 이 모든 기본적인 복잡성의 총합으로서 의식이나 마음이 나타난다는 개념이다.

하지만 그 무렵부터 신경과학은 (맬컴 글래드웰의 표현을 빌리자면) 흥미로운 티핑포인트(tipping point. 작은 변화들이 어느 정도 기간을 두고 쌓여, 아주 작은 변화만 더해져도 갑자기 큰 영향을 초래할 수 있는 상태가 된 단계_옮긴이)에 이르렀다. 수 세기 동안 쌓인 해부학 및 생리학 데이터들이 이상한 겹침을 보이기 시작하고 있었다. 이전에는 단지 시각 담당 중뇌핵으로 여겨지던 윗둔덕(superior colliculus)은 모든 유형의 감각 시스템에서 나온 신호들을 기록하는 곳임이 드러났다. 안쪽무릎체는 청각피질로 이어지는 배쪽 통로를 통해 입력의 대다수를 제공하면서도 또한 주의력과 생리 및 감정 제어를 담당하는 영역으로 향하는 등쪽 돌출부를 지니고 있다. 청각피질은 비슷한 얼굴 모습에도 반응할 수 있다. 발표된 수만 건의 연구들은 (과학 도서관 서고에 묻혀 있는 대신 인터넷으로 논문을 열람할 수 있게 되면서) 이른바 '결합 문제'—모든 개별적인 감각들이 다중감각 통합을 통해 한데 연결되어 실재에 대한 일관된 모형을 구성해내는 것—대한 해결의 실마리를 제공하기 시작했다.

게다가 지난 10년 동안에는 유전자 혁명으로 인해 염기서열 및 단백질 표현이 규명되고, 유기체에 대한 완벽한 유전자 목록을 (보조금으로 사는 이들로서는 합리적인 가격으로) 이용할 수 있게 되고, 심지어 뇌의 유연성과 복잡성에 대한 이해가 더 한층 깊어지게 되었다. 그리하여 유전적 및 환경적 조건들이 뇌의 반응 방식을 어떻게 변화시킬 수 있는지가 밝혀졌다. 일단 지니가 병 밖으로 나오자 과학자들은 이런 사실 즉, 이전에는 오래된 주먹구구식 심리학적 기법으로만 다루던 문제들을 신경과학적인 맥락에서 다시 검사할 수 있음을 알아차리기 시작했다. 이로써 어떻게 소리가 우리로 하여금 무언가를 듣게 해줄 뿐만 아니라 우리의 가장 중요한 무의식적 과정 및 의식적 과정을 실제로 작동시키는지가 차츰 드러나기 시작했다. 이와 더불어 우리는 주위 세계의 중요한 사건에 주목하기 위해 소리를 사용하는 동물임에도 왜 소리에 대체로 집중하지 않는가라는 모순적인 문제도 드러난다.

여기서 잠시 뇌 통로에 대한 이야기로 넘어가자. 안쪽무릎체에서 나온 청각 신호는 뇌 과학자들이 생각하는 청각 담당 부위로 반드시 향하지는 않는다. 대신 전통적으로 이른바 변연계 속에 한데 뭉쳐 있는 영역들로 향한다. 변연계는 구식 용어지만 지금도 교과서, 심지어 최신 논문에서도 보인다. 이 변연계는 피질의 가장 깊은 경계를 이루며 심장 박동과 혈압에서부터 기억 형성, 주의 집중 및 감정 등의 인지적 기능까지 제어한다. 이곳을 특정한 시스템이라고 부르는 것이 시대에 뒤떨어지는 까닭은 그 영역의 미세한 해부학적, 생화학적 및 기능적 구조들을 아무리 살펴보아도 개별적 모듈처럼 보이는 것이 나타나지 않기 때문이다. 오히려 그곳은 정보를 제공하고 또 다음 입력 신호를 수정하는 기능을 하는 고리들로 이루어진 연결망이라고 보는 편이 옳다. 소리가 해부학적 구조를 바탕으로 이 모든 시스템에 영향을 미치는 방식을 이해하기란 이들 영역에 청각만을 직접 담당하는 구조가 거의 없다는 사실 때문에 더 한층 어려워진다. 뇌의 복잡성을 이해하려면 때로는 현실 세계의 행동을 살펴본 다음 거꾸로 작업해야 한다. 그렇다면 이런 의문이 든다. 소리는 의식과 어떤 관계가 있는가?

칵테일파티 효과

얼마 전 나는 매사추세츠 주 워터타운에 있는 시각장애인을 위한 퍼킨스 학교와 접촉했다. 내가 소리와 관련된 한 가지 문제에 도움을 줄 수 있는지 알아보기 위해서였다. 주(州)의 규정에 따른 화재경보가 학생들을 너무나 놀라게 만든 바람에 아이들은 화재경보를 실험하는 날이면 학교에 가지 않으려고 할 정도였다. 교직원들은 학생들이 주목을 하긴 하면서도 공포감에 사로잡히거나 갈팡질팡하게 만들지 않게 화재경보를 울릴 수 있는지 궁금해 했다. 나는 이 문제를 연구하기 시작했는데(지금도 연구하고 있다), 때마침 실험실에서 화재경보가 최근에 울린 적이 있는지라 이 문제를 예사롭지 않게 여기고 있던 터였다. 복도를 따라 뻔히 보이는 내 사무실로 가려고 30초쯤 애쓰는 와중에 시끄러운 소리를 줄여보려고 고개를 이리저리 돌려봐도 길을 찾기가 어려웠다. 정상적인 사람도 이럴진대, 어디로 가고 있는지 모른 채 지팡이를 두드리며 우왕좌왕하는데다 안내 문구를 읽을 수도 없는 사람들은 오죽하겠는가?

경보—시끄러운 벨 소리든, 경적이든 또는 "불이야, 불이야"라고 외치는 호들갑스러운 합성 목소리든—는 정신물리학적 도구이다. (코요테가 어설프게 연못에 풍덩 빠진 소리에 내가 놀랐던 것처럼) 느닷없이 시끄러운 소리를 내서 여러분의 주의를 끌고 이후로는 그 신호를 계속 반복한다. 이후 이어지는 시끄러운 소리에 더 이상 놀라지는 않더라도 시끄러운 소리 자체가 여러분의 각성 수준을 높게 만든다. 사이렌이 멎거나 여러분이 그 자리를 벗어남으로써 그러한 각성이 줄어들지 않으면, 각성은 두려움과 우왕좌왕으로 바뀌기 쉽다. 여기서 우리는 소리가 주의 집중 및 감정과 서로 연결되어 있음을 알 수 있다.

언뜻 보자면 이 둘은 판이하게 다른 듯하다. 주의 집중은 특정한 환경적 (또는 내부적) 단서에 집중하게 만드는 반면 감정은 사건에 대한 전의식(前意識. 보통 의식하고 있지는 않지만, 조금만 노력하면 곧 의식할 수 있는 상태_옮긴이)적인 반응이다. 이 두 가지는 성격이 전혀 다른 듯 보이지만, 둘 다 우리로 하여금 의식적인 생각이 일어나기 전에 환경에 대한 반응을 바꾸도록 만든다는 점에서는 동일하다. 우리가 예상하는 소리를 듣지 못할 때 주위 상황이 뭔가 이상하다는 느낌이 들면서 차츰 각성이 생긴다는 사실 그리고 시야 바깥에서 뜻밖의 소리가 갑자기 들릴 때 갑자기 두려움이 엄습하면서 두려움과 관련된 신체적 반응이 뒤따른다는 사실을 통해 우리는 이 두 가지가 서로 연관되어 있음을 알 수 있다. 청각은 그 두 가지의 바탕이 될 정도로 빠르게 일어나는 감각 시스템이다.

주의 집중은 세계(그리고 우리의 뇌)가 하루 24시간 동안 우리에게 던지는 숱한 감각들로부터 중요한 정보를 골라내는 일이다. 가장 단순한 수준에서 보자면, 주의 집중은 어떤 것은 무시하면서 또 어떤 것에는 집중하는 능력일 뿐이다. 하지만 주의를 기울이는 과정은 듣기와 마찬가지로 지속적으로 일어나기 때문에 이 과정을 잘 알아차리지 못한다. 우리의 행동을 면밀히 관찰하고 의식되는 순간에 주의를 기울이지 않는다면 말이다.

한 가지 실험을 해보자. 손을 씻으러 가보자. 여러분은 줄곧 앉아서 이 책을 읽고 있었는데, 그렇다면 여러분의 손이나 책이 몇 시간 전에 어디에 있었는지 누가 알겠는가. 하지만 의자에서 일어나기 전 잠깐 여러분이 손을 씻는 소리에 대해 생각해보라. 그러면 세면대에 물이 튀는 소리가 떠오를 텐데 그게 전부다. 이번에는 '모든' 소리에 주의를 기울여보자. 신발을 신었든 슬리퍼를 신었든 양말만 신었든 세면대로 걸어가는 발자국 소리가 들릴 것이다. 타일 위를 걷고 있는가? 여러분이 걸음을 내디딜 때마다 화장실에 메아리가 생기는가 아니면 그런 소리를 줄여주는 부드러운 흡수성 양말이나 신발을 신고 있는가? 수도꼭지에 다다를 때 여러분의 옷에서 나직하게 살랑거리는 소리가 나는가? 수도꼭지에서 살짝 끽끽거리는 소리가 나는가? 물이 수도꼭지를 떠나 세면대에 닿기 전까지 물의 소리는 어떤가? 물이 금속이나 도자기 또는 플라스틱에 부딪힐 때 물 소리에는 어떤 패턴이 있는가? 세면대에 마개가 없을 때, 물이 배수관을 따라 내려가면서 빈 공간을 울리는 소리가 나는가 아니면 물이 자꾸 모여 세면대 가장자리를 따라 출렁이는가? 손을 물속에 넣어 움직일 때 여러분의 손에 닿는 물의 소리는 어떤가? 그리고 수도꼭지를 잠글 때, 물 공급 중단이 배수관을 빠져나가는 물 소리와 손에서 물이 뚝뚝 떨어지는 소리를 들리지 않게 만든다는 것을 여러분은 알아차리는가?

이런 일이 일어나는 데는 삼십 초쯤 걸릴 것이다. 이 책의 앞부분에서 산책할 때 들었던 소리에 대해 이야기한 것처럼, 이런 일과 관련된 음향학의 가장 기본적인 개요를 설명하는 데도 수백 단어가 필요하다. 우리가 보통 모르고 지나가는 음향적 사건이라도 수조 개의 원자들의 운동, 수만 개 유모세포의 기계적 반응 그리고 우리가 굳이 의식하진 않는 현상들을 기록하기 위한 수십억까지는 아니더라도 수백만 개 뉴런의 활성화가 필요하다. 하지만 여기에는 이유가 있다. 만약 우리가 무엇이 적절한지를 자동으로 가려내는 능력이 없이 모든 것에 동등한 주의를 기울인다면, 우리의 안과 밖에서 쏟아져 들어오는 온갖 사소한 정보에 곧 압도당하고 말 것이다.

주의 집중의 메커니즘은 양분 청취법(dichotic hearing)이라는 기법을 이용한 연구를 통해 주로 밝혀졌다. 간단히 말해서 양쪽 귀로 듣는 방법을 뜻한다. 양분 청취법에 따른 실험은 가령 이런 식이다. 여러분에게 상이한 주파수와 속도와 횟수로 상이한 두 소리 A와 B를 들려준다. 만약 A와 B가 음정 차이가 매우 크고 양쪽 귀 사이에서 무작위로 들려주면, 여러분은 두 소리를 무작위적인 소리라고 지각하는 경향이 있다. 하지만 두 소리를 어떤 특징들로 뭉치면, 가령 주파수 간격(음정이 얼마나 서로 떨어져 있는지), 음색(소리의 미세한 구조), 상대적 세기(조용함 vs. 부드러움) 또는 공간상에서의 위치(왼쪽 귀 또는 오른쪽 귀) 등으로 관련시키면, 여러분의 뇌는 두 소리를 별개의 음향 흐름으로 구분하기 시작한다.

따라서 만약 왼쪽 귀에다 0.5초마다 클라리넷으로 A-샵 소리를 들려주고 오른쪽 귀에다 0.75초마다 플루트로 D-플랫 소리를 들려주면, 이 자극들을 별도의 두 가지 청각적 사건으로 구분한다. 왼쪽에서는 아주 지루한 클라리넷 소리가 나고 오른쪽에서는 마찬가지로 지루하지만 구별이 가능한 플루트 소리가 난다고 인식하는 것이다. 두 소리를 동시에 동일한 속도로 연주하기 시작해도 두 소리를 서로 다른 음의 흐름이라고 따로 인식한다. 왜냐하면 귀는 청각적 사건이 도달하는 총 시간을 구별할 뿐만 아니라 소리의 미세한 시간적 구조와 절대적인 주파수 내용도 구별하기 때문이다. 이런 유형의 연구는 청각 장면 분석의 가장 단순한 형태이자 주의 집중을 측정하는 가장 기본적인 방법이다. 이 연구법은 세월에 따라 기술은 변해왔지만 지금도 실시되고 있다. 인간과 동물에 관한 초기의 정신심리학과 EEG에서부터 뇌자기도기록법과 fMRI를 이용한 가장 최근의 연구에 이르기까지 이 연구법이 쓰였다.

그러나 개별 음들을 시간, 주파수, 음색 및 위치에 따라 다르게 표현하는 것은 울타리 안에서 하는 사냥의 실험실 버전이다. 현실에서 마주치는 상황이 아니라는 얘기다. 그럼에도 이는 이른바 '칵테일파티 효과'라고 익히 알려진 강렬한 효과의 바탕이 된다. 개념을 말하자면, 온갖 목소리와 배경잡음이 가득 찬 방에 있더라도 우리는 하나의 개별 목소리를 따라갈 수(물론 한계는 있다) 있다. 그럴 수 있는 까닭은 비록 잡음 때문에 가려지는 상황에서도 우리 귀는 복잡한 소리의 구체적 특징들에 대해 동시적으로 반응하기 때문이다. 이는 청각적 주의 집중에 또 한 가지 측면을 부각시킨다. 여러 사람들이 말을 하고 있는 방 안에서는 여러 소리들이 중첩된다. 남성 목소리와 여성 목소리가 혼합된 소리는 100~500Hz까지의 기본주파수를 갖는다. 둘 다 인간의 성대주름에서 생기기 때문에 일부 음색 특징이 공통적이다. 그리고 이 소리는 청취자들과의 거리, 화자들의 목소리 크기 그리고 물론 화자들의 위치에 따라 소리의 세기가 달라진다. 이런 상황에서 만약 여러분이 중요하게 여기는 어떤 사람이 다른 누군가에게 말하고 있음을 알게 되면, 그 사람의 특정한 목소리와 말하기 스타일(이것이 말할 때 생기는 목소리의 타이밍을 정한다)이 여러분에게 친숙하기 때문에, 이전에 수없이 많이 활성화되었던 청각신경 패턴이 다시 활성화된다.

청각은 항상 켜져 있는 감각 시스템

어떤 소리를 매우 자주 들으면, 설령 그 소리의 음향적 세부사항이 다양하게 바뀌더라도 청각 담당 고위중추 뉴런들은 동시에 작동할 뿐 아니라 청각 시스템 내의 시냅스들을 실제로 재배선하여 더 잘 반응하게 된다. 이것은 헤비안 가소성(Hebbian plasticity)이라고 하는 신경학습의 일반적인 한 형태이다. 뉴런은 이전의 뉴런에서 얻은 입력들을 합쳐서 발화를 행하거나 억제하는 단순한 연결 구조가 아니다. 오히려 매우 복잡한 생화학적 공장으로서, 신경전달물질, 성장 호르몬, 효소 그리고 특정한 뇌 화학물질에 대한 수용체 등을 지속적으로 합성하거나 분해하고 아울러 이것들을 적절한 수요에 따라 지속적으로 조절하는 곳이다. 물론 뉴런이 행하는 가장 두드러진 일은 새로운 과정을 실제로 성장시켜서 자신의 배선 패턴을 변화시키는 것이다. 동기를 이루어 또는 규칙적으로 발화하는 뉴런들, 가령 말이나 음악에서 흔히 보이는 고조파 소리에 노출되는 신경들은 서로 긴밀히 상호 연결되어 있기에 서로에게 영향을 주거나 함께 일하기가 더 쉽다. 따라서 잡음 속에서도 우리에게 익숙한 소리는 이 자극을 '인식'하는 특정한 세포 집단을 활성화시킴으로써 잡음에서 빠져 나오게 된다.

'함께 발화하는 것들은 함께 배선을 이룬다'라는 일반적인 신경학 원리이지만, 소리와 영상의 차이는 칵테일파티 효과를 이 효과의 시각적 등가물—'월리를 찾아라' 퍼즐이 좋은 예다—과 비교해보면 잘 드러난다. 복잡한 장면을 배경으로 화사한 빨강-흰색 줄무늬 모자와 셔츠를 입은 인물을 찾아내는 데는 보통 적어도 삼십 초는 걸리는 반면(그리고 때로는 훨씬 더 많은 시간이 걸린다. 가끔 나는 월리가 아프가니스탄의 동굴에 숨었다고 선언하기도 한다), 흥청거리는 칵테일파티에서 내가 관심을 갖는 목소리를 집어내는 데는 보통 1초면 족하다.

하지만 칵테일파티 효과에는 사악한 쌍둥이가 있는데, 여러분도 겪었을 법한 효과이다. 기차나 버스를 타고 간다고 상상해보자. 여러분은 책을 읽든가 아니면 졸든가 해서 맞은편에 있는 남자를 쳐다보지 않을 수는 있다. 하지만 뒤에 앉아 휴대전화로 계속 잡담을 하는 사람은 그럴 수 없다. 그 사람이 시끄럽게 말하든 소리를 죽여 줄곧 나직하게 말하든 간에, 여러분은 귓전으로 듣는 다른 사람의 대화가 계속 성가시다. 로렌 엠버슨 연구진은 최근 연구에서 그 이유를 밝혀냈는데, 이는 주의 집중의 부정적인 측면과 관계가 있다. 이 과학자들은 정상적인 대화를 들을 때는 정신이 그리 산만하지 않지만, 이른바 귓전으로 듣는 대화는 인지 능력의 심각한 저하를 초래한다는 것을 알아냈다. 이들이 내세운 가설은 예측불가능한 소리를 배경음으로 듣게 되면 다른 일에 몰두하고 있는 사람의 정신이 더욱 산만해진다는 것이다. 귓전으로 듣는 대화의 방향을 예측할 수 없기 때문에 더욱 뜻밖의 자극을 받게 되고 따라서 더 정신이 산만해진다는 말이다.

이것은 언제나 '켜져' 있는 감각 시스템이 안고 있는 한 가지 문제점이다. 우리의 청각 시스템은 주위 환경이 변하는지 여부를 줄곧 감시하고 있다. 환경에 갑자기 변화가 생기면 어떤 일에 집중하고 있는 뇌의 상태를 교란시켜 집중하는 대상을 다시 정하려고 한다.

어두운 골목을 가는 중에 나는 발자국 소리는 등 뒤에서 나는 것일까 아니면 거리의 벽에서 메아리가 울린 것일까? 코요테가 친구 고양이를 찾느라 갑작스레 우는 소리일까 아니면 동네의 눈먼 개가 집으로 데려다 달라고 주인을 찾는 소리일까?

소리는 하루 24시간 동안 작동하는 경보 시스템이다. 우리가 잠들어 있을 때에도 신뢰할 수 있는 유일한 감각 시스템이기도 하다. (자고 있는 동안 포식자에게 죽임을 당하지 않길 바랐던 우리 선조들에게도 이로웠을 것이다.) 갑작스러운 소음은 무언가가 '일어났다고' 우리에게 알려준다. 아울러 청각 시스템은 (시각과 달리) 신속하게 작동하기 때문에, 소리의 출처가 익숙한 곳인지 아니면 다른 감각기관을 추가로 동원해서 알아내야 하는지 여부를 재빨리 판단할 수 있다.

이것이 중요한 까닭은 다른 감각들—시각, 후각, 미각, 촉각 및 균형감각—은 전부 범위와 영역 면에서 제한적이기 때문이다. 머리를 돌리지 않으면(머리 돌리기가 온갖 결과들을 가져온다), 양안시각은 120도 범위에 국한되며, 주변 시야가 보태져도 약 60도가 늘어날 뿐이다. 후각은 냄새의 농도가 짙어야 지각하기 쉬우며, 설령 그렇더라도 냄새의 위치를 알아내는 우리의 능력은 매우 제한적이다. 미각, 촉각 및 균형감각은 전부 우리 몸에 국한되어 있다.

그러나 기온 역전(보통은 지면에 가까운 쪽이 따뜻하고 높은 곳일수록 기온이 낮은데, 기온이 그 반대로 되는 경우_옮긴이)이 없는 맑은 날 야외에서 이어폰을 끼고 있지만 않는다면 우리는 약 1킬로미터 안에서 나는 소리를 들을 수 있다. 만약 단단한 지면 위에 서 있거나(아니면 물에 둥둥 떠 있다면), 사방 1킬로미터의 공간은 바꾸어 표현하자면 약 2억6천만 세제곱미터 부피 또는 비행선 1,300대 분량 부피의 반구이다. 하지만 여러분이 실험을 위해 바깥에 서 있는데 전화기가 울리면 여러분의 관심은 그 소리로 향한다. 그런 까닭에 비행선이 여러분 머리 위로 내려올 수 있다. 익숙한 전화기 소리에 정신이 팔려서 비행선이 (매우 조용하게) 천천히 하강할 때 생기는 그림자를 알아차리지 못한다면 말이다.

이 시나리오는 여러분의 귀와 다른 감각들이 연관되어 생기는 두 가지 유형의 주의 집중이 서로 다름을 알려준다. 두 가지 유형의 주의 집중이란 목적지향 주의 집중(통신 환경이 불량한 지역에 들어갈 때 전화 통화에 더욱 집중하는 경향)과 감각지향 주의 집중(비행기 이륙을 기다리고 있을 때 옆 사람이 휴대전화로 1분에 세 번 '폭탄'이라는 단어를 말하는 소리를 듣고서 여러분의 대화에 집중할 수 없는 경향)을 말한다. 목적지향 주의 집중은 우리의 감각적 및 인지적 능력을 제한된 입력 요소들에 집중하도록 만들며 어떤 종류의 감각에 의해서도 일어날 수 있다. 대체로 인간은 시각에 기본적인 주의를 기울인다. 여러분은 주변을 둘러보고 (설령 음악 소리를 높이기 위해서라도) 시각의 안내에 따라 사물에 닿으며, 만약 어떤 바보가 전기를 아낀답시고 적외선 이동 감지기를 설치해놓는 바람에 전깃불이 갑자기 나가면 발끈한다.

물론 어떠한 감각 유형이라도 목적지향 주의 집중에 이바지할 수 있다. 우리는 코를 따라서 화장실 악취의 출처를 찾아낼 수 있다. 혀의 미뢰를 이용하여 음식이 제 맛이 날 때까지 레시피를 계속 바꾸어볼 수 있다. 만약 담력을 뽐내려고 담벼락을 따라 걷는다면, 자칫 삐끗하여 추락할 수 있는 위험에 아랑곳하지 않고 앞으로 가는 한 걸음 한 걸음에 집중할 수 있다. 온라인 게임 기타 히어로(Guitar Hero)에서 여러분의 점수를 깎아먹는 기타 곡을 이해하기 위해 골똘하게 들을 수도 있다. 이처럼 온갖 주의를 기울일 때 우리는 자신이 가장 중요하다고 의식적으로 판단한 과제에 대해 최대한의 정보를 제공해주는 감각 유형으로부터의 입력에 집중한다.

자극 기반의 주의 집중은 목적 지향 행동을 포함하여 다른 데 가 있던 관심을 붙잡아서 방향을 재조정하는 일이다. 따라서 다른 임의의 감각 시스템—여러분의 주변 시야에 들어온 갑작스러운 깜빡거림, 연기 냄새, 여러분을 펄쩍 뛰게 만드는 갑작스러운 감촉 등의—에 의해서 작동할 수 있다. 자극을 바탕으로 주의를 다른 데로 돌리려면 그 자극이 새롭고 갑작스러워야, 즉 놀라운 것이어야 한다. 놀라기는 주의 돌리기의 가장 기본적인 형태로, 가장 단순한 청각 장면 분석을 할 때보다도 뇌를 덜 쓴다. 놀라기는 어떤 일에 집중하고 있는데 갑자기 소음이 나거나 어떤 사람이 어깨를 두드리거나 (또는 캘리포니아에 있다면) 갑자기 땅이 흔들리는 것처럼 누구에게나 생기는 일이다. 그러면 우리는 10밀리초(100분의 1초)도 안 걸려서 내가 코요테의 풍덩 소리를 들었을 때처럼 행동한다. 즉, 펄쩍 뛰어오르고 심장박동과 혈압이 치솟고 어깨를 웅크리며, 이어 그런 혼란의 원인을 찾으려고 하면서 다른 데로 주의를 기울인다. 놀라기는 청각, 촉각 또는 균형감각에 의해서 일어나지 시각, 미각 및 후각에 의해 일어나는 것이 아니다.* 왜 그런가 하면, 앞의 세 가지 감각은 '기계감각적' 시스템이기 때문이다. 즉, 매우 '빠르게' 발화하는 신경전달 채널, 척수의 운동 뉴런을 활성화하는 진화상의 매우 오래된 신경회로 그리고 뇌 속의 각성 회로들의 재빠른 기계적 작동에 의존하는 시스템인 것이다.

척추동물들은 저마다의 놀람(놀람의 변형 형태로 표현되는 감정) 회로를 지니고 있다. 놀람은 어떤 새로운 것에 대해 한 유기체를 보해해주는 매우 효과적인 방법이기 때문이다. 쥐를 대상으로 한 (이후 영장류와 인간에 대해서도 확인된) 마이클 데이비스와 동료들의 기념비적 연구에 따르면, 포유류의 청각적 놀람 회로는 다섯 가지 뉴런으로 이루어진 회로를 거치면서 작동한다. 이 회로는 달팽이관에서 시작해 배쪽달팽이핵, 가쪽섬유띠핵, 교뇌그물핵(pontine reticular nucleus)을 지난 다음에 척수사이신경(spinal interneuron)을 거쳐 마지막으로 운동신경에서 끝난다. 갑작스러운 소리를 듣고서 갑자기 뛰어오르는 데에는 다섯 개의 시냅스를 거치며 100분의 1초가 걸리는데, 이런 회로 덕분에 우리는 만반의 준비를 갖춘 팽팽한 근육으로 방어 자세를 취하며 때로는 시끄러운 발성을 내지른다. (특히 내 아내가 일가

* 여러분은 주변시야에 어떤 것이 움직이는 바람에 겁이 날 수 있는데, 이는 형태보다는 운동에 더 민감하게 반응한다. 하지만 그런 반응은 여러분을 놀라게 한 대상에 여러분의 시각을 새로 집중하게 만들기에 실제 놀람 반응보다는 훨씬 느리다.

견이 있다.) 소리에 놀라기가 포유류에게 흔한 까닭은 보이지 않는 사건에 대처하는 진화상의 아주 훌륭한 적응 방법이기 때문이다. 자신의 처지를 파악하여 어려움에서 벗어나게 해주며, 적어도 주의를 더 기울이도록 해주어 소음이 어째서 생겼는지 알아내게 만든다.

그렇다고 놀람이 꼭 두려움을 몰고 오는 것은 아니다. 각성 의식—감각에서부터 감정 반응에 이르기까지 모든 것이 고조되는 생리학적 및 심리학적 상태—을 증가시킬 뿐이다. 만약 고개를 돌려 소리를 낸 것이 여러분이 공포영화에 빠져 있을 때 친구가 등 뒤에서 살금살금 다가와 "악!"이라고 외친 소리임을 알게 되면, 두려움은 사라지고 고소함을 느낄 것이다. 왜냐하면 그 친구는 여러분이 고개를 돌리면서 덩달아 팔을 드는 바람에 쏟아진 음료수에 얼굴이 흥건히 젖어도 싸기 때문이다. 하지만 고개를 돌려도 "악!" 소리를 냈을 법한 것이 전혀 보이지 않는다면 어떨까? 짓궂은 장난을 좋아하는 괴짜 친구도 없고 천장에 스피커도 없고 정말 아무것도 없다면? 그러면 각성이 계속 유지되고 모든 감각이 고조되며 감정이 피어나기 시작한다.

소리에 대한 진화생물학적 해석

감정은 신경과학적 관점에서 분석하기 까다로운 주제다. 감정은 우리가 어떻게 '느끼느냐'는 것이다. 이 복잡한 심리 작용은 그 감정이 변하거나 사라질 때까지 당시 상황에서 이후 발생할 일에 어떻게 반응할지에 영향을 준다. 과학자들(그리고 철학자들, 음악가들, 영화제작자들, 교육자들, 정치인들, 부모들 그리고 광고업자들도) 수 세기 동안 감정을 연구하고 현실 문제에 적용해왔다. 감정이 무엇인지 어떻게 작동하는지 왜 우리한테 감정이 존재하는지 그리고 (주로 다른 이의 감정을 조작함으로써) 감정을 어떻게 이용할 수 있을지에 관해서는 수많은 연구와 책과 학파가 존재한다.

이런 여러 관점은 서로 충돌을 빚는데, 심지어 기본적인 감정의 종류에 대해서도 일치된 견해가 거의 없다. 가령 1980년대에 로버트 플루칙은 네 쌍의 '기본적' 감정과 그 반대 감정을 제시했는가 하면, 감정 주석 및 표현 언어(Emotion Annotation and Representation Language)의 개발자들인 HUMAINE 그룹은 열 개의 범주로 마흔네 가지의 개별 감정이 존재한다고 주장했다. 감정이 무언지 그리고 (제임스-랑게 이론이 제안한 생리적 상태이든 또는 리처드 래저러스가 제안한 인지적 상태이든) 무엇이 감정을 일으키는지에 관해서조차 논란이 있음을 감안하면, 감정의 신경생물학적 기반을 알아내려는 시도들이 갑론을박인 것도 놀랄 일이 아니다. 하지만 19세기의 심리학에서부터 21세기의 신경영상에 이르기까지 여러 기법의 차이에도 불구하고 감정 연구에서 한 가지 일관된 내용은 가장 빠르게 작용하며 가장 중요한 감정 유발 요소가 소리라는 것이다. (소리는 안쪽무릎체에서 나오는 음위상적 통로 및 비음위상적 통로에 의해 피질 전체에 퍼진다.) 그렇다면 소리는 어떻게 특정한 감정 상태를 일으킬까?

두려움은 가장 연구가 많이 된 감정 상태 중 하나인데, 아마도 그 까닭은 원시적 감정이기 때문인 듯하다. 심지어 개구리조차도 두려움을 느낄 수 있다. (오랫동안 개구리와 어울리다보면 매우 비언어적인 개구리의 신체언어를 이해할 수 있다.) 또한 잘 정립된 해부학적 및 생리학적 근거를 지닌 매우 드문 감정 중 하나이며, 고전적(또는 파블로프) 조건형성이라는 아주 오래된 기법을 통해 주로 소리로 연구하는 감정이다. 고전적 조건형성의 기본 개념은 비교적 단순하다. 반사반응을 일으키는 무조건 자극을 받으면, 가령 배고픈 개(또는 대학원생)에게 고기를 보여주면 침을 흘린다. 고기는 무조건 자극이며 침은 무조건 반응이다. 이반 파블로프가 내놓은 기법은 자극 교체이다. 배고픈 개에게 고기를 보여주기 직전에 그는 종을 울렸다(조건 자극). 고기를 주기 0.5초 전에 종을 울리는 실험을 몇 번 반복하자, 개의 뇌는 종소리와 맛있는 고기 제공 사이의 관련성을 느끼고서, 실제로 종소리에 반응하여 침을 흘리도록 반사반응을 재설정했다. 심지어 고기를 주지 않아도 침을 흘렸다.*

두려움을 연구하는 과학자들은 소리를 이용한 고전적인 조건화 기법에 의존하는데, 이유는 귀에서부터 (두려움 및 두려움과 유사한 반

* 적어도 잠시 동안은 그랬다. 한 조건 반응을 얻기 위해 조건 설정을 극대화하는 전략에 관한 온갖 심리학적 훈련법 및 수천 권의 책과 논문이 존재한다.

응을 조절하는 뇌의 영역인) 편도체로 이어지는 추적 가능한 신경 통로가 존재하기 때문이다. 편도체는 뇌의 핵들 가운데 하나인데, 유독 언론의 관심을 많이 받는 부위이다. 비록 대중매체의 정보 대다수가 틀린 것이라 하더라도 말이다. 만약 여러분이 새로운 웹사이트에서 과학을 접한다면, 감정 조절 내지 조절의 실패와 관련된 것은 무엇이든—범죄행위든, 정치적 지향이든, 완벽한 식습관이든, 환상적인 데이트이든, 초콜릿이 섹스만큼이나 좋은 까닭이든—어떤 식으로든 편도체와 관련이 있다는 새롭고도 흥미진진한 소식을 종종 들을 것이다. 대중매체에 따르면, 편도체는 뇌의 '감정 중추'이기에 만약 여러분이 사회적으로 온전치 못한 일을 한다면, 편도체가 망가졌기 때문이다.

편도체에 관한 진실은 사실 훨씬 더 흥미롭다. 편도체는 빠른 (시상) 통로 및 느린 (피질) 통로 둘 모두에서 입력을 받아 피질을 통해 출력을 내보낸다. 빠른 통로는 빠르고 직접적인 반응을 제공함과 아울러 위험한 입력과 위험하지 않은 입력의 차이를 배우기 위한 바탕을 제공한다. 피질 통로는 뇌의 기억 및 연상 영역을 지나가는데, 느리긴 하지만 소리에 대한 감정 반응이 타당한지를 정확하게 결정한다. 우리가 보고 있던 영화에서 나는 비명 소리였나 아니면 등 뒤에서 누군가가 도륙 당하는 소리였나? (정말로 좋은 영화는 훌륭한 음향 편집을 통해 그 경계를 흐릿하게 하는데, 이에 관해서는 나중에 더 이야기하자.)

하지만 실제의 복잡한 두려움은 아주 빨리 일어났다가 단지 편도체 때문이 아니라 여러분 뇌 속의 연결망으로 인해 유지되고 강화된다. 두려운 사건과 관련된 소리들은 편도체, 청각피질 및 해마를 통해 앞쪽 및 뒤쪽으로 고리를 이룬다. 해마는 장기 기억 저장의 통로이다. 이런 고리들의 시작 부위에서 정보는 깊은 피질 영역 및 시상하부—혈압, 아드레날린의 급속한 방출 조절, 심장 박동 조절, 눈동자 수축 및 입을 건조하게 만들기와 같은 자율신경 조절과 관련된 뇌 영역—로 전달된다. 사자가 내는 으르렁거림과 같은 무서운 소리는 온몸에 생리적 반응을 일으키는데, 이 반응은 뇌로 전달되면서 초기의 감정 반응을 증대시킨다. 동시에 뇌는 두려운 사건에 관한 예전의 기억들을 새로운 입력과 비교하여 그 소리가 진짜로 무서운 것인지 판단한다. 으르렁거리는 소리가 잦아들면, 즉 여러분이 사자를 따돌리면, 감정적 신경 반응은 줄어들고 차분해지기 시작한다. 물론 여전히 각성한 상태로 조심하긴 하지만 주위를 둘러보며 이제 더 이상 위험하지 않다는 걸 안다.

소리의 어떤 요소들은 이전의 경험이 없더라도 기본적인 감정 유발자로 작용한다. 갑작스레 시끄러운 소리를 들으면 놀랄 수 있지만, 매우 저음의 소리라면 뇌는 무의식적인 연상 작용을 시작한다. 짝을 고르는 개구리의 사례에서 보았듯이, 시끄러운 저음은 큰 소리라는 의미이다. 큰 소리는 우리가 짝을 찾은 암컷 개구리라면 바람직하겠지만, 보통의 인간이라면 종종 무섭게 들린다. 진화론적 해석에 따르면 우리는 시끄러운 소리를 청각의 매우 낮은 끝단에 있는 것으로 해석하고 더 낮은 단계인 초저음 영역의 소리는 '포식자'를 알리는 신호라고 해석한다. 사자나 호랑이와 같은 대형 고양잇과 동물의 으르렁거림을 분석해보니 고진폭의 초저음 성분이 존재함이 드러났다.

진화론적 신경동물행동학자들은 뇌의 작용에 의한 행동이 진화를 통해 어떻게 변해왔는지를 연구하는 사람들로서, 초저음 영역의 소리를 들었을 때 자동적으로 도망가지 못한 동물들은 잡아먹히는 바람에 유전자를 후대에 전하지 못했다고 주장한다. 하지만 또 다른 가설, 즉 청각과 무관한 생리적 음향학을 자율적 민감성과 결부시키려는 가설에 의하면 시끄러운 초저음은 귀로 들릴 뿐만 아니라 장기로 가득 찬 복부, 공기로 가득 찬 폐 그리고 심지어 뼈까지도 진동시키며 온몸으로 느껴지는 것이라고 한다. 마치 개구리의 덮개 통로와 비슷하다. 온몸을 저주파로 진동시키면 장(腸) 신경계—자율신경계 중에서 제대로 이해되지 않은 영역으로서, 체내 기관들에서 나온 감각 신호를 처리하는 신경계—를 통해 메스꺼움과 멀미가 생길 수 있다. 이러한 저주파의 비청각적 통로는 진동음향 질병의 바탕이 된다. 압축공기식 드릴 내지 기타 공사 관련 진동에 과도하게 노출되는 건설 노동자들이 겪는 병이다.

따라서 갑작스러운 저주파의 시끄러운 소리는 기본적인 청각적 자극을 유발할 뿐만 아니라 온몸에서 입력을 받아들여 여러분에게 '도망치라'고 알려준다. 기억 및 주의 집중 영역과의 상호작용은 (꽤 천천히) 나중에 일어나지만 그 소리가 위험과 연관이 있음을 확실히 기억하게 해줌으로써 그 소리를 다음에 또 들을 때 훨씬 더 빨리 반응하도록 돕는다. 이전에 경험한 사건이면 반응이 더 빠르게 일어나도록 신경회로 배치를 재구성하는 뇌의 능력인 헤비안 가소성 덕분이다. 무서운 소리는 생존 도구가 되었다. 이전에 들었던 으르렁거리는 소리를 다음번에 동일한 상황에서 듣게 되면 여러분은 "도대체 뭔 소리야?"라고 묻느라 시간낭비를 하지 않고 더 재빨리 도망칠 수 있을 것이다.

칠판 긁는 소리의 음향심리학

특별히 저음이 아니고 따라서 생명에 위협을 주지도 않으면서 갑자기 시끄럽게 나는 소리는 어떨까? 그러면 기억 및 이전 사건의 연상을 통해 제공된 내용이 더욱 중요해진다. 가령, 여러분이 웹서핑을 하다가 '축하합니다. 아이패드를 공짜로 얻으셨습니다'라고 외친다든가 어떤 밴드의 삼십 초짜리 최신 샘플 곡을 나쁜 음질로 쾅쾅 울리는 웹페이지를 마주친다고 상상해보자. 그러면 우선 놀란 다음에 곧 짜증이 나면서 그 페이지를 즉각 닫는다. (또는 더 적극적인 조치로서 웹서핑을 하면서 스피커를 끄기도 한다.) 거슬리긴 하지만 위험을 직접적으로 연상시키지 않는 소리는 이른바 '부정적 유의성(誘意性)'—성가심이나 화와 같은 느낌—을 지닌다. 이런 감정은 틀린 경보에 대한 반응이다. 갑작스러운 소리에 화들짝 신경을 곤두세웠더니만 그냥 짜증나는 상황일 뿐이었던 것이다. 그런 까닭에 기술에 복잡한 소리를 사용하는 것은 문제가 있다.

1980년대에 나온 말하는 차의 경고를 기억하시는가? 조잡하게 합성된 사람 목소리로 갑자기 '차문이 제대로 닫히지 않았습니다' 또는 '안전벨트를 착용하십시오'라고 외치는 소리가 들리면 놀라고 짜증을 느끼기 마련이다. 특히 그런 소리로 인해 음악 소리가 꺼지면 더더욱 그렇다.* 최근 대다수의 웹페이지(적어도 똑똑한 디자이너들이 만든 웹페이지)는 더 이상 페이지를 열 때 복잡한 소리가 나오지 않는다. 갑작스러운 소리는 짜증을 일으키는데다, 흥미나 호감이 가는 영상을 눈으로 인식하는 데 걸리는 몇 초간의 시간 동안 계속 그런 소리가 울리면 페이지를 닫아버리기 때문이다.

부정적 유의성을 지닌 소리 가운데 가장 널리 알려진 것은 여러분이 아마도 초등학교 시절에 급우들을 괴롭혔을 소리일 테다. 이미 1986년에 린 핼펀, 랜돌프 블레이크 그리고 제임스 힐렌브랜드는 "오싹한 소리의 음향심리학"이라는 멋진 논문을 썼는데, 과학 논문이 좀체 다루지 못했던 특별한 주제를 훌륭하게 다루었다. 논문은 다음과 같은 아주 기본적인 질문을 던졌다. 왜 우리는 칠판을 손톱으로

* 내 친구 한 명은 이런 차들의 목소리 합성 칩을 작동하지 못하게 하는 자동차 서비스를 통해 한몫 잡았다. 가장 흔하고 가장 짜증스러운 소리를 내는 차로 크라이슬러 레바론이 유명하다.

긁는 소리를 끔찍이 싫어하는가? (이보다 훨씬 더 소름끼치는, 갈퀴와 같은 금속을 석판에 질질 끌 때 나는 소리는 더 말할 것도 없다.) 이 과학자들이 내놓은 가설에 따르면, 그 소리의 스펙트럼은 짧은꼬리원숭이의 경고용 울음소리와 거의 일치한다. 따라서 칠판을 손톱으로 긁는 소리는 감각신경의 측면에서 보면 영장류의 경고용 울음소리와 마찬가지인 것이다.

아주 훌륭한 설명이어서 널리 인용되어 왔지만, 비주류의 대다수 과학 연구가 그러하듯이 이 개념은 더 이상의 추가적인 검증을 받지 못했다. 고작 2004년에 조쉬 맥더못과 마크 호이저가 쓴 논문이 한 편 있을 뿐이다. 이 논문은 목화머리타마린(아주 귀엽고 아주 자그마한 원숭이)에서는 동일한 반응이 나타나지 않았음을 보여주었는데, 이는 아마도 그 원숭이가 칠판이나 금속 갈퀴를 별로 상대할 일이 없다는 사실 때문인 듯하다. 따라서 '오싹한 소리' 연구의 결과는 아직도 미확인 상태로 남아 있다. 그럼에도 이 소리의 심리적 효과는 인간이라면 거의 누구한테나 동일하다. 칠판을 손톱으로 긁거나 금속 갈퀴를 콘크리트 바닥에 대고 긁는 소리를 들으면 누구든 귀를 막고 그 소리를 내는 사람에게 뾰족한 물건을 집어던지기 마련이다. 그 사람의 나이나 성별, 직업 또는 문화적 소양 등을 묻고 자시고 할 것도 없다.

음향 장비를 다수 갖추었고 관련 지식이 있었기에 나도 칠판과 손톱 문제와 더불어 금속 갈퀴와 콘크리트 진입로 문제를 다루어보았다. 귀마개를 하고서 그 두 소리를 샘플링했더니 아주 흥미로운 사실을 알게 되었다. 두 소리의 미세한 타이밍 구조는 실제로 '의사무작위적'(pseudo-random)이라고 불리는 것이었다. 즉, 기본 파형이 '거의' 주기적이어서 시간의 흐름에 따라 미세한 구조가 반복되긴 하지만, 일시적으로 혼란스러운 소리를 내기에 충분한 무작위적 변이가 존재했다. 마치 포토샵을 잘못해서 선이 들쭉날쭉하고 색상 배치가 맞지 않고 전혀 조화를 이루지 않는 픽셀들로 이루어진 영상을 보는 느낌이었다. 다시 이런 느낌을 받은 것은 사람들이 지르는 귀를 찢는 듯한 비명을 녹음한 것을 보았을 때가 유일했다. 그때 내 머리에 이런 생각이 퍼뜩 떠올랐다. 이와 같은 소리에 대한 우리의 반응은 대대로 물려받은 경고 내지 경고용 울음소리의 주파수 내용에 따른 것이 아니라 미세한 시간 구조의 의사무작위적 변이 때문이라는 생각이었다. 이와 같은 변이는 마치 어떤 이가 고통이나 공포를 느껴서 정신없이 비명을 지르거나 정상적인 고조파 구조의 목소리가 거칠어지고 제대로 조절이 되지 않을 때 생긴다. 반응을 유발하는 것은 소리 전체가 아니라 소리의 일부이긴 하지만, 그것만으로도 매우 불쾌한 반응이 생길 수 있다.

이것이 의미하는 바는 뭘까? 만약 우리가 의사무작위적 소리를 싫어한다면 우리는 규칙적이고 주기적인 소리를 좋아한다는 뜻일까? 글쎄, 때로는 그렇기도 하다. 앞서 언급했듯이 생명체는 고조파 소리, 즉 주파수 대역들 사이에 규칙적인 수학적 관계가 있고 타이밍이 매우 주기적인 소리를 만드는 경향이 있다. 하지만 때로 어떤 미세한 음향적 세부사항이 소리의 유의성을 변화시키는 바람에 소리를 부정적인 것 아니면 긍정적인 것으로 여길 수 있다.

이를 뒷받침하기에 그만이 증거는 내가 음향 편집 프로그램을 갖고 놀다가 우연히 발견한 것이다. 나는 소리의 편안함과 무서움의 정도를 다양하게 변화시키면서 두 가지 소리를 평가해달라고 학생들에게 부탁했다. 먼저 거의 보편적으로 무서워할 소리, 즉 화난 벌의 소리를 들려주었다. 저음도 아니고 아주 시끄럽지도 않았지만 확실히 두려움을 일으키는 소리였는데 꼭 사람한테만 그런 것은 아니었다. 한 연구에 의하면 코끼리도 그 소리를 들을 때 실제로 더 멀리 달아나고 특정한 경고성 울음소리를 냈다. 학생들은 전부 그 소리를 경보라고 여겼다. 다음으로는 거의 보편적으로 평온하다고 여길 소리를 들려주었다. 거의 언제나 즐거운 소리로 받아들여질 소리였다. 이후 한 가지 변화를 추가했다. 고양이가 갸르릉 하는 소리의 샘플을 택해 진폭 변조율을 초당 몇 사이클에서부터 초당 수백 사이클까지 증가시켰다. 그러자 무서운 벌 소리처럼 들리기 시작했다. 차분한 숨소리 같은 소리를 택해서 반복 비율을 증가시키자 (게다가 약간의 무작위성을 첨가하자) 소리의 유의성이 급격하게 바뀌었는데, 이는 대체로 이전의 경험 및 두 소리의 연관성 때문이다.*

또 다른 실험에서는 기존의 연상 작용이 얼마나 강력한 영향을 미치는지를 보여주었다. 나는 희한하게 불규칙적으로 반복되는 소리를 들려주었다. 그러고는 슬라이딩 칠판의 반절에다 '보도에 내리는 빗소리'라고 적어 놓았다. 나는 학생들에게 그 소리가 어떤 느낌이냐고도 물었다. 근사한가? 즐거운 소리인가? 소리를 들으면 불편한가 아니면 편한가? 학생들 대다수는 위안을 주는 소리라고, 이른 오후에 비 내리는 풍경을 떠올리게 해준다고 말했다. 이어서 나는 칠판을 밀어 미리 써놓은 글을 보여주었다. '사실은 구더기가 박쥐 시체를 파먹는 소리이다.' 학생들의 뇌에서 뉴런이 녹아내리면서, 조금 전까지만 해도 담담하던 학생들은 0.3초 만에 "으으으으으으"를 연발했다.

그렇다면 소리의 부재(不在)는 어떨까? 고요함, 특히 보통 때는 시끄러운 환경에서의 고요함은 굉장히 강력한 정서적 음향 사건이 될 수 있다. 우리는 늘 무의식적으로 배경 잡음을 접하고 있기 때문에 외부의 소리가 갑작스레 부재할 때는 대단한 주의 집중과 각성 상태가 초래된다. 이를 잘 보여주는 완벽한 예가 다음과 같은 영화의 상투적 장면이다. 두 탐험가가 정글을 헤쳐 나가고 있는데 한 명이 멈추더니 말한다. "저 소리 들었니?" 다른 한 명이 "아무 소리도 못 들었는데"라고 대답하자 처음 사람이 이렇게 대답한다. "맞아. 정말 끔찍하게도 조용하네." 소리의 부재를 감지하는 것은 소리를 감지하는

* 하지만 여기에는 '보편적인' 감정 연상에 의존하기가 지닌 잠재적 문제점이 도사리고 있다. 고양이가 갸르릉 하는 소리를 듣고서 몸서리를 치는 학생도 한 명 있었다. 수업 후에 나는 그 학생에게 왜 그렇게 불편했는지 물어보았다. 대답인즉, 고양이를 매우 싫어하는지라 고양이와 관련된 것은 뭐든 다 싫어한다는 것이다. 그 학생의 개인적 이력 때문에 대다수의 다른 이들이 매우 즐겁다고 여기는 소리에 대한 반응 패턴이 남달랐던 셈이다.

것보다 더 느리긴 하지만 그 상황에 걸맞은 고유한 반응을 일으킨다. 주의 집중과 각성이 증가하면서, 귀의 민감도를 증가시키는 내적 메커니즘이 작동한다. 고요함에서 생기는 이러한 각성의 증가는 놀람이나 무서운 소리에서 생기는 각성의 증가와 효과가 동일하다. 즉, 여러분의 감정 준비상태를 고조시킨다.

드니 파레와 돈 콜린스가 고요한 시기 이후에 나오는 일련의 소리에 대한 피험자들의 조건반응을 살펴본 연구에 의하면, 고요한 상태 동안에 혈압과 세포들의 동기화가 지속적으로 증가했다. 이로써 어떤 불쾌한 것이 일어나기 전의 고요한 상태는 불쾌한 혹은 무서운 자극을 배우는 데 있어서 매우 중요한 역할을 함을 알 수 있다. 아마도 뭔가 꺼림칙한 고요는 그 자체로는 그다지 무섭지 않지만, 무언가가 빠져 있고 무언가가 잘못되어 있다는 신호를 우리 뇌로 보내서 나쁜 일에 대비하도록 해준다. 마치 깊은 밤 숲속에서 귀뚜라미 소리 하나 들리지 않을 때면, 후뇌의 작용에 의해 우리 자신이 내지 않는 터벅터벅 걷는 소리가 들리는 경우와 마찬가지이다. 또는 캠퍼스 내의 비폭력 시위자들에게 경찰이 후추 스프레이를 뿌린 사건이 있은 후에 대학 총장이 지나갈 때 캘리포니아 대학교 데이비스(UC Davis)의 학생들이 완전한 침묵을 보인 것과 마찬가지다. 소리를 내지 않음으로써 사회적 경고를 던진 셈이다.

소리는 부정적인 반응을 발생시키는 데 매우 효과적일 수 있지만, 세상은 다른 감정을 유발하는 소리들로 가득 차 있다. 만약 뉴욕의 펜 스테이션, 즉 근처에 롱아일랜드 철도 대합실이 있는 곳에 가 본 적이 있는 사람이라면 그곳이 특별히 아름다운 환경이라고 여기진 않을 것이다. 하지만 어느 매서운 겨울 날 도착할 기약이 없는 기차를 마냥 기다리고 있던 나는 새들이 지저귀며 우는 소리를 갑자기 들었다. 언뜻 드는 생각에 그 지역의 개똥지빠귀들이 역에 날아 들어와 행복하게 지저귀는 줄 알았다. 센트럴파크에서 얼어 죽지 않아서 다행이라며. 그러나 주위를 둘러보니 새들은 보이질 않았고 감쪽같이 숨겨져 있는 스피커 한 대가 눈에 들어왔다. 스피커에서 나오는 길게 반복되는 소리는 비록 성기긴 하지만 진짜 새들의 합창처럼 들렸다. 정말이지 감성 공학의 결정판이었다. 오줌에 절은 기둥들 곁에서 영영 올 기약이 없는 듯한 기차를 기다리던 터에 시골의 봄날 아침을 연상시키는 소리를 들었으니 말이다. 스트레스에 찌든 수많은 통근자들의 답답한 마음은 그 소리 때문에 한결 가벼워진다.*

감정을 일으키는 가장 강력한 자극

소리든 다른 무엇에 의해서든 긍정적 감정이 일어나는 이유는 이해하기가 더 복잡하다. 긍정적인 또는 복잡한 감정을 담당하는 단순한 해부학적 영역은 존재하지 않는다. 아마도 그 까닭은 두려움을 포

* 물론 통근자들이 거친 파랑새 무리한테 시달리지 않았다면 말이다.

함한 다른 부정적인 감정들은 도망이나 싸움 같은 생존 행동을 일으키는 반면 더욱 복잡한 감정들은 발생학적, 행동적 및 문화적 바탕에서 생기기 때문인 듯하다. 나로서는 에로틱하거나 흥미롭거나 편안한 것이 여러분에게는 지루하거나 무서울 수 있다. 사랑과 같은 복잡한 감정을 동물을 이용해 모델링하려는 시도가 많았지만, 어쨌거나 다음과 같은 실험 방침으로 심의위원회를 통과하기란 매우 어렵다. "우리는 전극을 사람의 뇌 속에 심어서 사랑 영역을 찾아내고 신경 추적제를 주사한 다음, 뇌를 잘라내서 사랑이 어디에 있는지 알아낼 것이다." 과학자들은 설치류에서부터 바다사자에 이르기까지 온갖 동물들을 대상으로 자식에 대한 부모의 보살핌을, (인간의 긍정적인 사회적 상호작용에 관여하는 옥시토신이라는 신경전달물질을 인간과 마찬가지로 분비하는 것으로 알려진) 프레리들쥐를 대상으로 암수의 결합 관계를 그리고 심지어 코끼리와 영장류를 대상으로 애도 행동을 연구했다.

하지만 이런 비교연구들 중 어느 것을 봐도 인간을 넘어 다른 종에게 두려움이나 화 또는 여타 수동적 감정들보다 더 복잡한 감정들을 실험하기는 쉽지 않다. 우리는 다른 종들이 더욱 미묘한 감정을 경험하는지 여부를 전혀 모른다. 생쥐는 먹을 것이 있다는 것을 알리는 종소리를 들을 때 행복할까? 아니면 종소리는 단지 보상이 있을 것이라는 연상을 일으키기만 할까?

복잡한 긍정적 감정의 원천을 가장 깊이 파헤친 신경과학의 업적은 사이막핵(septal nuclei)과 사이막의지핵(nucleus accumbens)과 같은 보상 통로 및 시스템이 존재함을 확인한 것이다. 두 구조는 즐거움을 찾는 행동과 깊은 관련이 있다. 이미 1954년에 제임스 올즈와 피터 밀너는 사이막핵에 전기 자극을 주는 전극을 이식하면 쥐는 계속해서 스스로 자극을 받은 나머지 음식과 물에 아무 관심을 보이지 않는다는 것을 입증했다. 사이막의지핵은 코카인과 헤로인 같은 약물에 아주 잘 반응하며, 중독성 행동에 대한 보상 메커니즘의 주요 부위로 여겨진다. 이 두 영역 모두 무의식적 동기를 담당하는 심층피질 구조들과 온통 긴밀하게 연결되어 있다. 사이막의지핵은 또한 배쪽피개부위(ventral tegmental area)로부터 도파민에 활성화되는 입력들을 다량으로 받아들인다. 이 영역은 달팽이핵과 연결되는 심층의 뇌간 속 영역들을 포함하여 뇌의 모든 영역들과 양방향으로 연결된다. 기본적인 청각신경핵들에서 비롯되는 비교적 빠른 심층 연결로가 존재하고 아울러 피질의 다른 모든 영역들로부터 방대한 입력을 받는 방식은 편도체에서 보이는 배치와 비슷하다. 그리고 2005년의 한 연구에 의하면, 사이막의지핵은 음악으로 유도된 감정 상태의 변화에도 기여한다.

여기에도 문제는 있다. 신경영상기법 덕분에 우리는 제네바 협약에 따라 기소 당하지 않고도 살아있는 인간의 뇌를 들여다볼 수 있다. 긍정적인 감정들을 조사하는 신경과학 연구의 최근 성과 상당수는 주어진 자극에 대해 특정 뇌 영역의 혈류 증가를 나타내주는

fMRI를 이용한 신경영상 연구에서 나온다. 사랑과 애착 같은 감정들의 기본 바탕을 조사한다고 주장하는 연구들이 많이 실시되었지만, 이런 주장들은 번번이 허황된 것으로 드러났다. 그도 그럴 것이, 간단히 말해서, 복잡한 자극은 복잡한 반응을 낳는데다가 fMRI는 그런 것들을 제대로 측정하기에는 조악한 도구일 뿐이기 때문이다.

이런 점을 확연히 드러내주는 사례 하나가 과학 논문이 아니라 〈뉴욕타임스〉 기사에서 보고되었다. 마틴 린즈스트롬이라는 유명한 컨설턴트가 쓴 특별 기사였다. 그는 우리가 구매를 결정하는 방식을 연구하는 신경경제학 분야에서 흥미로운 연구를 진행했다. 연구는 벨이나 진동이 울릴 때의 아이폰 소리를 듣거나 관련 영상을 본 젊은 남성과 여성들의 반응을 조사한 것인데, 피험자들이 아이폰을 듣거나 본 적이 없는데도 시각피질 및 청각피질 양쪽 모두가 활성화되었다고 주장한다. 이 연구의 의도는 피험자들이 다중감각적 통합을 수행한다는 증거로 삼기 위한 것이었다. 나아가 이 연구는 대다수의 활동이 뇌섬엽피질(insular cortex)—일부 연구에서 긍정적 감정과 연관이 있다고 드러난 영역—에서 보이기 때문에, 피험자들이 아이폰을 '사랑했다'고까지 주장했다.

이것은 신경영상 연구, 특히 상업적 이해관계가 개입된 연구에 대해 의구심을 갖지 않을 수 없게 만드는 주장이다. 실제로 이 연구가 안고 있는 중대한 문제점들을 조명하는 어떤 논문이 나오자 마흔 명 이상의 과학자들이 비판 대열에 가세했다. 무엇보다도 뇌섬엽피질을

"사랑과 온정의 감정과 연관"된다고 본다는 것은 타당하지가 않다. 왜냐하면 뇌의 이 영역은 '모든' 신경영상 연구의 약 3분의 1에서 활성화되기 때문이다. 둘째, 뇌섬엽피질은 뇌의 다른 대다수 부위들과 마찬가지로 뇌가 지시하는 여러 활동에 관여한다. 이를테면 심장박동과 혈압 조절에서부터 여러분의 위나 방광이 가득 차 있는지를 알려주는 일에 이르기까지 관여하는 것이다. 사실, 뇌섬엽피질은 우리가 겪는 거의 모든 내면적 과정에 관여한다. 따라서 그것을 여러분이 아이폰을 사랑하도록 만드는 '바로 그' 장소로 여기는 것은 마케팅 측면에서는 대단한 일인지는 몰라도 과학적 주장으로서는 조악하기 그지없다.

우리 신경과학자들이 경로 추적 기법, EEG, fMRI 및 PET 스캔을 아무리 애지중지해도, 복잡한 마음은 여전히 블랙박스로 남아 있다. 피험자가 무엇을 느끼는지를 알고 싶을 때 우리는 때때로 훌륭한 구식 기법에 의존해야 한다. 즉 질문을 하는 것이다. 질문을 통해 피험자의 반응을 모으는 것은 누군가를 fMRI 기계에 집어넣는 것보다는 훨씬 더 포괄적이긴 하지만, 뇌의 올바른 부위를 찾아내려고 전전긍긍할 일 없이 실제 일어나는 인지적 내지 정서적 반응을 다룰 수 있게 해준다.

그러나 질문 제기는 그 자체의 한계를 지닐 수밖에 없다. 우선 피험자의 선입견이 개입하지 않도록 질문들을 구성해야 한다. 피험자들은 자신들이 실제로 어떻게 느끼느냐보다 어떻게 대답해야 맞을까라는 자신들의 인식을 바탕으로 대답할지 모른다. 실험실이나 교실 등 실험을 하는 환경도 나름의 정서적인 영향을 피험자들에게 미칠 수 있기에, 피험자들의 대답은 환경적 맥락에 따라 달라질 수도 있다. 때로는 실제 느낌을 '즐거운'에서부터 '불쾌한'까지 또는 '각성을 일으키는'에서부터 '차분하게 만드는'까지의 단순한 선형적 척도로는 설명할 수 없을 때도 있다. 한편, 이 기법의 좋은 점은 한 번의 fMRI 스캔 실시 비용 값으로 많은 실험 참가자들을 모을 수 있다는 것이다. 마음에 관한 복잡한 질문에 답을 하려고 할 때는 당연히 피험자의 수가 많아야지 통계적 위력이 크게 발휘된다. (게다가 나중에 이런 통계는 더욱 비싼 검사를 실시하기 위한 바탕이 된다.)

두말할 것도 없이, 소리는 감정을 일으키는 데 가장 흔하면서도 가장 강력한 자극들 가운데 하나다. 여러 가지 비언어적 소리마다 그에 맞는 감정적 유의성을 부여하는 표준화된 심리학적 데이터베이스가 많이 존재한다.* 이 데이터베이스들은 수십 년째 이용되면서 너무나 많은 데이터를 모와 왔기 때문에, 이제는 EEG에서부터 fMRI에 이르기까지 더욱 기술적으로 향상된 다른 기법들을 도입하는 연구를 위한 디딤돌 역할을 하고 있다.

물론 이처럼 기본적인 기법을 이용하더라도, 무의식적 반응에 조

* 하지만 꼭 짚고 넘어가야 할 점은, 이런 데이터베이스 중 다수는 나름의 한계가 있다. 왜냐하면 그 데이터는 인간에 대한 대다수의 연구들과 마찬가지로 용돈 20달러 내지는 학점이 간절히 필요해서 참가한 미국의 대학생들에게서 얻었기 때문이다.

작적 정의를 적용한다는 문제점이 뒤따른다. 이런 상상을 해보자. 여러분은 15세기의 이발사, 연금술사, 마법사로 소리에 대한 여러 감정 반응들을 분류하는 데 대단히 관심이 많다. 디지털 녹음 장치가 없으니 피험자를 창문이 커튼으로 가려진 어두운 방에 앉혀 아무것도 보지 못하게 한 다음 이런저런 소리를 낸다. 피험자들은 마상 창 시합에서 갑옷들이 부딪히는 소리를 매우 자극적이고 즐겁다고 여기는 반면, 멧돼지의 낮게 으르렁대는 소리를 무섭다고 여긴다.

이번에는 같은 소리를 21세기의 누군가(무협 영화를 그다지 즐기지 않는 사람)에게 들려준다. 갑옷 부딪히는 소리는 아마도 자극적이긴 하겠지만 성가시게 들릴 테고, 멧돼지 울음소리는 마을 사람 절반을 죽인 짐승이라기보다는 그저 일반적인 동물의 소리로 들릴 것이다. 가령, 한 데이터베이스에서 가장 즐거운 소리라고 평가받은 소리는 존 제트의 〈아이 러브 록큰롤(I Love Rockn' Roll)〉 도입부의 10초짜리 샘플곡이었다. 가장 즐거운 소리치고는 기이한 선택인 듯하다. 이런 데이터를 얻은 때가 1990년대이고 노래가 크게 히트를 친 때가 1981년이었는데, 데이터의 출처가 되었던 사람들은 대체로 MTV에 열광하던 십대들이었다. 이 특별한 음향효과가 세월이 흘러도 변함없이 인기를 끌긴 어렵겠지만, 가장 불쾌하다고 여겨진 소리들 중 하나—아이가 맞고서 우는 소리—는 세월이 흘러도 줄곧 똑같은 취급을 받을 것이다.

익숙한 소리는 더 빠르게 처리되는 법이다. 인간에게 일반적으로 중요한 사건, 가령 자녀에게 불행한 일이 있다는 소식을 들으면 평소보다 훨씬 더 강한 감정 반응이 뒤따른다. 설령 비행기 안에서 아이가 여섯 시간 동안 징징대는 소리를 듣고 난 후 찰싹 때려주고 싶은 유혹이 생기더라도 말이다.

맬러니 애슐리만 연구팀이 2008년에 진행한 연구에 의하면, 길이와 세기가 서로 다른 지나치게 다양한 소리들을 사용하면 처리 오류가 너무 많이 생길 수 있다고 한다. 여러분은 100분의 1초 이하의 소리에 반응할 수 있으므로 10초 길이의 소리를 들으면, 마지막 몇 초에만 반응하거나 일종의 요약 메커니즘에 반응할 수도 있다. 아마도 '가장 불쾌한 소리'라는 평가는 그 소리를 아동학대 현장음으로 들어서라기보다는 아이의 기나긴 울음에 관한 이전의 경험 때문일 것이다. 이 연구에서 얻은 이전과 판이한 데이터베이스는 길이가 2초이고 평가 척도가 조금 색다른 소리 샘플들을 이용한 것이었다. 이 샘플들은 복잡한 소리나 말이 아니라 인간의 비언어적 소리(비명, 웃음, 에로틱한 소리) 또는 알람시계 소리처럼 인간과는 무관한 소리였다. 이런 아주 짧은 샘플을 이용해 연구자들은 이 샘플들에 대한 평가가 긴 샘플의 평가와 상당히 일치함을 알아냈다. 이는 감정적 유의성이 아주 짧은 시간에 발생함을 알려준다. 그러나 몇 가지 흥미로운 점들이 드러났다. 첫째, 부정적인 감정 반응을 일으킨 소리들은 진폭이 동일한데도 더 시끄럽게 여겨지는 경향이 있었다. 둘째, 가장 강한 평가는 긍정적 감정이라고 판단되는 소리들과 관련되어 있었다.

마지막으로 임의의 범주에서 가장 강한 감정 반응을 자아낸 소리는 인간의 발성이었다.

가장 강한 감정 반응을 일으키는 소리들은 생명체, 특히 다른 인간들한테서 나온 소리일 때가 많다. 기계적이거나 주변상황에서 나는 소리들도 주의를 끌긴 하지만, (산사태의 소리처럼) 시각적으로 확인해야 할 특별한 위험을 알려주거나 (해변의 파도 소리처럼) 강한 연상 작용을 일으키지 않는 한 대체로 감정 반응을 오래 유지시키지 못한다. 생명체가 의도적으로 내는 소리들은 거의 언제나 의사소통을 위한 것—개의 으르렁거림, 개구리의 개굴개굴 소리, 아기의 울음소리—이며 거의 언제나 고조파이다. (누군가 비명을 지를 때 옆에 있는 사람이 움찔하는 것처럼 이차적인 감정 반응을 일으키는 변이된 고조파도 포함된다.)

인간의 소리(말도 포함되지만 말에 국한하지 않는다)와 인간과 체구가 비슷한 동물의 소리를 이루는 주파수는 우리에게 가장 민감한 영역이다. 따라서 우리에게는 그런 소리가 쉽게 들린다. 배경 잡음을 풀쩍 뛰쳐나와 우리 귀에 들리는 것이다. 게다가 우리가 이전에 들었던 소리는 더 쉽게 알아차리고 더 빠르게 반응하게 된다. 아울러 우리는 음색과 세기의 변화와 같은 낮은 수준의 감각 정보를 말과 같은 복잡한 입력보다 더 빠르게 처리한다는 사실이 알려지면서, 우리가 왜 소리의 정서적 내용에 재빠르게 반응할 수 있는지 차츰 이해되고 있다. 우리는 낮게 그르렁대는 소리가 위협인지 알아보려고 개한테 물릴 필요가 없고, 거칠게 짖는 소리가 자기 영역을 침범 당한다는 뜻임을 알기 위해 설치류에게 공격을 당할 필요가 없다. 전반적으로 볼 때, 의사소통은 '어떤 것이든' 듣는 이에게 먼저 감정 반응을 일으킨다. 인간은 그 소리에다 의미론적 내용을 결부시킨 덕분에 만물의 영장이라는 근거가 빈약한 지위를 얻게 되었다.

나는 사람의 말하기의 복잡성을 파고들진 않겠지만(그랬다가는 이 책 분량이 세 배로 커질 테니까), 의사소통의 정서적 기반은 무엇을 말하느냐가 아니라 우리가 어떻게 말하느냐라는 음향학적인 측면에 달려 있음을, 즉 말의 포먼트라든가 사용하는 언어의 종류와 어느 정도는 무관함을 언급할 것이다. '운율'이라고 하는 이런 어조의 흐름을 처음 논한 사람은 말하기 연구의 선구자인 찰스 다윈인데, 그가 제시한 개념은 지금까지도 어느 정도는 유효하다. 신경영상과 EEG 연구는 둘 다 운율이 뇌의 베르니케 영역(언어 이해의 바탕이 되는 영역)이 아니라 우반구에서 처리됨을 증명했다. 이곳은 대다수 사람들의 언어처리중추가 있는 곳의 반대편이지만, 맥락적이고 공간적이며 정서적인 처리에 있어서는 더 중요한 영역이다.

간단한 시범을 보이기 위해 '예스(yes)'라는 단어를 말해보자. 우선 여러분은 방금 복권이 당첨된 사실을 확인하고서 그 말을 한다. 다음에는 세상사람 누구도 모를 것으로 생각하는 여러분의 과거를 누군가가 방금 물었을 때 그 말을 한다. 그 다음에는 인사과 면접에서 직무에 관한 애정이 얼마나 큰지를 묻는 따분한 질문에 마흔 번째

'예스'라고 말한다. 마지막으로 직장을 잃지 않으려고 매우 끔찍한 계약에 억지로 동의하면서 그 말을 한다.

언어학적으로 보자면 매번 긍정을 표시했지만, 각각의 경우마다 정서적 의미는 상이하다. 여러분은 매번 그 단어를 말하는 '방식', 즉 전반적인 음정, 세기 및 타이밍을 바꾼다. 같은 언어를 모국어로 쓰는 사람이 여러분의 말을 들으면 숨은 의미를 알아차리는데, 이 숨은 의미는 말의 표면적인 의미보다 훨씬 더 중요할 때가 많다. 이를테면 합성 언어 패턴, 특히 오래전의 패턴을 이해하기가 얼마나 어려울지 생각해보라. 1980년대부터 1990년대 후반까지의 언어 합성기들은 운율 흐름을 고려하지 않고서 녹음된 음소들을 단지 재생하기만 했다. 달리 말해서 그 소리는 로봇이 하는 말 같았다. 심지어 합성 언어를 더욱 '인간'의 말처럼 들리게 하려고 수백만 달러를 쏟아 부은 오늘날에도 아이폰의 '비서'인 시리는 인간의 목소리와 엄연히 차이가 난다.

로봇 목소리는 정상적인 감정이 제대로 표현되지 않기에, 대다수 사람들이 그런 목소리를 대할 때 생기는 짜증을 제대로 표현하기도 어렵고 해결하기도 어렵다. 설령 사람이 말할 때와 동일한 정보를 제공하더라도 말이다. 한편 인기 영화 캐릭터인 스타워즈의 R2-D2에서 나오는 비언어적 소리는 즉각적으로 이해가 된다. R2-D2의 소리는 전설적인 음향 설계자인 벤 버트가 여과된 아기 목소리와 더불어 뿌우, 삐이 및 띠리리리 등의 소리를 이용해 창조해냈다. 이 가상의 로봇이 흥분해 있든 화가 났든 행복하든 슬프든 간에 관객들은 로봇의 CPU 안에서 무슨 일이 벌어지는지 훤히 알 수 있었다. 비록 언어적 내용이 전혀 없이 전부 운율적인 구조와 맥락만 있는 소리를 냈는데도 말이다. 반면 운율에 의한 감정 이해는 인간 언어와 의사소통의 '일부'이며 적어도 부분적으로는 특정 언어마다 고유하다. (R2-D2의 발성은 사실 영어 화자에 의해 생성되었지만, 러시아어가 모국어인 내 친구들 중 일부는 무슨 뜻인지 이해하는 데 전혀 어려움이 없다고 했다.)

이런 까닭에 운율은 보편적인 언어가 아니다. 새의 지저귐이 편안한 느낌을 주는 이유는 봄날 아침을 연상시키기 때문이지만, 사실 그 새소리는 찌르레기 떼에게 둥지를 습격당한 개똥지빠귀가 단단히 화가 나서 낸 소리일지 모른다. 하지만 이는 인간의 의사소통과 관련하여 진화상 흥미로운 질문들을 던진다. 운율적인 소리가 인간의 최초 언어보다 먼저였을까? 소리를 통해 의사소통을 하는 모든 동물에 공통되는 어떤 보편적인 요소들이 있다. 가령, 강조를 위해 소리를 크게 내고, 몸집의 크기나 지배력을 암시하기 위해 저음의 소리를 내고, 급박한 상황일 때 템포가 더 빠른 것이 그런 예다. 언어학자들은 언어를 성조 언어(가령, 중국어)와 비성조 언어(가령, 영어)라는 범주로 구분하는 습관이 있다. 그렇기는 해도 말의 기본 구조인 음소조차도 언어들 사이의 공통의 음향적 요소들을 공유하는데, 이 요소들은 우리가 소리를 내는 방식의 기본적인 생물학에 바탕을 두고 있다.

드보라 로스 연구팀은 최근 연구에서 남성 및 여성의 중국어 화자와 영어 화자가 발음한 음소들의 주파수 분포를 살펴보면 비슷한 패턴이 나온다는 밝혀낸 바 있다. 성조 언어든 비성조 언어든 말소리는 대체로 대략 열두 가지 음조 내지 반음계적 음정—흔히 음계의 열두 단계라고 알려진 것—을 이룬다. 심지어 비운율적인 인간 언어의 기반조차도 소리의 수학적 바탕에 뿌리를 두고 있다. 여기서 이런 질문이 떠오른다. 이런 수학적 관계들이 어떻게 감각, 감정 및 의사소통을 함께 묶어낼까? 이 질문에 답하기 위해 우리는 과학이 이제껏 직면한 가장 어려운 주제 중 하나를 살펴보고자 한다. 바로 음악이다.

| chapter SIX |

음악이 뭘까?

이 책을 쓰기 시작할 무렵 나는 폭스파이어 인터랙티브 사의 브래드 리슬한테서 연락을 받았다. 브래드는 3D 아이맥스 영화의 음향 관련 과학 컨설턴트를 맡아줄 수 있는지 물었다. 영화 제목은 〈그냥 들어라(Just Listen)〉. 그런 발상 자체가 내 마음을 뒤흔들었다. 어떻게 3D 아이맥스 영화처럼 굉장히 시각적인 매체가 소리와 같은 비시각적인 것에 초점을 맞춘단 말인가? 하지만 브래드는 교육과 상호작용에 대한 놀라운 아이디어를 갖고 있다. 아울러 우리를 둘러싸고 있는 소리의 세계를 사람들의 관심을 불러일으킬 만한 매체를 통해 가르치고 싶어 한다. 나에게 관심을 먼저 보인 까닭은 박쥐가 세계를 어떻게 인식하는지를 시각화하는 내 연구 때문이었다. 내가 알아내기로, 만약 여러분이 수정 같은 유리 재료로 이루어진 물체들로 일종의 살아 움직이는 세계를 창조하고서 통상적인 조명 요소들을 음향적인 요소들로 대체하면, 관객과 물체들이 그 안에서 움직여 다닐 때 소리를 통해 3D 영상을 인식할 수 있는 음향 세계를 창조할 수 있다. 이처럼 시각을 청각으로 변환함으로써 우리는 박쥐가 귀로 세계를 어떻게 인식하는지를 엿볼 수 있다.

나에겐 어여쁘기 그지없는 이 박쥐들은 특별할 것 없어 보이지만 결코 사람들이 생각하는 그런 존재가 아니다. 소리를 연구하는 대다수 사람들은 매우 수리물리학적이거나 심리신경과학적 접근법을 취하는 경향이 있다. 그러나 과학에 바탕을 둔 아이맥스 영화를 보러 가는 대다수 관객들은 근접장 효과라든가 주파수 의존적 음향 공간을 배우러 가는 게 아니다. 단지 뭔가를 경험하러 갈뿐이다. 영화에는 동물 의사소통에서부터 인간이 머무는 공간의 소리에 이르기까지 브래드와 내가 논의한 온갖 요소들이 나온다. 그런데 무엇보다도 영화가 시작하자마자 그 모든 요소들을 하나로 묶는 어떤 것이 필요했다. 물론 모든 것을 함께 묶을 수 있는 하나, 누구나 갖고 있는 수학의 한 유형, 우리 모두가 이해하는 복잡한 하나의 신경 현상, 그것은 바로 음악이다. 그렇다고 영화에 그저 아무 음악이나 사용할 수는 없었다. 음악과 음악가 둘 다 단지 멋지기만 해서는 안 되고 음악과 마음의 본질에 관해 무언가를 가르쳐줄 수 있어야 했다. 그래서 2011년 8월 나는 아내와 함께 밴쿠버로 가서 영화 제작팀과 함께 에블린 글레니라는 뛰어난 음악가의 녹음 작업에 참여했다.

에블린 글레니가 인식하는 음악

글레니의 작품을 잘 모르는 사람들은 진정으로 훌륭하고 아름다운 것을 놓친 사람들이라고 해도 과언이 아니다. 글레니는 세계적으로 유명한 타악기 연주자이며 지난 세기의 유일한 솔로 타악기 연주자였다. 타악기라고 하면, 대다수 사람들은 그저 진짜 음악에 리듬을 주는 수단일 뿐이라거나 록 콘서트에서 드러머의 어머니 말고는 아무에게나 들어도 그만 안 들어도 그만인 10분짜리 의무적인 드럼 솔로를 듣고서 생기는 짜증과 두통거리로 여긴다. 하지만 글레니는 거의 2000가지의 악기를 갖고서 연주하는데, 마림바와 실로폰처럼 고전적인 악기에서부터 맞춤형의 기이한 악기인 워터폰(waterphone)에 이르기까지 온갖 악기를 두루 연주한다. 그녀가 직접 작곡한 짧은 곡을 연주하는 걸 본 나는 단번에 반했다. 왜냐하면 악기를 연주한다기보다는 공간 그 자체를 연주했기 때문이다. 글레니는 길이가 2미터 남짓한 콘서트용 마림바에 다가가서는 악기 앞에 조심스레 자리를 잡은 다음 머리는 뒤로 젖힌 채 까치발을 하고서 네 개의 채로 첫 몇 음들을 두드려 공간 전체를 '울렸다.'

주변 장치들에 걸려 넘어지지 않게 무대 가장자리에서 웅크려 앉아 있던 나는 무대가 떨리는 것을 그리고 소리가 거대한 해일처럼 공간에 퍼져나가다가 다시 반사되는 것을 느꼈다. 다음 음들을 연주하기 전 몇 초 동안, 그녀 뒤에 놓인 그랜드피아노의 현들이 연주하는 이가 없는데도 근접장 효과의 힘으로 공명하는 소리를 모두 들을 수 있었다. 마치 처음 몇 초 동안 형태가 변해가는 음향 조각상을 빚어낸 것만 같았다. 몇 년 전에 내 밴드 동료가 해준 말이 떠올랐다. "넌 음악을 녹음할 순 없어. 단지 음악의 요약본을 저장할 뿐이야. 음악과 함께 공간 속에 있어야 하거나 아니면 음악을 이용해 두 귀 사이의 빈 공간을 채워야 해." 글레니가 곡의 나머지 부분을 연주하기 시작했다. 온몸으로 하는 연주였는데, 그래도 언제나 두 맨발은 딱딱한 바닥과 접촉해 있었고 머리는 뒤로 젖혔고 목과 몸통을 마림바의 진동에 맡기고 있었다. 과학자들이 음악을 다룰 때면 늘 접하는 복잡성을 온몸으로 드러내주는 존재가 눈앞에 있었던 것이다. 에벌린 글레니는 음악으로 공간을 채우고 있었다.

아, 그런데, 글레니는 거의 귀머거리에 가까웠다.

음계의 수학에 관한 피타고라스의 연구에서부터 시작해 가장 최근의 fMRI 신경영상 연구에 이르기까지 그야말로 소리와 언어에 관한 수천 년 동안의 연구는 음악을 하나의 청각적 현상으로 취급한다. 이에 관한 신경과학 및 심리학의 연구는 음악이 귀에 어떻게 감지되는지, 뇌에 의해 어떻게 지각되고 처리되는지 그리고 마지막으로 마음에 의해 어떻게 반응하는지를 연구한다. 이 모든 것이 사실이라면, 귀머거리에 가까운 글레니는 어떻게 음악을 창조하고 또 듣는 것일까? 이것을 이해하려면 음악과 소리에 대해 갖고 있는 그녀의 관점이 여러분이 과학 논문에서 읽는 것과 다르다는 것을 알아야 한다. 과학 회의에서라면 주먹 다툼을 일으킬 수도 있는 간단한 질문—'음악이 무엇인가?'—을 그녀에게 던졌다. 대답인즉, 음악은 우리가 단지 귀를 통해서가 아니라 온몸으로 창조하고 듣는 어떤 것이라고 했다.

이런 상황에서 과학 컨설턴트를 맡으면 자기 뜻대로 할 수 있는 여지가 생긴다. 다들 3D 카메라들을 제 위치에 놓고, 마이크를 설치하고, 전원 장치를 조정하는 등 녹음이 제대로 진행되도록 만반의 준비를 하는 와중에 나는 내 장치만 설치했다. 내가 알기로 글레니는 완전히 귀가 멀진 않았지만 고주파 소리는 거의 듣지 못한다. 그래서 특별한 장치를 설치했다. 카메라의 범위 바깥이어서 글레니의 동선에 들어가지 않는 무대 위 장소에 표준적인 PZM 마이크 두 대를 설치한 것이다. 이 마이크는 실황녹음 중 무대 전체의 소리를 담는 데 쓰이는데, 사람의 가청 범위의 위쪽 한계보다 조금 높은 약 22,000Hz까지의 소리를 담을 수 있다.

과도하게 장비를 설치한 것 아니냐는 의문이 들지도 모른다. 왜냐하면 대다수 악기의 주파수 범위는 높아봐야 4,000Hz쯤이기 때문이다. (흥미롭게도 이 대역은 인간의 청각 유모세포가 위상동기(phase lock. 출력신호의 위상을 입력신호와 동기시키는 것으로서 출력신호를 안정화시키는 중요한 과정이다_옮긴이)를 맞추는 상한이다.) 하지만 싸구려 구닥다리 스피커로 음악을 들어본 사람이라면 누구나 알듯, 고주파 성분이 없으면 음악이 죽고 만다. 그 두 마이크 옆에는 지진 마이크 두 개를

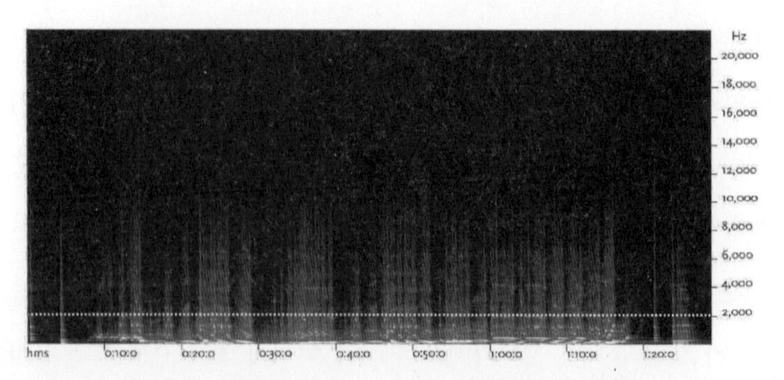

〈그림 A〉 마림바 연주 녹음. 이 스펙토그램은 시간(수평축)에 대한
PZM 마이크의 주파수 반응(수직축)을 0에서 22kHz 범위 사이에서 보여준다.
수평의 점선들은 지진 마이크 녹음의 2kHz 차단 대역(cutoff range)을 나타낸다.

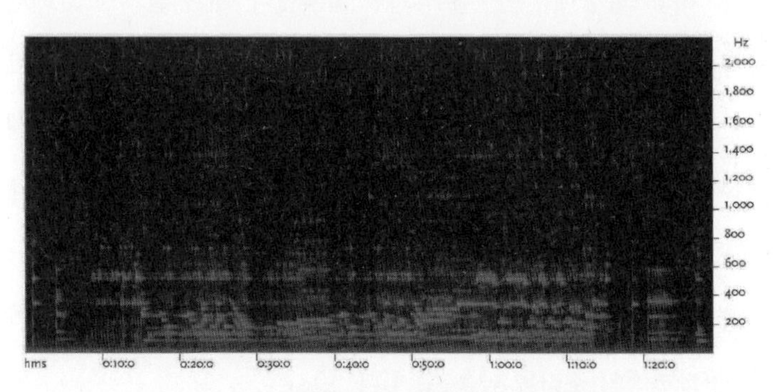

〈그림 B〉 위와 동일한 마림바 연주의 지진 마이크 녹음.
이 스펙토그램은 시간에 대한 지진 마이크의 주파수 반응을 보여주는데,
차단 대역은 2kHz이다.

놓았다. 저주파의 소리와 진동만을 담아내는 이 마이크는 가장 민감도가 높은 영역이 초당 수백 사이클 정도—대략 글레니의 청각 민감도 범위—이지만, 인간의 가청 범위 한참 아래인 초저주파 대역도 담아낼 수 있다. 이것들 모두를 휴대용 디지털 녹음기 하나에 입력함으로써 사람들의 정상적인 가청 범위의 소리는 물론이고 글레니가 듣

는 것과 비슷한 저주파 충격과 진동에 국한된 소리도 동시에 녹음할 수 있었다.

위의 그림을 보면 똑같은 음악을 녹음한 것인데도 서로 차이가 남을 알 수 있다. 그림 A는 사람 귀의 청력을 모방한 마이크를 이용한 녹음이고, 그림 B는 몇백Hz 이상의 진동들이 상호작용하면서 생긴 왜곡만을 보여주는 지진 마이크를 이용한 녹음이다. 그림 A에서는 규칙적인 수직 띠로 나타나는 음악의 고조파 구조와 더불어 채의 두드림이 가해지는 환한 영역들을 통해서 음악의 템포를 알아볼 수 있다. 또한 연주되는 각각의 음 주위에는 잔향의 '구름'이 보이는데, 이 구름은 개별 음들이 공간을 채우고 반사되고 변하면서 생기는 잔향들로 이루어진다. 실황 음악 내지 스튜디오의 뛰어난 사후처리를 거친 음악은 이와 같이 복잡한 구조를 지닌다.

하지만 지진 마이크 녹음의 스펙토그램(그림 B)을 보면, 채의 두드림으로 인해 생긴 각각의 기하학적 형태들은 위의 음향 녹음의 고작 십분의 일 높이까지밖에 올라가지 않는다. 어쨌거나 이 두 그림은 타악기 연주의 악보인 셈이다.* 이 두 유형의 녹음을 비교하면, 첫 번째는 분명 음향적으로 풍부한 것으로서, 우리 뇌가 지각하고 해독하고 감정 반응으로 번역해내는 이른바 '음악적인' 것이다. 하지만 두 번째

---

* 사실, 음악 수업을 받은 적이 없는 사람들이 보기에, 악보는 수직 음계 상에 소리를 시공간적으로 나타내는 일련의 점이나 구역인데, 지진 마이크 스펙트그램과 흡사하다.

는 음향의 출처인 음악가 글레니가 실제로 인식하는 것에 더 가깝다. 우리들 대다수는 거기에 앉아서 아마도 (나처럼) 눈은 감은 채 귀로 듣는 반면, 그녀는 맨발을 통해 무대의 진동을 받아들이고 울림통에서 나온 근접 음파가 다리와 하반신과 목을 때리고 손과 팔로 전해진 진동이 상반신을 훑고 지나가고 그중 일부는 두개골까지 공명을 일으키고 또한 저주파 소리가 뼈를 통해 직접 온몸으로 퍼져나간다. 글레니는 온몸을 이용해 진동을 감지하는데, 그녀한테 음악이란—두말할 나위 없이—바로 그런 것이다. 바로 여기에 과학과 음악 사이에 늘 존재했던 갈등의 핵심이 있다. 즉, '음악이란 무엇인가?'라는 질문 말이다.

음악을 연구하는 과학자들이 마주치는 가장 큰 문젯거리 중 하나는 과학 그 자체의 본질에 있다. 과학은 현상을 관찰하고 질문을 던지며 가설을 세우고 검사해서, 성공적인 것은 받아들이고 (만약 우리가 정직하고 정치적으로 크게 편향되어 있지 않다면) 그렇지 않은 것은 버린다. 하지만 모든 가설의 시작에는 조작적 정의를 내릴 필요성이 존재한다. 무엇을 검사하는가? 무엇을 연구하는가? 연구할 대상을 바꾸지 않고서 어떤 파라미터를 바꿀 수 있는가?

이런 면에서 음악은 규정하기가 지독하게도 어렵다. 나는 음악과 뇌에 관한 강의를 하면서 '음악을 정의할 수 있는(음악가, 심리학자, 작곡가, 신경과학자 그리고 아이팟을 듣는 이들이 함께 동의할 수 있는) 첫 번째 사람에게 10달러를 건다'라고 말하곤 하는데, 이렇게 말하면 건

방진 사람이라고 생각할지 모르겠지만, 사실 그렇지 않다. 나는 음악가, 작곡가, 음향 디자이너, 프로듀서이자 과학자로 지내왔고, 심지어 이러한 내 과거와 현재 이력의 서너 가지 이상을 만족시킬 정의를 내놓느라 갖은 애를 쓰기도 했다.

음악을 과학적으로 정의할 수 있을까?

과학은 수 세기 동안 음악을 공략해오고 있다. 지난 삼십 년 동안 나는 과학과 음악의 관계에 관한 마흔 권의 책과 수백 편의 논문을 읽었다. 귀, 뇌간 및 피질에서 작용하는 음악의 생물학적 기반, 음악적 지각의 심리학적 근거, 음악 인식 및 그것이 지능과 마음과 맺는 관계 등에 관한 내용이었다. 이런 것들은 크리스티안 슈바르트가 19세기 초반에 저지른 어리석은 짓에서 나온 내용이다. 그는 음의 지각에 관한 헬름홀츠의 고전적인 연구를 통해 상이한 조성이 감정에 미치는 영향을 전문용어를 잔뜩 동원하여 설명했다.* 여러 연구들이 실시되었는데, 특정 주파수에서 공명하는 유리 그릇 같은 단순한 악기나 요즘 이론가들이 가장 좋아하는 신경영상과 같은 최근의 기술이 사용되었다. 심지어 고고학자들도 새 뼈로 만든 35,000년 된 피리

* 슈바르트의 『음악 미학에 관한 개념들』(1806년)은 여러 웹사이트에서 볼 수 있는데, 가령 다음에서 찾을 수 있다. www.gradfree.com/kevin/some theory on musical keys.htm. 그의 생각은 어떤 영화 속 인물 나이젤 튜프넬의 "D 단조는 가장 슬픈 조다"라는 주장과 얼추 들어맞는다. 하지만 그 조성을 가리켜 "우울한 여성성과 울화와 변덕의 온상"이라고 한 것은 조금 억지스럽다.

를 발견하여 이 분야에 뛰어들었다. 인간과 음악과의 관계를 크로마뇽인 시대까지 거슬러 올라가게 만든 발견이었다.

그러나 음악을 과학적으로 공략하려면 음악이 무엇인지에 관한 훌륭한 조작적 정의가 필요하다. 이제껏 그런 시도는 수십 번 있었다. 가령 사전식으로 "정확한 시간적 구조로 배열된 음들의 연결"(이렇게 정의하면 분위기 중심의 본격 재즈나 다수의 비서구권 음악이 배제된다)이라는 정의에서부터 새소리나 고릴라의 가슴 두드리기까지도 포함하는 "음향-정서적 의사소통 형태"라는 인지적 정의도 있다.

음악은 과학적 분석에 잘 들어맞는 것'처럼' 보인다. 음악은 질서정연한(또는 의도적으로 무질서하거나 비무작위적인) 시간적 배열을 이루는 음들로 이루어져 있다. 음악은 우리가 오랫동안 분석해온 주파수, 진폭 및 시간이라는 세 요소를 통제함으로써 발생한다. 하지만 여러분이 실제로 악기 하나를 택해서 관객들에게 반응을 이끌어낼 정도로 충분히 연마하고 나면, 다음 사실을 깨닫게 된다. 즉, 음악이란 것은 음정이나 타이밍이 아니며 이런 모든 요소들 사이의 심리적 긴장의 축적과 해소도 아니며, 심지어 연주자나 관객이 연주 중은 물론이고 이전과 이후에 어떻게 느끼는가 하는 것도 아님을 말이다.

물론 음악에는 여전히 그런 것들이 전부 필요하므로, 우리는 진퇴양난에 빠진 셈이다. 음악은 보편적이면서도 주관적인 주제이다. 여러분이 듣기 좋아하는 '소음'을 부모님은 어떻게 느끼는지 물어보라. 아니면 여러분의 아이들에게 왜 '허튼 소리'를 좋아하는지 물어보라.

과학은 주관성을 다루는 데 어려움을 겪는다. 정밀함과 검증 가능한 정의가 없으면 "D단조는 가장 슬픈 조성이다"*라는 말이 결국 나오기 마련이다. 수백 명의 클래식 음악가들은 바흐의 토카와 푸가 그리고 베토벤의 9번 교향곡을 떠올리며 그 말에 고개를 끄덕인다. 그리고 같은 수의 신경과학자들과 심리학자들은 fMRI 데이터에는 왜 그런 것이 나타나지 않는지 궁금해 한다. 바로 그것이 내가 음악과 마음의 관계에 대하여 흥미진진하게 여기는 점이다. 이 두 가지의 상호 복잡성은 서로에게 거의 거울영상인 셈이기에, 어느 하나를 이해하면 다른 하나의 바탕을 알아낼지 모른다. 하지만 지금까지 수백 권의 책과 수천 건의 연구가 나왔지만 어느 하나도 둘 사이의 관계를 제대로 파악해내지 못했다. 기껏해야 우리는 그 문제를 복잡한 그림조각 맞추기 퍼즐처럼 다룰 뿐이다. 즉, 모서리를 따라 작은 조각들을 살펴보며 서로 맞추어 기본적인 틀을 만들 방법을 찾는 것이다. 아니면 최종적인 결과를 가늠해보고서 그 둘이 서로에게 미치는 영향을 폭넓게 판단해보는 방법도 있다.

그렇다면 그림조각 맞추기를 시작해보자. 음악과 과학의 충돌을 드러내는 사례 가운데 내가 가장 좋아하는 것은 C. F. 말름버그가 1918년에 실시한 고전적인 심리학 실험이다. 이 실험은 음악의 매우 기본적이면서 중요한 점을 드러내주었다. 그는 협화음과 불협화음을

* 특히 나이젤 튜프넬이 〈나의 사랑 펌프를 핥아라(Lick My Love Pump)〉를 연주할 때.

정신물리학적인 현상으로 정밀하게 파악하여 정량화하는 데 관심이 많았다. 협화음과 불협화음은 서양의 12음계 체계에서 음정의 어떠한 결합이 "좋고 부드러운" 소리가 나고 어떤 결합이 "어색하고 거슬리는" 소리가 나는지의 바탕이 되는 심리적 규칙이다. 음악의 본질적인 측면에서 보면, 두 음의 결합이라는 단순한 현상일 뿐이지만 음향적 및 음악적 결과는 음향심리학의 가장 복잡한 측면에 속한다.

우리는 이 현상을 비교적 분명하게 파악하고 있다. 서양 음조에서 보면, 연주되는 음계는 한 옥타브 내의 12개 반음으로 구분되는 음들의 선형적 분리에 바탕을 두고 있다. 옥타브는 동일한 음정을 표현하지만 주파수가 배가 되는데, 음악의 범위는 파이프 오르간의 초저파수 옥타브 C1(약 8Hz)에서부터 피콜로의 상한인 옥타브 C8(대략 4,400Hz)에 이르는 일련의 옥타브들로 구성된다. 그러나 이 음계의 음들은 여러분의 예상과 달리 음정이 균등하지가 않다.

음정(音程. 음악이론에서 두 음의 높이 차이를 나타내는 용어이다_옮긴이)은 로그 척도를 따라 정의되며, 소리들의 결합에서 생기는 심리적인 속성, 가령 장조인지 단조인지, 협화음인지 불협화음인지 등은 소리들의 주파수의 수학적 비율로 인해 생긴다. 어떤 음정들은 언제나 협화음—매끄럽고 자연스러운 화음—으로 간주되는데, 예를 들면 동음(同音. 같은 높이의 음정들로서 물론 주파수 비율은 1:1), 옥타브(동일 음정의 두 음정이지만 주파수가 배 차이가 남, 따라서 주파수 비율은 2:1), 완전5도(주파수 비율 3:2) 등이다. 한편 감2도(함께 연주되는 인접한 두 반음)와 같은 음정 또는 단3도(주파수 비율 65,536:59,049)와 같은 더욱 흔한 음정도 불협화음으로 간주된다.

협화음과 불협화음은 과학적으로 파악하기에 비교적 단순한 음악적 속성인 듯하다. 우리 모두는 음정에 대한 경험(음악적인 경험 그리고 새소리에서부터 자기 자신의 목소리에 이르기까지의 일상적인 음향적 경험)이 있으며, 적어도 우리 자신의 경험 안에서 음정에 대한 표준적인 반응을 보인다. 문제는 이런 비교적 단순한 음악적 특징조차도 고정된 것이 아니라는 점이다. 역사적으로 볼 때, 어떤 음정들은 협화음으로 정의되었다. 피타고라스 교도들은 협화음을 가장 낮은 음정 비율을 지닌 음정들로 정의했기에, 5음 음계의 음정들(동음, 장3도, 장4도, 완전5도, 옥타브)만을 협화음에 포함시켰을 가능성이 크다. 르네상스 시기에는 장3도/6도와 단3도/6도가 협화음에 포함되었다. (부수적인 이야기지만, 단3도 다음에는 곧바로 장조 화음이 뒤따르게 되었다.) 19세기에는 초기의 위대한 음향심리학자인 헤르만 폰 헬름홀츠가 고조파를 공유하는 모든 음정은 협화음이라고 선언하면서 2도와 7도(옥타브 음에 바로 인접한 음정)만을 불협화음으로 정의했다. 이후 상황은 더욱 복잡해졌다. 20세기가 시작되자 음악가들은 훨씬 더 넓은 범위의 음악적 조합을 실험했으며, 낭만주의 시대 작곡가라면 갑작스러운 청력 상실을 우려했을 음정들을 아무렇지도 않게 계속 사용하게 되었다.

말름버그의 실험은 바로 이런 배경 하에서 실시되었다. 말름버그의 유명한 논문은 음악가들과 심리학자들이라면 동의할, 협화음과 불협화음의 표준적 음계의 기본적인 내용을 잘 기술하고 있다. 하지만 내가 몇몇 선배 과학자들한테서도 들었고 1938년 출간된 칼 시쇼어의 고전인 『음악 심리학(Psychology of Music)』에서도 읽은 배경 이야기는 조금 더 흥미로웠다. (물론 그 이야기는 진위가 불분명하다.) 말름버그는 과학적 훈련을 받지 않은 일군의 음악가들과 음악적 훈련을 받지 않은 일군의 심리학자들을 뽑아서 엄격한 환경 조건 하에서 소리굽쇠, 파이프오르간 및 피아노가 연주하는 음정들을 듣게 했다. (선배 과학자들 중 한 명은 엄격한 환경 조건이라는 것이 "실험 기간 동안 먹지도 화장실에도 가지 못했다"는 의미라고 했다.) 이 실험은 1년이 꼬박 걸리거나 참가자들 '모두가' 각 음정별로 협화음과 불협화음에 관해 유일하게 합의된 판단에 이를 때까지 계속되었다.* 이렇게 말름버그는 음악적 속성에 관해 집단이 내린 최초의 심리학적 평가를 얻어냈는데, 이 연구는 오늘날까지도 인용되고 있다.

소리의 수학적 기반을 지각의 심리학과 맞닿게 할 유일한 연결고리를 다수의 사람들에게서 찾아내긴 했지만, 이 연구는 신경과학적인 기반을 그리 깊이 파고들지는 않았다. 나중에 달팽이관의 생물학적 작용을 더 잘 이해하고 나서야 음정과 신경과학 간의 매우 흥미

* 이것과 주제는 동일하지만 저자가 쓴 다른 심리학 논문 두 편을 아무것이나 읽어보라. 그러면 참가자들 전체가 뭐가 됐든 한 가지라도 합의에 이르기가 얼마나 어려운지 감을 잡을 수 있을 것이다.

로운 관련성들이 드러났다. 1965년 R. 플롬프와 W. J. M. 레벨트가 협화음과 불협화음을 다시 연구했는데, 사용한 심리학적 기법은 이전과 비슷했지만(즉, 단순한 음정들을 연주하고 피험자들에게 평가를 부탁했지만) 맥락이 달랐다. 협화음과 불협화음을 심리적으로 인식하는 문제를 놓고서, 음악 훈련을 받은 그룹과 받지 않은 그룹 사이에 의견일치를 추구하기보다는 이 연구자들은 귀의 임계대역 폭에 대한 상대적인 협화음 및 불협화음의 정도를 그래프로 나타냈다.

임계대역(하비 플레처가 1940년대에 새로 만든 용어로서 주로 정신물리학자들이 사용한다) 때문에 나는 대학원을 뛰쳐나가 돌고래 조련사가 될 뻔했다. 하지만 전문용어에 대한 거부감을 극복하고 나면 꽤 이해하기 쉬운 말이다. 만약 내가 440Hz의 음을 연주했을 때 여러분이 음악적 경험 또는 절대음감을 갖고 있다면, 그 소리를 단일한 음정, 즉 음악 용어로 A440임을 알아차릴 수 있다. 만약 내가 442Hz로 연주한다면 그 음과 440Hz 음과의 차이를 구별해낼 수는 없다. 452Hz나 475Hz도 마찬가지다. 아마 여러분은 내가 약 88Hz로 음을 바꾸기 전까지는 차이를 알아낼 수 없을 것이다. 이 수치는 달팽이관 속 유모세포들의 필터링 기능에 의해 결정되는데, 기저 말단 근처의(즉, 내이의 입구 근처의) 유모세포는 고주파 소리에 반응하고 정점 말단의 유모세포는 저주파 소리에 반응한다. 건강한 사람의 달팽이관에는 약 33mm에 걸쳐 20,000여 개의 유모세포가 존재하지만, 약 1mm 이내에 있는 유모세포들끼리가 동일한 일반적 주파수에 가장 민감한 편이다. 다른 주파수의 소리를 거의 동일하게 인식하게 되는 영역을 가리켜 임계대역이라고 한다. 대역(band. 띠)이라고 일컫는 까닭은 달팽이관을 따라 분포하는 방식이 대략 직선적이기 때문이다. 하지만 임계대역들은 저마다 주파수 범위 즉 대역폭이 다르다. 저주파 소리, 특히 목소리나 악기 소리는 임계대역이 훨씬 좁아서 주파수 분해능이 뛰어나다. 반면 약 4kHz보다 높은 음정은 임계대역이 훨씬 더 넓은데, 이는 동일한 주파수 대역폭에 걸쳐 개별 음의 변화를 포착하기가 더 어렵다는 뜻이다.

이것을 바탕으로 플롬프와 레벨트는 협화음과 불협화음을 비교할 생물학적 근거를 알아냈다. 다시금 둘은 피험자들에게 다섯 가지의 상이한 기본 주파수에 대해 협화음과 불협화음의 정도를 평가해달라고 부탁했다. 그리고 이들 주파수의 임계대역폭에 대한 평가를 그래프로 나타냈다. 둘이 알아낸 바에 따르면 피험자들의 평가와 주파수가 해당 임계대역 내에 차지하는 위치 사이에는 특별한 관계가 존재했다. 두 음 사이의 주파수 차이가 아주 적은 경우, 즉 두 음이 임계대역의 폭보다 좁은 주파수 차이로 떨어져 있을 때는 불협화음이라는 평가가 가장 많았던 반면, 두 음의 주파수 차이가 임계대역의 100퍼센트 정도일 때 협화음이라는 평가가 더 많았다. 달리 말해서, 서로 다른 음정에 대한 사람들의 반응은 달팽이관 내 유모세포들의 기본적인 구성에 바탕을 둔 것이었다.

음악의 생물학적 근거

협화음과 불협화음이라는 개념은 뇌에서도 찾을 수 있다. 연구자들은 청각신경이 불협화음보다 협화음에 더 강하게 반응한다는 점을 밝혀냈다. 또한 둘 사이의 관계는 이전의 행동 검사에서 나타난 결과와도 실제로 일치한다. 이런 사실은 (단지 청각신경이 아니라) 소리와 감정을 처리하는 뇌의 더 고등한 영역에서도 마찬가지로 밝혀졌다. 음정이 단조냐 장조냐에 따라 감정 처리 영역의 활성화에 차이가 생긴다는 사실이 여러 연구에서 드러난 것이다. 이는 우리가 들어서 아는 바—장조는 화성적일뿐 아니라 '행복하게' 들리는 반면에 단조는 '슬프게' 들린다—를 확인해준다.

한걸음 더 나아가 톰 프리츠 연구팀은 최근 연구에서 "음악의 세 가지 기본 감정에 관한 보편적 인식"이라는 제목의 논문을 발표했다. 여기서 연구자들은 여러 문화에 걸쳐 음악의 정서적 측면을 인식하는 능력을 조사했다. 이 연구에 참여한 서구(독일)와 비서구(카메룬 북부의 마파 부족)의 청취자들은 기본적인 협화음과 불협화음을 바탕으로 다른 문화의 음악을 행복하다, 슬프다 또는 무섭다로 분류했다. 두 부류의 청취자들 모두 다른 문화의 음악에 생소한 사람들이었는데, 친숙함이나 경험이 미치는 영향을 배제하기 위함이었다. 그 결과, 두 그룹 모두 서양음악의 정서적 내용을 확인했다. 즉, 독일인과 마파 부족 둘 다 서양음악을 '좋게 여기는' 비슷한 방향성을 보였다. 음악에 생물학적 근거가 있다는 생각이 비교적 확고하고 장기적이고 다문화적으로 인정된 듯하다.

정말로 그럴까?

이처럼 거창한 과제를 정밀하게 다루려는 모든 시도가 늘 그렇듯이, 많은 문제점이 뒤따른다. 가령, 플롬프와 레벨트의 연구는 아주 정확한 음정을 사용하긴 했지만, 이들이 사용한 기본 주파수들은 악기에 의한 악음(樂音)이 아니라 쉽게 생성된 특정한 주파수—구체적으로는 125, 250, 500, 1000 그리고 2000Hz—의 순음(純音)에 의한 것이다. 그런데 우리는 음악을 들을 때 결코 순음을 접할 리가 없다. 모든 악기는 고조파의 여러 주파수를 포함하는 복잡한 음색을 만들어낸다. 심지어 가장 단순한 플루트조차도 순음 파동을 만들지는 않는데, 사실상 플롬프와 레벨트는 바로 그런 음을 갖고서 실험을 했다. 세계 정상급의 플루트 연주자가 내는 소리는 사인파(sinusoidal wave. 정현파)가 아니라 삼각파이다. 과학적으로 말하자면, 개별 사인파를 많이 합치면 홀수 개의 고조파가 만들어지는데, 이 고조파들은 고주파 영역에서 급격히 줄어들면서 약간의 흠집이 있는 순음을 생성한다. 이런 고조파들은 단지 악기의 구조나 연주자의 기량에서 생기는 무시해도 좋을 배음들이 아니다. (앞에서 고조파는 기본주파수의 정수배를 갖는 파형들로 이루어진다고 했다. 배음이란 음악에서 이 정수배 파형의 음이다. 어떤 음의 음정을 결정하는 것이 기본주파수이고, 이 기본주파수의 2배인 파형의 음은 2배음, 3배인 파형의 음은 3배음…… 이런 식이다_옮긴이.) 고조파들의 충돌과 겹침은 협화음과 불협화음 인식에서 또 하나의 중요한 요소이다.

그 다음으로, 협화음이라는 개념 자체가 서구문화 안에서 세월의 흐름에 따라 변해왔을 뿐 아니라 우리가 다른 문화를 고려하기 시작할 때 아주 많은 문젯거리를 초래한다. 가령, 마파 부족을 대상으로 한 연구에서는 행복하다, 슬프다, 또는 무섭다고 구분할 마파 부족의 음악을 제시할 수 없었다. 왜냐하면 그 부족은 자신들의 음악에 특정한 감정을 부여하지 않기 때문이다. 독일 청취자들은 원래 곡의 조성(key)의 상대적 '불협화음' 변화를 바탕으로 음악의 정서적인 음색을 결정해야 했다. 하지만 연구에 사용된 마파 부족의 전통 피리 곡을 실제로 들어보면, 음색이 약간 거친(따라서 음악적으로 꽤 흥미로운) 반면 연주된 실제 음정은 서양의 12음계에서 쓰이는 것이다.

상이한 음조와 음정을 쓰는 비서구 문화의 음악을 그 실험에 사용했다면 어떻게 되었을까? 명곡은 모두 화성적이라고 익히 알고 있는 기본 음정들을 포함하고 있지만, 거기서 훌쩍 벗어나는 음악도 많다. 인도의 라가(인도 음악의 전통적인 선율 양식_옮긴이)는 서양의 반음보다 더 짧은 음정을 종종 사용하며, 어떤 아랍 음악은 반음을 다시 절반으로 나눈 사분음을 사용한다. 대다수의 서양인 청취자들에게 더 극단적인 사례는 인도네시아의 가믈란 음악이다. 이 음악에서는 옥타브당 균일하게 배열된 다섯 음정으로 조율하거나 아니면 옥타브당 불균일하게 배열된 일곱 음정으로 조율한다. 때로 가믈란 음악은 단일 곡에서 이 두 가지 조율 기법을 함께 사용할 뿐만 아니라 기술적으로 동일 음정을 연주하는 두 악기를 서로 약간 다르게 조율하기도 한다. 이렇게 조율하면 고조파들 간에 충돌과 거친 음색이 생기는데, 이는 복잡한 음색의 불협화음의 대표적인 예다.

가믈란 음악은 꽤 아름답긴 하지만, 여러분이 제대로 감상하려면 익숙해지는 시간이 필요하다. 가믈란 음악에는 복잡한 음정의 미세한 구조와 고조파들의 부분적 겹침이 많이 나타나는데, 특히 타악기로 연주할 때는 그런 요소들 때문에 사정을 잘 모르는 대다수 청취자들은 피아노 조율사가 죽기라도 했는지 의아해 할 정도이다. 몇 년 전 나는 음악 인식 수업을 맡고 있었는데, 가믈란 음악 애호가인 한 학생이 서양의 12음계가 정말로 인간의 뇌에 배선되어 있는 것이냐는 질문을 던졌다. 이 질문을 검증하기 위해 그 학생은 음악가도 아니고 가믈란 음악도 들어본 적 없는 학생들을 모아서는 서양음악의 짧은 곡들과 가믈란 음악의 짧은 곡들을 비교하면서 전통적인 협화음/불협화음 평가를 부탁했다. 놀랄 것도 없이 학생들은 서양음악 음정으로 된 곡들에 대해서는 예상된 대로의 협화음/불협화음 평가를 내렸지만, 대다수의 가믈란 음악이 불협화음 내지는 불쾌한 음악이라고 평가했다.

이어서 그 학생은 또 다른 두 그룹을 모아서는 평가를 내리기 전에 가믈란 음악을 30분 동안 듣게 했다. 그러자 미리 가믈란 음악을 들은 학생들은 서양음악에 대한 평가는 이전과 같았지만, 가믈란 음악을 협화음이자 즐거운 음악이라고 평가한 정도가 상당히 커졌다. 그러니까 대안적인 조율 체계를 잠시 접했을 뿐인데도 기존의 두뇌 배선이 달라지기 시작해, 음악에 대한 심리적 평가가 바뀐 것이다. 이를 계기로 나는 음악적으로 너무 멀리 나갈 것 없이 즉석 실험을 직접 만들어 실시했다. 브라운 대학의 학부생 2~30명을 대상으로 수업 시간에 협화음/불협화음 연구를 했는데, 여기서는 음악가와 비음악가를 구분하지 않았다. 연구를 마치면서 이런 사실을 알게 되었다. 음악 훈련을 받은 이들은 대체로 협화음이라고 평가했으며, 재즈를 배우는 학생들한테서는 어떤 음이든 불협화음이라는 평가를 얻기가 거의 불가능했다. 경험은 문화계 전체 수준에서든 개인적 수준에서든 유모세포의 신경 발화의 분포를 바꾸진 않았지만, 음정에 관한 고급 수준의 평가를 분명 바꾸었다. 이러한 결과는 우리가 인식하는 화음 및 그 화음에 대한 우리의 반응 방식에 생물학적 근거가 없다는 뜻은 아니지만, 음악과 뇌에 관한 포괄적인 판단을 내리는 일에 분명하게 경고를 던진다. 여기서 중요하게 짚고 넘어가야 할 점은 하나의 척도로서 이용되는 것, 즉 우리 자신의 감정 반응은 뇌의 매우 복잡한 기반 구조에서 생긴다는 사실이다.

음악이 뇌에 미치는 영향

만약 인식의 복잡한 측면들이 음악을 파악하기 위한 '상향식' 방법을 찾는 노력에 방해가 되고 있다면, 음악과 뇌 사이의 상호작용을 다룰 대안적인 방법은 좀 더 형태주의적인 '하향식' 접근법(예의 그림조각 맞추기 퍼즐로 설명하자면, 상자의 그림을 본 다음 그 그림에 일치시키려고 시도하기)을 이용해, 특정한 음정과 같은 사소한 음향적 요소보다는 실제 음악이 뇌에 어떤 영향을 미치는지 알아보는 것이다.

가령, 서양 사람이라면 누구나 크리스마스 음악이라는 계절상의 테러를 피해갈 수 없다. 여러분이 크리스마스 캐럴, 특히 대중음악을 듣는다면, 여러분이 듣는 것은 거의 순수한 협화음이다. 음정은 거의 언제나 옥타브, 장3도, 완전5도 및 장6도인데, 가끔씩 단조 음정이 나타나긴 하지만 대체로 이런 노래들은 유쾌하고 편안하고 기쁘게 들린다. 이 모든 노래들은 빨간색 작은 요정 모자를 쓴 채로 fMRI 연구의 통계를 계산하는 사람들이 보기에 이른바 '긍정적 유의성'을 지닐 것이다. 크리스마스 노래는 추수가 끝나고 휴식이 시작됨을 축하하려고 무반주 노래를 소수의 사람들이 불렀던 데서 비롯되었다. (최근 연구에 따르면 아마추어 가수들은 스트레스의 지표인 코르티솔이 저하되는 경향이 있는 반면 직업 가수들은 그 반대 현상을 보였다. 두 그룹 모두 각성에 관여하는 신경전달물질인 옥시토신이 증가했다. 이런 까닭에 크리스마스 철이면 아주 열정적으로 캐럴을 부르는 음치들이 길거리를 활보하는 반면, 직업 음악가들은 약삭빠르고 이기적인 크리스마스 싱글 앨범을 종종 내놓는다.)

크리스마스 캐럴은 대략 600년 전부터 시작되었다. 협화음과 단순한 박자로 이루어진 전통적인 음악 양식이 크리스마스 철마다 반복되다 보니, 오랜 세월이 흐르면서 뇌리에 각인되었고 사람들은 이 노래를 들으면 휴일을 연상하게 되었다. 하지만 음악을 통해 우리의 감정에 이처럼 선량하게 영향을 미치는 일에도 주의할 점이 있다. 어렸을 때 여러분은 "울면 안 돼 울면 안 돼"를 들으면, 휴일, 선물 받기 그리고 가족과의 따뜻한 시간을 떠올렸다. 조금 더 나이가 들면, 그 노래는 행복한 과거를 회상하게 해주는 역할을 할 수 있다. 그러나 한참 지나면, 처음 몇 소절만 들어도 여러분의 뇌는 이렇게 말할 것이다. "또 저 노래군." 더 이상 들을 마음이 없는 것이다. 곧 그 노래는 배경잡음이 되는데, 사실상 감정을 환기시켜주는 것이라기보다는 스트레스를 유발시키는 것에 더 가깝다.

'익숙함은 경멸을 낳는다'라는 말은 분명 신경학적 근거가 있다. "기쁘다 구주 오셨네"를 어쩔 수 없이 듣는 동안 우리 모두 거의 반사적으로 눈알을 굴리게 되듯이, 어떤 자극이든 너무 과하게 받게 되면 무시하게 되기 쉽다. 협화음이라는 '개념'이 전체 청중들 수준에서 일반적으로 통하긴 하지만, 지속적인 반복은 습관화를 초래하기 시작한다.* 습관화는 자극을 여러 번 가하다 보면 그 자극에 대한 반응이 줄어드는 현상이다. 그런 까닭에 여러분은 난데없이 들리는

* 신경 수준에서 보자면, 습관화는 비연상적 학습의 가장 단순한 형태에 속하며 뇌가 없는 유기체에서도 관찰할 수 있다.

큰 소리라도 두 번째 들릴 때는 대체로 놀라지 않는다. 또한 자극이 더 잽싸게 반복되면(신경학 용어로 자극간 간격(interstimulus interval, ISI)이 더 짧으면), 자극은 더 빠르게 치고 들어와 더 오래 머무른다. 그래서 크리스마스 휴일을 무사히 보낸 후 "루돌프 사슴코", "고요한 밤 거룩한 밤" 및 기타 협화음 선물을 극복하기 위해 9개월쯤을 보내고 나면, 즉 다시 크리스마스 철이 슬슬 다가오면, 여러분이 그런 노래를 듣는 처음 몇 번 동안에는 다시 노래의 분위기에 휩쓸린다. 하지만 크리스마스 음악이 무더기로 쏟아지기 시작하자마자 다시 습관화가 발동된다. 아울러 새로운 가수나 밴드라면 누구든 간에 '자기들' 버전의 크리스마스 노래가 고전이 될 정도로 다른 것과는 다르길 바라지만, 가망이 없는 희망이다. 특정 장르의 노래는 작곡 규칙을 따른다. 게다가 어떤 노래를 크리스마스 분위기가 나도록 또는 사람들이 그렇게 생각하도록 만들려면, 필연적인 습관화 및 대다수의 지속적으로 반복되는 협화음 노래들이 유발하는 스트레스와 짜증을 느끼지 않도록 음향적으로 아주 뛰어나게 만들어야 한다.

음악에 식상해지는 일은 특별한 철에만 찾아오는 병폐가 아니다. 대기실, 엘리베이터, 쇼핑몰 또는 주유소에서 꼼짝없이 붙들려본 사람이라면 누구든 심리학자, 신경과학자 및 마케팅 종사자들이 틀림없이 '긍정적 유의성'을 지녔다고 설명했을 음악을 어쩔 수 없이 접해보았을 것이다. "이지 리스닝", "라이트 재즈" 또는 더욱 노골적으로 "엘리베이터 음악"이라는 꼬리표가 종종 붙는 이런 유형의 음악은 주로 장조의 협화음으로 이루어져 있는데, 음악의 맛깔과 질감을 위해 가끔씩 단조를 이용한다. 그리고 박자는 규칙적이고 비교적 느리기에 박자에 맞춰 손가락을 까닥일 수는 있지만 일어나서 춤을 추고 싶은 느낌은 좀체 들지 않는다. (그러면 엘리베이터가 흔들릴 테니까.)

청각적인 스트레스 유발 요소가 거의 없는 음악은 개인뿐 아니라 집단에도 긴장을 줄이는 방법으로 널리 쓰인다. 1936년에 와이어 라디오 사(나중에는 무자크(Muzak)로 개명함)가 처음 시도한 이런 유형의 음악은 큰 성공을 거두어 널리 퍼졌기에 이 이름(Muzak)은 일반명칭이 되었다. 특이한 조성, 박자 또는 음정을 통해 사람들의 관심을 의도적으로 끌지 않는 음악으로 유명해진 이 회사는 음악을 이용해 소비자 조작에 성공한, 그것도 매우 성공한 최초의 회사들 중 하나다. 신경과학의 전성기가 도래하기 한참 전인 1937년, 워너브라더스에 인수된 무자크는 박자와 조율에 매우 구체적인 제한을 가하여 집단의 행동을 바꾸기 위한 첫 알고리즘을 작성하기 시작했다. 한걸음 더 나아가 이른바 '자극 진행'을 도입하기에 이르렀다. 이것은 근무시간 동안 시간대별로 다른 박자를 집어넣고 아울러 음악에 식상해지지 않도록 의도된 침묵 시간을 집어넣어서 음악을 진행하는 방식이었다. 하지만 이 회사가 사업을 확대시켜 더욱 폭넓은 음악을 시도하고 고객에게 맞는 맞춤용 곡들을 최초로 제작한 것은 1980년대 후반 무렵이었다. 그러나 당시 회사는 휴대용 맞춤형 플레이어, 디지털 녹음기 그리고 인터넷 음악과 라디오의 출현이라는 벽에 부딪혔고,

마침내 2009년에 파산했다. 그럼에도 그 유산은 지금도 살아남아 있는데, 특히 극심한 스트레스가 문제가 될 수 있는 장소에서 그리고 음악에 질릴 만큼 오래 머무르진 않았으면 싶은 장소에서 큰 도움이 된다.

고객만족센터, 응급실, 의사 진료실 및 치과의 대기실에서 들리는 음악을 생각해보라. 이 음악은 결국 이런 저런 형태의 "이지 리스닝" 음악이다. 스트레스 유발 환경에서는 협화음을 아무리 많이 사용한 음악이라도 기분이 나아지지는 않지만, 뉴스만 내보내는 화면을 보는 것보다는 스트레스를 적잖이 줄여준다. 가벼운 음악이 심리적 스트레스를 줄이는 기능이 있음을 증명한 연구는 수백 건이나 된다. 이런 연구들 대다수는 비교적 즉흥적 방식의 조사를 통해 이루어졌지만, 연구 결과는 실용적인 측면에서 유용했다.

비용 문제를 놓고 흥미로운 선택 상황에 직면한 영국의 한 병원 응급실에서 실시된 연구도 있었다. 자금 부족으로 인해 병원 관계자들은 어쩔 수 없이 이지 리스닝 음악을 도입하느냐 아니면 경비원을 추가적으로 고용하느냐의 선택의 기로에 있었다. 이들은 연구를 통해 음악을 선택하는 편이 대기실의 환자들과 걱정 많은 가족들과 관련한 험악한 사건을 상당히 줄이는 효과가 있음을 알게 되었다. 굳이 많은 경비원들을 보강하지 않아도 되었던 것이다. 어떤 흥미로운 임상 연구에 의하면, 양수검사(양수를 채취해 태아가 정상적으로 발생하고 있는지를 확인하기 위한 흔하지만 힘겨운 검사)를 기다리는 임신부들한테 잡지를 읽게 하거나 아니면 그냥 앉아 있게 하기보다 음악을 들려주면, 대사과정상의 스트레스 지표인 혈청 코르티솔 수치가 상당히 낮아졌다.

모차르트 효과?

신경학적으로 복잡한 행동들을 음악과 결부시키려는 시도들이 으레 그렇듯이, 때때로 그런 연구에는 다수의 불청객들이 따라붙었다. 펍메드(PubMed)에 'music(음악)'과 'behavior(행동)'를 검색하면 약 3,000건의 항목이 뜨는데, 그중 다수는 서로 모순되거나 통계적으로 분명 문제가 있다. 몇몇 연구는 정신병원에 있는 환자들은 하드록이나 랩 음악을 들은 쪽이 이지 리스닝이나 컨트리 음악을 들은 쪽보다 더 행동이 활발했다고 주장했다. (그렇다고 해서 어떤 노래를 얼마나 크게 들려주었는지, 그리고 각성을 크게 일으키는 음악을 입원환자들에 왜 연주했는지는 공개하지 않았다.) 그리고 음악 듣는 습관이 사춘기에 영향을 미친다는 내용의 논문은 거의 1,900건이나 된다. (그중 대다수는 자신들의 통계가 실제로 근거가 있는지는 별로 걱정하지 않은 채 이렇게 주장한다. 헤비메탈을 듣는 아이들은 성적이 낮고 행동상의 문제를 보이며 난잡하며 약물과 알코올에 빠지며 결국에는 경찰에 잡혀간다고.)

이 연구들은 한 집단 혹은 인류 전체를 놓고 볼 때 음악이 마음에 어떤 영향을 미치는가라는 질문에 혼란만 가중시킬 뿐이다. 왜냐하면 음악을 환원주의적으로, 즉 단순한 도구로 취급하기 때문이다. 소리의 세기, 반복률 또는 맥락 효과와 같은 기본 요소들을 적절히 통제하는 연구는 좀체 보기 어렵다. 그리고 집단을 대상으로 한 연구는 개인들의 이력과 경험을 고려해야 하는데, 나이, 성별, 오른손잡이/왼손잡이의 구분 및 청력 건강을 제외하고는 대다수 규정들의 범위를 대체로 훌쩍 벗어난다는 문제점을 안고 있다.* 장조의 협화음을 들으면 대다수 사람들이 편안해지고 즐거워진다는 말은 통계적으로 타당할지 모른다. 하지만 개인 수준에서 볼 때, 만약 어떤 사람이 힙합 밴드인 퍼블릭 에너미나 록 성향의 트렌트 레즈너의 음악들을 매우 시끄럽게 자주 트는 가정에서 행복한 어린 시절을 보냈다면, 이지 리스닝 음악의 유의성을 긍정적으로 보기는 어려울 것이다. 따라서 다수의 사람들에 관해 얻은 통계 결과가 논문에서 발표되고 그런 결과가 대중에게 알려지고 나면, 상황은 더욱 이상해진다. 이것을 극명하게 드러낸 사례가 있다. 음악과 공간 추론에 관한 꽤 흥미로운 연구에 대중의 관심이 쏠리면서, 언론을 통해 급기야 지능 향상의 한 방법으로 대서특필된 것이다.

'모차르트 효과'는 1993년 이후로 대중과학에 등장했지만, 그 기원은 훨씬 이전에 프랑스의 이비인후과의사인 알프레드 토마티에게 있

* 기존에 발표된 많은 연구들이 심지어 피험자들의 청력이 정상적인지도 확인하지 않았음을 알면 여러분은 깜짝 놀랄 것이다. 나도 자주 놀라곤 했다.

었다. 토마티는 임상적인 청력상실이라고 정의하기에는 너무나 미묘한 청력 결함은 매우 다양한 심리적 및 신경과학적 장애 때문이라고 주장했다. 그가 내놓은 기본 개념은, 발생 초기 귀의 문제가 말과 음악과 같은 패턴화된 입력을 신경에서 처리하는 데 광범위한 결함을 야기한다는 것이다. 이른바 '전자식 귀'를 발명하려고 토마티는 필터와 앰프를 조합해 청각 장애 환자들의 청력 범위에 들어가는 소리를 재구성하려고 했다. 처음에 맡은 환자들은 오페라 가수였는데, 토마티는 오페라를 부를 때 지나친 발성 행위로 인한 스트레스와 매우 큰 성량으로 인해 중귀의 근육이 손상되었고, 이 근육의 손상으로 오페라 가수 자신이 내는 아주 큰 소리를 막아주는 보호 기능이 떨어진다고 지적했다.

토마티의 가설에는 실제 근거가 있다. 포유류(그리고 다른 몇몇 척추동물)는 고막과 이소골을 죄어 청각 손상을 일으킬지 모를 큰 소리를 감쇄시켜주는 반사궁이라는 부위가 있다. 하지만 이 기능은 제한적인데, 반사 작용이 일어나는 데 걸리는 시간이 너무 긴지라 폭발음처럼 매우 빠르게 들어오는 큰 소리를 막아주기 어렵기 때문이다. 게다가 대다수의 반사 작용과 마찬가지로 만성적인 노출을 겪으면 습관화된다. 즉, 시끄러운 소리에 만성적으로 노출되는 바람에 청력 상실을 방지하는 본래의 기능이 제대로 작동하지 않게 된다. 토마티의 이론은 "목소리는 귀가 들을 수 없는 것을 재생할 수 없다"는 것이어서, 그가 만든 초기의 전자식 귀 시스템은 환자의 귀가 더 이상 최적의 상태로 반응하지 못하는 범위의 소리를 들려주려고 했다. 이 기술이 성공했다고 여긴 토마티는 다른 임상 영역, 가령 우울증부터 자폐증까지 확장 시도하기도 했다. 환자들에게 모차르트의 교향곡과 그레고리안 성가를 포함해 매우 구조적인 박자와 특정한 음역을 지닌 음악을 환자에게 들려주었다. 음악의 이 두 유형은 음정과 박자의 특성이 매우 다르긴 하지만, 둘 다 많은 고조파 성분과 시간적 구조를 공유하고 있다. 토마티는 이러한 심리학적 및 정신분석학적 조건들을 다루는 데 큰 성공을 거두었다고 자신하면서, 이 연구들을 모아 『왜 모차르트인가?』라는 책을 썼다. 여기서 그는 왜 유독 모차르트의 음악이 귀를 훈련시켜 마음을 움직이는 데 유용한지 설명하려고 시도했다.

토마티는 (열네 권의 책과 수천 편의 논문을 써서) 음악의 힘이 다양한 심리 상태에 영향을 줄 수 있음을 적극적으로 알린 사람이긴 했지만, 연구에 통계적 엄밀성이 부족하다는 것이 큰 문제였다. 논문 대다수가 환자들의 수가 극히 제한적인 임상사례연구로서, 어떻게 그런 치료가 통했는지(또는 실패했는지)에 관한 기본 원리를 규명하기보다는 개별적인 성공 사례에 초점을 맞추었다. 사실, 적절하게 균형 잡힌 연구를 실시해 자세한 데이터를 제공하지 못했기 때문에 그의 연구는 의학적 성과와는 거리가 멀었다.

표준적이고 과학적인 기법들을 이용해 토마티의 결과들을 재현하려는 시도들은 대체로 미미한 효과만 내거나 아예 아무 효과도 내지 못했다. 이는 어느 정도 과학적 발전 때문이기도 했다. 달팽이관 내의 유모세포 기능을 재훈련시킨다는 그의 이론은 차츰 밀려났다. 최근 연구에 의하면 인간을 포함한 포유류는 유모세포를 재생할 수 없음이 밝혀졌기 때문이다. 일단 어떤 가청 영역을 상실하고 나면 영원히 회복되지 않는다. 하지만 다른 연구에 의하면 뇌는 손상을 입은 영역에 다른 주파수 대역을 마련한다. 이런 까닭에 정상적인 노화로 인해 고주파 청력을 상당 부분 잃은 사람들 중 일부는 종종 그 사실을 모른 채 사람들이 자기한테 소곤소곤 말한다고 확신한다. 동료 연구자인 랜스 메시(허구한 날 밤마다 고출력 스튜디오 모니터 스피커에 귀를 기울이고 있는 음향 전문가)는 이를 다음과 같이 간결하게 표현했다. "누군가가 내게 고주파 음을 실제로 연주해주기 전까지는 그런 음을 들을 수 있을 줄 알았다."

더군다나 토마티는 자신의 이른바 청각정신음운론(Audio-Psycho-Phonology. APP)이 정신분열증, 우울증, 난독증, 주의결핍장애 그리고 자폐증 등을 포함하는 매우 넓은 범위의 장애를 치료할 수 있다고 주장했다. 이 모든 병들이 청력 장애로 인해 생긴다는 그의 이론은 후속 연구에 의해 뒷받침되지 못했다. 이들 장애가 일부 정신질환의 바탕이 될지도 모르지만, 청력상실이 언제나 또는 일상적으로 이런 질환의 원인인 것은 아니다. 그럼에도 아직도 굉장히 성공적이라고 주장하는 많은 이들을 대상으로 한 통계 결과를 들면서 APP 및 뒤이어 나온 감각 통합 치료법을 실천하는 사람들이 꽤 많이 있다.

후속 연구에서 토마티의 치료법이 검증을 받지 못한데다 이후로 타당한 과학이론들이 나타나면서, 모차르트의 음악이 어쨌든 특별하다는 주장이 사라졌으리라고 여러분은 생각할 것이다. 그러나 1993년 프랜시스 라우셔, 고든 쇼 및 캐서린 키는 저명한 과학잡지 《네이처》에 "음악과 공간적 과제 수행"이라는 제목의 연구논문을 발표했다. 이 연구는 36명의 대학생들을 대상으로 두 대의 피아노를 위한 모차르트의 소나타 D장조, K448을 10분간 들려주었을 때와 이지 리스닝 곡이나 정적을 들려주었을 때, 스탠퍼드-비네 지능검사의 추상 및 공간 추론 부분의 실행 능력을 비교하여 조사했다. 이 연구 결과에 따르면 모차르트 음악을 들려주었을 때가 다른 경우에 비해 점수가 8점에서 9점이 높았다. 논문은 비교적 평범한 한 연구결과를 떠올리게 했다. 그러나 연구자들에 따르면 이 효과는 임시적이며, 한 작곡가의 곡 하나만 들었을 때의 반응이며 피험자들이 음악적 훈련을 받았느냐 받지 않았느냐에 따라 조정을 한 것은 아니라고 한다. 이 연구의 주된 주장은 매우 구조화된 비교적 복잡한 특정 유형의 음악을 듣고 난 후 표준적인 검사에서 공간 추론 능력의 점수가 달라진다는 것이었다.

만약 이 논문이 영향력이 낮은 다른 학술지에 실렸다면, 공간 추론 및 음악 지각—추종자들이 꽤 있고 음악과 인간의 상호작용 개념에 흥미로운 기여를 한 분야—의 맥락에서 어쩌다 인용될 문헌에 속하게 되었을 것이다. 하지만 《네이처》에 실렸기에 즉각 논란이 벌어졌다. 이 학술지의 다음 호에서 통계상의 문제점을 지적하는 반박이 실리면서 연구 결과에 의문점을 던졌다. 이후 몇 년 동안 그 연구를 지지하는 연구와 반박하는 연구들이 여럿 나왔다. 어떤 것은 실험자가 다른 지능검사를 사용하면 그 효과가 사라짐을 보여주었고, 또 다른 연구는 베토벤을 들려주면 공간 추론 능력에 유사한 실력 향상이 일어나지 않기에 모차르트만이 특별함을 보여주었다. 또 어떤 연구는 심지어 쥐도 모차르트 음악을 듣고 나면 미로 찾기 능력이 나아짐을 보임으로써 모차르트 효과가 쥐에게도 나타난다고 주장했다.

그리고 이 주제를 둘러싸고 과학과 대중문화가 충돌하면서 문제들이 불거지기 시작했다. '모차르트를 들으면 똑똑해진다'는 이 연구의 기본 개념에 대중언론이 주목했다. 〈뉴욕타임스〉는 모차르트를 들으면 똑똑해지므로 모차르트가 세계 최고의 작곡가라고 주장했다. 〈보스턴 글로브〉는 아이들에게 클래식 음악을 가르치면 지능검사에서 더 좋은 점수를 받는다는 한 연구(나도 아직 어디 있는지 찾아내지 못한 연구)를 인용했다. 이런 기사들은 당시에 출현한 웹사이트와 블로그를 통해 널리 퍼지면서 원래의 얌전한 연구 결과에서 점점 더 벗어났다. 급기야 모차르트 효과는 유명인사의 새로운 다이어트 비법과 마찬가지의 열기로 대중문화 속에 자리를 꿰찼다.

대중문화에서 이 효과를 받아들인 가장 두드러진 사례는 1998년에 있었다. 당시 조지아 주지사였던 젤 밀러는 주 예산 항목에 아이들을 더 똑똑하게 하기 위한 취지로 조지아 주에서 태어난 모든 아이들에게 클래식 음악 음반을 주자는 내용을 넣은 것이다. 이어 플로리다 주는 주 정부에서 자금지원을 하는 아동 돌봄 센터에서 클래식 음악을 연주하도록 하는 법안을 통과시켰다. 〈휴스턴 크로니클〉은 재소자들에게 모차르트 음악을 들려주도록 지시하는 한 법령을 보도했다.*

모차르트 효과는 황금알을 낳는 사업이 되었다. 아마존닷컴을 슬쩍 검색해보기만 해도 모차르트 효과를 이용해 (주로 아기를 대상으로) 지능 향상, 실행능력 향상, 집중력 증가 및 '마음 치료'를 약속하는 음반이 거의 250건이 나오고, 아울러 이 주제를 다룬 책이 약 900권이다. 하지만 이후에 나온 거의 모든 연구에 의하면, 그런 효과는 없으며 여러분이 즐거운 일, 가령 10분간의 침묵(첫 번째 검사에서 나온 통제 사항 중 하나)이나 스티븐 킹 소설의 한 구절을 듣기만 해도 얼마든지 그런 결과가 생긴다고 한다. 이런 식의 갈등은 편집자들과 음악 배급업자들의 경력 쌓기에 도움이 된다. 연구에서 출발해 마케팅 수단으로도 활용되는 이런 상황은 《영국사회심리학저널》에 실린 한 논문에도 드러났다. 논문 제목은 "모차르트 효과: 한 과학적 전설의 진화를 추적하기."

* 이후로 텍사스에서 탈옥이 늘어났다는 보도를 나는 단 한 건도 찾지 못했다. 이로써 모차르트 효과가 탈옥의 공간 계획에 그다지 기여하지 않음을 알 수 있다.

이런 일은 분야를 막론하고 과학자들에게 그리 유쾌한 일은 아니다. 결국 처음 연구를 내놓은 대표 저자는 자신들이 모차르트 음악을 들으면 지능이 향상된다고 주장하지 않았으며 그 효과는 특정한 시공간적 과제에 한해서만 일어난다는 성명을 발표했다. 마지막으로 그는 〈뉴욕타임스〉의 기사를 통해, 조지아 주지사가 아기를 위해 음반에 쓰자고 제안한 돈을 음악 교육에 쓰면 더 현명할 것이라고 언급했다. 하지만 내 경험으로 볼 때, 설명에서 '시공간적'이라는 용어를 쓰는 순간, 독자의 90퍼센트를 잃고 만다. 따라서 그 독자들은 표지에 웃는 아기 사진에다 '더 똑똑한', '더 행복한' 그리고 '창의적인'이란 문구가 적힌 CD를 사러갈 것이다.

음악 듣기가 과제 수행에 긍정적인 영향을 미칠 수 있다는 근거가 있기는 한 것일까? 과학 연구의 특성상, 대다수의 연구들은 맨 처음 연구에서 쓴 특정한 모차르트 음악을 계속 사용했다. 몇몇 흥미로운 연구에 따르면, 이 특정한 소나타를 듣는다고 해서 지능에 측정 가능한 효과가 실제로 생기는 것은 아니지만, 모차르트의 피아노 협주곡 23번은 뇌전증 환자의 뇌에 경련성 활동을 감소시킨다고 한다. (하지만 실제 증상을 감소시키느냐의 관점에서 볼 때, 이로운 효과가 있었다는 발표는 없다.)

그런데 여러 연구에 의하면, 시각적인 과제를 수행하면서 배경음으로 모차르트 음악을 들으면 감마대역(gamma band)에 신경 동기화가 증가된다고 한다. 감마대역은 EEG 연구에서 관찰된 25Hz에서부터 100Hz(주로 40Hz 부근)에서 나타나는 집합적인 신경 반응이다. 이 대역은 음악을 인식할 때뿐만 아니라 주의를 기울이는 과정에서도 활성화되며, 이른바 '결합 문제'—뇌 활동을 통합해 어떻게 의식이 생겨나는가라는 미지의 문제—와 연루되어 있는 영역이다. 말 그대로 뇌에는 음악(모차르트 음악 및 다른 음악)이나 개별적인 음악적 자극의 요소들에 반응하는 장소가 열두 곳인데, 이곳들은 또한 과제 해결과 관련된 행동에도 연루되어 있다. 기본적인 수준에서 보자면, 음정과 음악 처리는 (오른손잡이 기준으로) 우반구에서 일어나는 경향이 더 크다. 피질로 덮여 있는 이 반구는 공간과 감정을 처리하는 부위로 흔히 알려져 있다. 구체적으로 보자면, 일차청각피질의 배쪽(아래쪽) 돌출부가 음정과 지속 시간과 같은 소리의 구체적인 특징을 확인하는 데 관여한다.

한편 이 영역의 등쪽(위쪽) 돌출부는 시간에 따른 주파수 변화 정보를 전송하며 운동 시스템과도 연결되어 있기에, 그 시스템이 정확한 시간에 맞춰 일어나는 운동 행동—음악 연주, 춤 또는 일반적인 움직임—을 잘 인식하고 수행할 수 있도록 만든다. 이것은 음악 치료가 파킨슨병과 같은 운동 관련 장애에 효험이 있다는 관찰 결과를 뒷받침하는 원인일지 모른다. 그리고 음정 인식을 리듬 인식과 구별할 수 있음을 보여주는 임상 연구들도 존재하는 반면, 여러 신경영상 연구에서는 뇌의 측두엽의 청각 영역을 조사해도 음악 박자 인식을 담당하는 구체적인 장소를 일관되게 확인하지는 못했다. 많은 연구에서 드러난 바로, 음악 타이밍 인식에 관여하는 영역들은 또한 신체 움직임 행동과도 깊이 연관되어 있다. 이러한 영역들의 예로서, 가령 소뇌는 미세한 운동 조절을 담당하고, 기저핵은 자율적 학습 및 절차적 학습 모두에 중요한 역할을 하며, 보조 운동 영역은 운동 행동 계획에 관여한다.

이런 발견들이 있다고 해서, 모차르트가 자기 음악에 심어놓은 어떤 신경과학적 비밀을 알고 있었다는 뜻은 아니다. 많은 연구에서 모차르트 음악이 주로 이용된 까닭은 두 가지다. 첫째, 과학자들은 이전 연구에서 효과를 보인 자극 주위에 몰려드는 경향이 있다. (그런 효과가 있는 연구여야 과학자들이 기꺼이 인용한다.) 둘째, 모차르트 음악(그리고 바흐를 포함해 후기 바로크 시기부터 초기 고전주의 작곡가들의 음악)은 비교적 단순하게 반복되는 이중 악구와 세 도막 형식을 바탕으로 (현대음악에 비해) 단순한 음정 구조 및 비중첩 박자(이른바 '장기적 주기성')로 이루어져 있다. 게다가 아날로그 악기로 연주하도록 작곡되었다. 달리 말해, 인간 연주자가 감당할 수 있는 박자로 연주되는 곡이다. 따라서 모차르트 음악(그리고 비슷한 양식의 다른 작곡가들의 음악)은 공간 처리, 주의 집중, 운동 및 기타 과정들에 도움이 되는 서로 중첩적인 신경 구조들을 폭넓게 활성화시킬지 모른다.

요약하자면, 사람에 영향을 미칠지 모르는 것은 음악의 특정한 작곡가, 장르, 조성, 화음 또는 리듬이 아니다. 사실, 우리 뇌가 일상 행동을 하도록 이끄는 기본적인 리듬과 과정들은, 듣는 음악이든 연주하는 음악이든, 음악 속에 깃들어 있다. 음악과 뇌에 관한 신경과학 연구의 선구자인 로버트 자토르는 이렇게 말했다. "음악가와 과학자의 지속적인 상호작용이 중요할 것이다. 음악과 신경과학은 '서로를' 드러내주기 때문이다." 요즈음 음악 이해하기와 마음 이해하기의 쌍둥이 과정에 더 많은 기술과 이론이 도입되고 있다. 그리고 현재 설명할 수 있는 생물학적 측면들은 집중적으로 파헤치고 현재 설명할 수 없는 측면들에는 가설들이 속속 세워지면, 우리는 소리와 마음의 관계—마음이 소리에 의해 어떻게 형성되는지 그리고 때로는 어떻게 조작되는지—에 관한 일종의 '티핑 포인트'에 접근할 수 있다.

chapter SEVEN

소리가 만들어낸 또 하나의 세계

과학자로서 첫 발을 디딜 때 맨 먼저 생각해보아야 할 것은 여러분이 집중할 분야가 기초적인 연구냐 아니면 응용 연구냐 하는 점이다. 기초적인 연구를 하고자 하는 사람들은 퍼즐을 좋아하는 쪽이다. 구체적인 문제를 골라서 해결하고 싶어 하는 것이다. 응용 연구에 관심 있는 사람들은 자신들의 연구가 어떤 현실적인 문제를 해결하는 것을 보고 싶어 하는 편이다. 하지만 소리 인식과 같은 포괄적인 분야의 놀라운 점은 가장 모호한 측면조차도 결국에는 현실 문제에 응용될 수 있다는 것이다. 단지 여러분이 향상시키려는 것이 이 세계의 어떤 부분이냐의 문제일 뿐이다. 청력도와 임계대역의 정신물리학을 이용해 MP3 압축 알고리즘을 개발하든 아니면 누군가의 머리 주위 환경을 자세히 녹음하여 서라운드 사운드 시스템을 개발하든지 간에 말이다. 하지만 청각 과학에 쓰일 가장 강력한 연구 수단은 fMRI나 EEG가 아니라 우리의 귀와 뇌이다. 아울러 듣는 이들로부터 특정한 감정 반응이나 주의 집중 반응을 끌어내기 위해 청각 원리들을 우리 일상생활에 적용한 것도 아주 긴 역사가 있다.

감정 반응을 통제하는 소리

감정 반응을 통제하기 위해 가장 흔히 사용되는 대규모 형식으로 영화를 꼽을 수 있다. 학교에서 강제로 보았던 따분한 교육용 영화는 제쳐두고라도 거의 모든 영화, TV, 비디오게임 및 기타 멀티미디어는 시청자의 관심을 특정 방향으로 향하게 하고 감정 반응을 유도한다. 최초의 영화는 1880년경 에드워드 마이브리지에 의해 개발되었는데, 실험적인 사진사였던 에드워드는 동물과 인간의 운동을 분석한 선구적인 작업으로 가장 유명하다. 그리고 일반 관객에게 보여준 최초의 영화는 1893년에 발표되었다. 당시의 영화들은 소리가 전혀 나지 않았다. 영화 자료실에 가서 가장 초기의 무성영화를 찾아서 보면 밋밋한 느낌이 든다.*

소리가 아예 없으면 기본적인 흥미를 유발하지 못한다. 이런 이유

* 다음 인터넷 사이트에서 1891년부터 1898년까지 모아 놓은 에디슨 영화를 찾아보라. www.archive.org/details/EdisonMotionPicturesCollectionPartOne1891-1898.

로 극장들은 곧 생음악 반주를 도입하기 시작했는데, 작은 규모의 피아노 연주에서부터 큰 규모의 파이프 오르간 연주까지 가세했다. 일단 영화가 대단한 흥행 산업이 되자, 영화의 실황 사운드트랙으로 쓰일 곡을 새로 작곡하여 오케스트라가 종종 연주하게 되었다. 첫 사례는 D. W. 그리피스의 1915년도 영화 〈국가의 탄생〉을 위한 조셉 칼 브레일의 곡이었고, 단언하건대 가장 정점을 이룬 곡은 프리츠 랑의 1926년도 영화 〈메트로폴리스〉의 첫 상영에 연주된 고트프리트 후페르츠의 곡이었다.*

영화를 응용 신경과학 및 심리학으로 여기는 것이 이상할지 모르지만, 오늘날 '신경영화(neurocinema)'는 영화의 효과를 향상시키기 위해 사람들의 뇌가 영화에 어떻게 반응하는지를 조사하는 매우 인기 있는 수단이다. 샌디에이고의 한 단체가 실시한 방법인 마인드사인 뉴로마케팅(Mindsign Neuromarketing)에서는 사람들에게 영화의 짧은 구간을 보여준 다음 fMRI로 뇌의 혈류량을 조사했다. 주로 공포영화를 보여준 다음에 편도체에 초점을 맞추었다. 아주 근사한 방법이긴 하지만, 몇 가지 중요한 한계를 지니고 있다. 첫째, 매우 비싸다. 둘째, 연구자들이 영화가 상영되는 동안 여러 시점에서 데이터를 모으려면 피험자들이 아주 짧은 구간별로 보아야 하는데, 이는 영

* 이 영화에는 열 개의 곡이 연주되었다. 각각의 곡은 이야기 흐름에 따라 상이한 감정을 불러일으켰으며, 진행 내용에 딱 들어맞는 작품이었다.

화 감상의 흐름을 방해해 수집 데이터의 가치를 떨어뜨린다. 게다가 fMRI 스캔을 한 장 하는 데도 최소 2초가 걸리는데, 그 시간 동안 여러분 머릿속에는 수백 가지 사건이 일어난다. 따라서 데이터가 신경학적으로 엉성한데다, 영화 상영 중에 영화 팬의 얼굴 표정과 몸짓을 통해 얻는 것보다 더 정확한 데이터를 얻기도 어렵다.

영화나 비디오의 사운드트랙은 영화 음악(영화 내용에 맞는 정서를 불러일으키는 기본 음악)과 대화 및 배경음(영화 속의 주위 환경에 몰입하도록 유도하는 소리)으로 이루어진다. 영화 음악과 전체 사운드트랙은 둘 다 관객의 관심 유도와 흥미 유발에 큰 영향력을 발휘하며, 영화 제작자의 희망대로, 관객이 영화는 물론이고 그 영화를 볼 때 느꼈던 감정들을 기억하도록 만든다. 하지만 영화 음악과 사운드트랙은 다른 방법으로도 이런 목적을 달성한다.

좋은 영화의 음악은 내용 전개에 가장 알맞은 곡을 사용한다. 배우의 행동이나 영화 속 배경에 관해 구체적인 정보를 주는 것이 아니라 이야기에 맞는 기본적인 정서적 흐름을 제공한다. 가장 기본적인 기법 중 하나는 주제곡이나 주제가를 통해 그 영화 또는 영화 속 요소들을 '각인'시키는 것이다. 주제가는 내용에 적합하게 작곡된 곡을 반주로 삼아 영화의 시각적 장면 및 내러티브와 강한 정서적 연상을 일으킨다. 가령 영화 스타워즈에서 다스 베이더가 걸을 때마다 나왔던 〈제국 군대의 행진〉의 저음의 북소리와 살벌한 호른 소리를 생각해보라. 이 음악이 들리면 심상찮은 사태가 벌어진다는 뜻이다.

음악은 다량의 조종간, 조명 장치 및 전기충격 장치를 사용하지 않고도 강한 연상 작용을 일으킬 수 있는 수단이다. 제목을 분명히 기억할 수는 없더라도 여러분이 어렸을 때 본 공연에서 제일 먼저 기억에 남아 있는 것이 무엇인가? 대체로 주제곡이 제일 먼저 기억난다. 훌륭한 주제곡은 관객의 관심을 사로잡고 짧은 시간에 영화나 TV 속에 흠뻑 빠져들게 한다. 그것도, 관객의 제한적인 짧은 기억력을 감안해 대체로 일곱 개 이하의 음들로 말이다. 가령, 여러분이 1955년 이후부터 1975년 이전에 태어났다면 내가 1960년대의 텔레비전 연속극인 〈배트맨〉을 언급하면 여러분의 뇌에서는 "나나나나 나나나나 나나나나 나나나나 배트맨!"을 적절한 키(key)로 노래하기 시작할 것이다. 그리고 여러분이 클래식 음악의 애호가나 전문가가 아니라면, 이상한 검은 오벨리스크를 숭배하는 원숭이들의 영상과 함께 느리게 흘러나오는 다섯 음을 들을 때 여러분은 요한 스트라우스의 〈차라투스트라는 이렇게 말했다〉보다는 〈2001 스페이스 오디세이〉를 떠올릴 것이다. 그리고 더 세밀하게 들어가자면, 고전적인 서부영화 〈석양의 무법자〉의 주제곡을 이루는 서로 교대로 나타나는 두 음을 생각해보라. 엔니오 모리코네가 만든 이 영화 음악의 위대함은 일단 여러분이 이 3초짜리 곡을 들을 때 그 영화를 떠올리게 만든다는 것이다. 게다가 등장인물이 달라지면 악기들(플루트, 오카리나 그리고 사람 목소리)도 다르게 이용함으로써 관객이 영화 속 등장인물과 해당 음악을 연상시킬 수 있게 만든다. 그것도 실제 음정과는 별도로 단지 음색, 음의 미세한 구조를 이용해서 말이다. 아마도 주제가 사용의 궁극적인 형태는 〈스타워즈〉 시리즈에 나오는 존 윌리엄스의 음악이었다. 그는 첫 번째 영화(〈에피소드 IV: 새로운 희망〉)에서 최소한 여덟 개의 개별적인 주제가를 사용했고 전체 여섯 개 영화에 걸쳐 스물여섯 개의 개별적인 주제가를 사용했다.

이 모든 사례에서 주제곡이나 주제가의 기본적인 위력은 제한된 소리의 개수, 음정 배열의 상대적인 단순성, 표현의 일관성 그리고 적절한 반복구(가령 〈2001 스페이스 오디세이〉의 시작과 끝에서, 〈석양의 무법자〉와 〈스타워즈〉에서 카메라에 적절한 등장인물들이 등장할 때, 그리고 매주 같은 시간대에 같은 채널에서 넬슨 리들의 〈배트맨〉 주제곡이 나올 때 일종의 음향적 강조 수단으로서 사용된 반복구)에 바탕을 두고 있다.

효과적이고 유명한 주제가가 사용된 또 다른 사례는 1975년 영화 〈죠스〉였다. 단언하건대 그 제목을 보자마자 여러분은 낮은 심장박동 같은 소리가 차츰 반복되면서 커져가는 소리가 들리기 시작할 것이다. 뇌간 깊숙한 곳에서 여러분은 공상과는 거리가 먼 처절한 사건이 벌어질 것임을 '알아차렸다.' 존 윌리엄스가 작곡한 〈죠스〉 주제곡은 위대한 영화음악 가운데 상징적인 작품이며, 무엇보다도 튜바로 연주된다. 이 사실을 생각하면 살짝 어리둥절해진다. 튜바란 악기가 어떻게 여러분에게 던질 때 말고도 위협이 될 수 있을까?

직업적으로 튜바를 연주하는 친구가 한 명 있다. 그 친구가 아주 연주를 잘할 때 보면 마우스피스에 공기를 불어넣느라 얼굴이 새하

얗게 변해 있다. 5미터가 조금 넘는 긴 관과 밸브들로 이루어진 이 악기에 몸을 감싸인 채 연주하는 모습은 마치 나쁜 실내 공기 탓에 누군가가 천식 발작을 일으키고 있는 모습만큼이나 위협적이었다. 하지만 튜바가 적어도 군악대의 뿜빠뿜빠 위치로 밀려나지만 않는다면 감정 유발자로서 여러 가지 이점이 있다. 튜바는 매우 저음 악기로서, 일부 모델의 제일 아래 음역은 초저주파수 영역까지 내려간다.* 저음은 우리 귀에 소리가 더 크게 들린다. 이는 거의 모든 척추 동물에게서 통하는 생체역학적 및 진화론적 기본 원리들에 따른 현상이다.

큰 동물일수록 발성 기관과 폐가 더 커서 더 시끄럽고 더 낮은 음정의 소리를 낸다. 앞에서 언급했던 황소개구리 사례에서처럼 암컷의 짝 선택 측면에서 보자면, 더 큰 짝은 후손에게 물려줄 더 건강한 유전자를 가지고 있거나 그 동물이 사회적 동물이라면 자원 획득을 통한 생존 기술이 더 나을 가능성이 더 높다.* 아울러 짝 선택의 상황이 아니라면, 발성이 더 크고 음 높이가 더 낮은 동물은 자기 존재를 숨기려고 걱정하지 않아도 되는 동물이다. 사실, 큰 동물이 으르렁거리는 이유를 그 동물이 가만히 앉아서 먹잇감이 나오길 기다리지 않고 의도적으로 먹잇감 동물을 놀라게 만들어 먹잇감이 달

---

* 튜바 연주자인 내 친구의 주장에 따르면, 튜바는 장조 및 단조 음계(scale)를 연주하는 것이 아니라 리히터 스케일을 연주한다.
* 실험실에서 이를 가리켜 "배리 화이트 효과"(배리 화이트Barry White는 미국의 작곡가 겸 싱어송라이터로서 거구의 체격과 저음의 목소리로 유명하다_옮긴이)라고 한다.

아나 추격이 시작되게 만들기 위해서라고 설명하는 이론이 있다.

따라서 〈죠스〉의 시작 주제곡에 튜바를 사용한 것은 영화에서 음악 사용하기의 완벽한 예로서, 고도의 연상 작용과 더불어 기본적인 정신물리학 원리에 따른 것이다. 기본 구조는 느린 심장박동 패턴으로서, 심장이 마구 쿵쾅거리는 단계에 이를 때까지 점점 빨라진다.

중요한 생물학적 패턴을 닮은 청각 신호에 노출되면 이른바 '청각적 촉진'이 일어난다. 한 가지 사례를 들자면 몇 년 전 작은 갤러리 비슷한 공간에서 실시한 실험이 있다. 실험에서 나는 숨겨진 스피커를 통해서 (상승 시간과 하강 시간을 길게 하여 숨소리처럼 들리는) 분홍색잡음* 펄스를 나직하게 틀고서 방 안에 있는 모든 이들의 심장박동을 관찰했다. 이 단순한 환경 변화에 노출된 사람들의 80퍼센트는 일관되게 심장박동의 속도가 듣는 소리와 일치했다. 따라서 여러분이 호흡 내지 심장박동 유형의 패턴을 연주하는데, 처음에는 느리게 하다가 차츰 차츰 빠르게 하면, 듣는 이의 호흡이나 심장박동 또한 그 소리에 맞추어 빨라지기 시작한다는 것이다. 그러므로 처음에는 느리다가 차츰 빨라지는 30초 동안의 튜바 소리는 관객을 조마조마하게 만드는 완벽한 방법이다. 보이는 것이라고는 바닷물에 떠 있는 여자 한 명뿐일 때 도대체 앞으로 무슨 일이 벌어질까 궁금해 하

* 분홍색잡음(pink noise)은 각 옥타브에 에너지가 균일한 잡음 형태로서, 주파수가 올라갈수록 잡음이 적어진다. 이 잡음은 백색잡음(white noise)보다 더 자연스러운 소리인데, 모든 주파수에 걸쳐 평평한 전력 스펙트럼을 보인다.

면서 말이다. 요약하자면, 좋은 주제곡은 청각적 연상과 학습의 정신 물리학적 규칙을 잘 따르는 음악이다.

두 가지 감각으로 창조한 세계

물론 여러분이 매우 빡빡한 일정을 세워놓고서 많은 시간을 들여 구체적으로 여러 곡들을 작곡하지 않는 한, 현실 생활에는 음악 사운드트랙이 별로 없기 마련이다. 이 세계에서 여러분이 접하는 환경은 소리가 일상생활에 배경을 마련해주는 정도이다. 이를테면 공간의 크기에 관한 단서를 소리의 울림을 통해 알아낸다든가, 바람소리가 거세지는 것을 통해 날씨가 변하고 있음을 알게 된다든가, 교통 소음을 통해 다음 목적지로 가려면 피해야 할 장소에 관한 정보를 얻는다든가. 따라서 현실에서는 언덕에서 누군가가 불쑥 나타나 슬픈 트롬본 소리를 연주하는 바람에 여러분이 먹고 있던 아이스크림을 떨어뜨리는 그런 상황은 좀체 없다. 서라운드 입체음향과 고출력 저음 스피커에서부터 3D 시각 기술에 이르기까지 영화의 몰입도를 높이기 위한 온갖 노력에 수억 달러의 돈이 쓰이긴 하지만, 영화 감상이나 TV 시청은 여전히 제한적인 감각 경험일 뿐이다.*

* 나는 존 워터의 '스멜-오-비전Smell-O-Vision'(영화의 특정 장면에 맞는 냄새를 방출하는 시스템_옮긴이)을 의도적으로 다루지 않았다. 여러분도 그렇게 하기를 제안한다.

감독은 여러분의 다섯 감각 중 단 두 가지를 이용해 하나의 완전한 세계를 창조하려고 한다. 이때 사용하는 기술은 수없이 많은데, 가령 화면의 모서리에서 운동을 왜곡하는 것이다. 이렇게 하면 여러분의 주변시야가 전정계를 속여서 여러분이 급강하하는 전투기 안에 있는 느낌이 든다. 하지만 그래도 사막의 먼지 냄새를 맡을 수도 주연배우가 홀짝이는 마르티니를 맛볼 수도 화면 속에 있는 개의 털을 만질 수도 없다. 우리가 홀로데크(holodeck, 홀로그램으로 만든 가상의 무대_옮긴이)를 짓지 않는 한, 영화는 여러분의 감각에 국한된다. 따라서 잘 작곡된 음악을 그럴싸한 구성을 통해 기술적으로 영화와 어우러지게 만든 배경음향은 관객의 공간적 및 정서적 반응을 향상시켜서 놀라운 긴장감을 조성하는 데 매우 중요하다.

여기서 핵심은 음향효과를 사용하는 것이다. 음향효과라고 하면 사람들은 으레 잭 폴리의 작품을 떠올린다. 잭 폴리는 영화 속 행동과 동기를 이루는 기계적인 아날로그 음향효과를 1939년에 개발했다. 하지만 음향효과 분야의 가장 중요한 최초의 결정적인 작품은 폴리가 등장하기 여러 해 전, 그러니까 1931년에 BBC의 프로그램 소개 잡지인 《라디오 타임스》의 연보에서 발표되었다. 이 기사는 라디오 드라마에서 음향효과를 적절하게 사용하는 방법을 설명했는데, 80년 전에 쓰인 것인데도 음향효과의 상이한 범주들—사실적인 사건 관련 음향에서부터 감정을 유발하는 음향에 이르기까지 온갖 유형들—을 놀랍도록 과학적인 방식으로 정의했다. 여기서 소개한 기법들은 영국과 미국에서 다양한 형태로 널리 채택되었으며 오늘날까지도 쓰이고 있다.

그렇다고 이런 가이드라인이 라디오 방송계의 창조적인 인물들한테서만 나온 것은 아니다. 라디오 극장—1950년대 텔레비전의 출현 이전에 가정을 파고든 상업적으로 중요한 미디어 형태—의 광범위한 도입 직전의 시기에 음향심리학 분야에서 중요한 과학 발견이 봇물처럼 터져 나왔다.

1920년대와 1930년대는 소리의 과학과 공학에서 중요한 격변의 시기였다. 이 시기에는 집집마다 라디오가 보급될 수 있게 해준 기반 시설이 갖춰졌을 뿐 아니라, 소리 인식의 정신물리학적 바탕이 이해된 덕분에 사람들이 제한적인 주파수 대역의 소형 모노 스피커로도 라디오로 전해지는 이야기의 전반적인 상황을 상상할 수 있게 되었다. 이 기간 동안 게오르크 폰 베케시가 공간 내의 소리 전파 및 소리가 어떻게 주위 환경과 사람의 귀에서 왜곡되는지를 다룬 주요한 연구 성과를 발표하였다. 스테레오 녹음의 아버지인 하비 플레처는 말(언어) 이해에 관한 기본적인 실험들을 다수 실시했다. 그는 소리의 세기 인식과 소음 거부가 이루어지는 기본 메커니즘을 조사했는데, 이 연구는 임계대역 이론으로 이어졌다. 또한 벨 연구소의 세 과학자—베른 크누드센, 플로이드 왓슨 및 월리스 워터폴—는 다른 마흔 명의 물리학자와 음향심리학자들을 모아서 미국음향학협회를 설립했다.

1920년대부터 1940년대까지는 우리가 어떻게 소리를 지각하는지를 속속들이 밝혀낸 전성기였다. 이 시기의 가장 뚜렷한 업적은 과학 논문이 쏟아져 나왔다는 것이 아니라 대중매체에서 소리를 실제로 이용하여 다양한 효과들을 얻어냈다는 것이다.

영화를 보다 보면 나를 사로잡는 순간들이 종종 있다. 나의 주의를 끌거나, 내게 특정한 느낌을 주거나 또 어떤 경우에는 의자에서 펄쩍 뛰어오르게 만드는 그런 순간들이다. 대체로 나는 잠깐만 봐도 영화 속의 소리에 아주 매력적이거나 이상한 요소가 있음을 알아낸다.* 적절하게 설계된 사운드트랙은 영화 음악, 대화 및 음향효과를 결합하여 공간적 인식의 정신물리학적 요소들을 잘 엮어내야 한다. 또한 시각적 사건과 청각적 사건을 시간적으로 적절히 배치해 여러 감각이 통합적으로 관여하는 흥미를 유발해야 하며, 내용 진행을 자연스럽게 이끄는 대화가 포함되어야 하며, 관객의 마음을 움직이는 음악과 음향이 사용되어야 한다. 그렇지 못할 경우 관객한테 즉각 정신물리학적 불만이 일어난다. 가령, 난데없이 주제곡이 크게 들리면 여러분은 놀라서 이야기 흐름을 놓치며 이렇게 수군댄다. "도대체 이게 뭐야?" 영화음악 작곡가인 내 친구는 그 점을 이렇게 명확하게 말했다. "최상의 사운드트랙은 관객이 사운드트랙이 있는지도 모르

* 특별히 멋진 음향효과가 나오면 비디오를 멈추고서 사운드 캡처 프로그램으로 효과음을 녹음한 다음 스펙트럼, 박자 및 위상을 분석하는 내 성향 때문에 친구들은 나와 함께 비디오를 보는 걸 달가워하지 않는다. 나와 똑같은 성향을 지닌 사람들만이 예외다.

는 것이다." 사운드트랙의 관건은 관객한테 어떤 느낌을 주고 싶은가 하는 점이다.

한 가지 쉬운 방법은 관객에게 원초적인 감정 반응을 유도하는 것이다. 요즘 나오는 대다수의 액션 영화를 생각해보라. 폭발, 자동차 추격, 총 쏘기 및 트럭으로 변하는 로봇이 난무하는 영화들 말이다. 이런 영화들의 사운드트랙은 갑작스럽고 매우 시끄러운 소리, 급박한 템포, 고출력의 저음과 불협화음이 동반된 시끄러운 음악이 거의 쉴 새 없이 이어진다. 간단히 말하자면, 소리를 이용해 관객들이 영화 장면에만 몰입해서 놀람과 두려움 그리고 흥분 사이를 오가게 만드는 것이다. 정신물리학적 수준에서 보자면, 이것은 청각적 반응성의 가장 손쉬운 결과이다. 뇌간과 두려움/각성 시스템의 요소들 사이에 정보를 무작정 오가게 만들어서, 여러분의 교감신경계가 싸움, 도망 또는 섹스에 만반의 준비를 갖추도록 한다. 하지만 이런 반응을 영화가 상영되는 두 시간 내내 유지하는 방법은 사운드트랙을 더 시끄럽게 그리고 불협화음이 더 심하도록 만드는 것뿐이어서, 영화가 끝나면 신경이 단단히 곤두서는 바람에 결국 유모세포를 적잖이 잃고 만다는 데 문제가 있다.*

한편으로 침묵도 사용된다. 내게 늘 감탄을 자아내게 하는 영화

* 요즘 영화를 대상으로 실시된 여러 연구에 의하면, 대다수의 주요 극장에서 소리의 세기는 관객이 그 다음 영화를 이어서 볼 수 있을 적정한 수치를 훌쩍 넘어선다.

들 중 하나는 스탠리 큐브릭의 〈2001 스페이스 오디세이〉다. 내가 보기에 이 영화의 음향은 모든 면에서 기념비적이다. 동작과 움직임을 강조하기 위한 고전 음악의 사용에서부터 긴장과 묵상의 시간 동안 리게티의 〈레퀴엠〉의 정해진 박자 없이 흘러나오는 분위기 조성 음악에 이르기까지 죄다 그렇다. 개중에서 가장 흥미로운 것은 이 영화가 소리의 '결핍'을 사용하는 방식이다. 단지 영화의 시작과 끝에 대화가 나오지 않는다든가 임의의 시점에서 음악과 대화의 겹침이 없다는 것만이 아니라, 우주 공간 장면에서 침묵이 그야말로 절묘하게 사용되었다. 변심한 컴퓨터 핼(HAL)이 우주 공간으로 빠져나간 프랭크 폴을 공격하기 위해 원격조종으로 추격선을 가동시켜 보내는 장면에서는 아무것도 없다. 소리도 음악도 없다.

우주 시대의 서막에 태어난 사람답게 나는 혼란을 겪으며 자랐다.* 우주비행사를 꿈꾸던 어린 시절 내내 나는 우주에는 아무 소리가 없다는 사실을 잘 알고 있었다. 하지만 1960년대와 70년대 토요일 오후마다 방영되는 공상과학 영화들에는 늘 우주선이 슈웅 소리를 내며 발진했고 우주 괴물을 죽이기 위해 무기를 발사할 때마다 폭발음이 들렸다. (솔직히 고백하자면 〈스타워즈〉의 TIE 전투기가 날아가면서 코끼리 울음 같은 소리를 낼 때마다 가슴이 두근거렸다.) 아마도 이런 갈등을 가장 잘 설명한 것은 〈스타트렉〉 시리즈의 원작자 진 로든베

* 유리 가가린의 첫 우주 비행 열한 달 전에 태어난 나는 '베이비 부머(baby boomer)'란 말을 싫어한다.

리의 인터뷰일 것이다. 과학 지식에 밝은 사람답게 로든베리는 엔터프라이즈호가 영화 시작 장면에서 사람들을 스쳐 날아갈 때 소리를 내지 않음을 잘 '알고 있었다.' 하지만 음향 팀에게 슉 소리를 넣어달라고 부탁했다. 그렇게 하지 않으면 너무 밋밋한 느낌이 될 것이라고 여겼기 때문이다. 정신물리학적 관점에서 보았을 때 그가 옳았다. 우리는 역동적인 사건이 소리와 연관된다고 예상하게끔 진화했기 때문이다. (발자국 소리를 내는 발이 없거나 도로 소음을 내는 바퀴가 없이) 고속으로 우리 곁을 지나가는 큰 물체는 진행하는 방향으로 다량의 공기를 밀쳐내므로 잡음성 대역을 생성하는데, 도플러 효과로 인해 관찰자에게 다가올 때는 중심 주파수가 높아지고 멀어질 때는 낮아진다. 소리의 부재는 우리에게 이상한 느낌이 들게 하고, 침묵이 지속되면 신경계에서 청각적 민감도가 높아지기 때문에 소리가 나길 절실히 기다리게 된다. 바로 그런 까닭에 나는 〈2001 스페이스 오디세이〉를 보는 순간이 그토록 특별했던 것이다. 소리가 없어지자 관객은 마치 자신이 실제로 우주에 있는 느낌이 든다. 큐브릭은 관객을 일상적인 환경에서 벗어나게 해 소리 없는 진공의 세계 속으로 데려다 놓는다. 이와 더불어 침묵이 조성하는 온갖 긴장과 각성도 함께 뒤따른다.

고(高)예산 영화야 그럴싸한 음향 시스템을 갖춘 극장에서 보통 상영되지만, 만약 여러분이 일반 가정의 음향 시스템과 환경을 이용한다면 어떻게 될까? 작은 화면용 음향 설계는 영화와는 다르다. 영화에서는 긴장감을 더하고 싶으면 분위기 조성 음악이나 40Hz로 웅웅거리는 엔진 소리를 투입하여 극장을 뒤흔들면 된다. 그러면 관객의 신경 곤두서기 메커니즘이 작동한다. 그러나 집에 아주 훌륭한 홈시어터(1990년대 이전까지는 적절한 소비자 가격으로 제공되지 않았던 시스템)를 갖추고 있지 않는 사람한테는 그런 음향 효과를 기대할 수 없다. 작은 화면용 음향 설계는 약간의 장치만 있으면 가능하다. 대다수의 흔한 홈시어터 시스템은 중간 규모의 기술과 중간 정도의 음질을 사용하면 되기 때문이다.

다행히도 오늘날에는 저렴한 시스템이라도 스테레오는 기본이며 인간의 가청 범위에 적합한 정도를 훨씬 뛰어넘는 음질을 자랑한다. 따라서 몇 가지 정신물리학적인 기법을 사용하면 가정용 TV를 통해서도 아주 대단한 효과를 얻을 수 있다. 가령, 내가 좋아하는 효과 중 하나는 1990년대의 TV 프로그램인 〈X 파일〉에 있었다. 이 프로그램은 큰 성공을 거두었는데, 아홉 시즌에 걸쳐 방영되었고 두 편의 영화로도 만들어졌다. 내가 그 프로그램을 좋아한 까닭은 연기라든가 독창성 때문이 아니었다. 대다수 내용은 1960년대의 〈환상특급(The Twilight Zone)〉이나 1970년대의 〈나이트 스토커(Kolchak: The Night Stalker)〉와 같은 이전의 미스터리·음모론을 추종한다고 해도 과언이 아니다. 내가 (그리고 나랑 이야기를 나누었던 많은 사람들이) 〈X 파일〉을 좋아했던 까닭은 분위기가 정말로 으스스하고 감정을 크게 자극하기 때문인데, 이는 작곡가 마크 스노우, 음향 편집자 티에리 J. 쿠투리어 그리고 음향 설계자인 데이비드 J. 웨스트의 노력 덕분이었다.

〈X 파일〉은 전형적인 음향 기법들—저음의 현악기 소리, 갑작스러운 정적, 시끄러운 환경에서 말하는 등장인물 등—을 많이 사용했다. 그중에서도 특히 눈에 띄었던 것은 폭스 멀더가 실험실에서 임산부 환자가 될 파트너에게 말하는 특정한 장면이었다. 어떤 이유에선지 그 장면이 매우 긴장감이 감돌았다. 장면을 반복해서 보고 헤드폰으로도 소리를 들어보다가, 급기야 배경 음향도 분석해보고 소리를 녹음한 다음에 대화를 제거하여 왜 그 뻔한 장면이 그토록 으스스할 수 있는지 파헤쳐 보았다. 배경 음향을 연속적인 조각으로 나누어 보았더니, 내가 에어컨 소음이라고 여겼던 것은 사실 화난 말벌 떼 소리와 뒤섞인 잡음이었다. 말벌 소리는 해석이 필요치 않는 소리 가운데 하나다. 곧바로 뇌로 들어와, 그곳이 평온하게 머물기 좋은 장소가 아님을 마음 깊숙이 알게 해준다. 공포를 일으키는 원초적인 소리인 말벌 소리를 추출해서 배경 음향에 깔아놓으면서도 여전히 관객이 말벌 소리인지 알 수 있게 함으로써, 음향 설계자는 그 장면이 시각적 효과나 상황 설정으로 인한 것보다 훨씬 더 큰 긴장감과 두려움을 불러일으키게 조작할 수 있었다.

텔레비전의 웃음 트랙

라디오와 텔레비전에서 시청자를 조종하는 다른 방법으로는 웃음 트랙이 있다. 아주 간단한 방법이다. 웃길 것 같은 순간에 '방송 프로 참가자들'이 웃으면(종종 미리 녹음된 테이프를 튼다), 여러분도 따라 웃게 된다. 웃음 트랙은 1948년 〈필코 라디오 타임〉 프로에서 처음 등장했다. 어느 날 녹화 방송에서 한 코미디언이 아주 재미있는 입담을 과시했지만, 조금은 저속한 농담이어서 실제로 방영되지 못했다. 하지만 당시 관객이 터뜨린 웃음을 테이프에 녹음해두었다가 나중에 다른 프로에서 재사용했던 것이다. 텔레비전에서는 1950년대 CBS의 음향 엔지니어 찰스 더글러스가 생방송 참여 관객의 웃음소리를 변형하려고 미리 녹음된 웃음소리를 사용했다. 무슨 말이냐면, 관객의 웃음소리가 그리 크지 않으면 녹음된 웃음소리를 보태고, 관객의 웃음소리가 충분히 오래 지속되면 녹음된 웃음소리를 끄는 식이었다. 1960년대가 되자 대다수 방송에서는 생방송 참여 관객 없이 미리 녹음된 웃음소리만 쓰였다. 억지로 짜낸 웃음소리는 꽤 성가신 기본 음향으로 자리 잡아서 1990년대가 되기 전까지 줄곧 쓰였다. 이후로는 아주 드물게만 이용되었다.

그리 생산적인 것은 아니지만 이런 강력한 음향 생성 도구는 심리학에 바탕을 두었다. 웃음 트랙은 사회적 청각 촉진의 산물이다. 웃음은 사회적 신호이고, 종종 스트레스를 줄이는 방법으로서 터뜨린다. (대다수 코미디의 기본적인 설정은 누군가에게 불쾌한 일이 생기는 상황이다.) 여러 연구에 의하면, 음향적으로 복잡한 웃음 신호로 전달되는 기본적인 상태는 네 가지라고 한다. 각성, 우월성, 발신자의 감정 상태, 청취자가 어떻게 느낄지(이른바 '수신자-지향적 유의성')에 관한 발신자의 예상이다. 웃음의 어떤 측면들은 말할 때 운율로 감정을 유발하기와 비슷하다. 비언어적 기반의 의사소통 채널인 셈이다.

웃음을 지각하는 일은 대체로 청각 중추와 변연계에서 처리되는데, 각 영역마다 웃음 처리 방식이 다르다. 가령, 간지럼으로 인해 생기는 웃음은 사회적 '놀이'를 담당하는 영역인 오른쪽 상측두이랑(STG)에서 처리된다. 감정 반응으로 인한 웃음은 감정과 관련된 사회적 신호처리를 담당하는 앞쪽 부리 내측전두엽피질(arMFC)에서 처리된다. 하지만 신경영상 연구에 의하면, 웃음의 지각과 웃음 행동 자체는 둘 다 복내측 전전두엽피질로 하여금 뇌에서 만드는 강력한 진통제인 엔도르핀을 방출하게 만든다. 사실, 많은 연구에서 밝힌 바로는 웃음은 통증 문턱값을 실제로 높일 수 있다. 또 한 가지 흥미로운 가능성은 엔도르핀의 동기화된 방출이 사회적 결속을 높이는 역할을 할 수 있다는 것이다. 따라서 웃음 트랙은 원래 한 코미디언이 야밤에 저속한 농담을 한 일에서 비롯되었지만, 소리를 통해 사회적 결속을 높이는 기능이 있는 까닭에 관객의 감정 반응을 조작하는 업계 표준이 될 수 있었다.

관객의 몰입도 향상 및 감정 조작을 위해 소리를 사용하는 또 다른 매체 형태가 존재한다. 이 매체는 최근에야 이전에 라디오나 TV 그리고 영화가 받았던 관심을 얻었다. 여러 사례에서 이 매체는 지극히 짧고 단순한 소리를 이용하여 거의 모든 청취자들에게서 재빠른 감정 반응을 유도해낸다. 하지만 이 매체는 연구되지도 사용되지도 않고 있는데, 아마도 그 매체가 비디오 게임이기 때문인 듯하다. 단순한 비디오 게임을 한번 해보라. 특히 가정용 컴퓨터 게임 시대의 여명기에 나온 게임들이 더 좋다. 이 게임들은 소리가 8비트의 뚜뚜삐삐 소리에 국한되어 있으며 매우 단순한 음 구조로 되어 있다. 팩맨이 좋은 예다. 높아지는 3성부의 화음은 승리를 뜻하는 반면에, 내려가는 아르페지오는 안타깝게도 게임이 끝났다는 뜻이다. 큐버트에서 나는 소리처럼 시끄럽게 떠들썩한 소리는 좌절을 뜻한다. 이런 소리들은 당시의 기술적 제약으로 인해 최대한 단순했지만, 여러분이 게임에 계속 빠져들도록 흥미가 샘솟게 만들었다.*

그러나 컴퓨터 성능이 엄청나게 향상되고 부품 가격이 저렴해지면서, 비디오 게임의 음향을 설계하는 일은 감각적 몰입이라는 분야를 탐구하는 선봉이 되었다.* 오늘날의 비디오 게임은 훨씬 더 강력한 감정 조작의 보루가 되었는데, 더 강력해진 기반 기술과 어울리는 더 미묘한 기법들과 사운드 프로그래밍을 사용한 결과다. 기억하기로

* 제발 부탁하는데, 코맨도64 게임의 음향 칩이 정말 대단했다는 내용의 이메일을 내게 보내지 말아 달라. 내가 얼마나 나이가 들었는지 상기하고 싶지는 않다.
* 하지만 다른 여러 게임들과 마찬가지로 나는 게임을 할 때 소리를 끄는 편이다. 소리는 시뮬레이션 환경이 더 현실적으로 느껴지게 하기보다 게임을 하는 데 방해가 되는 편인 것 같다.

1990년대 후반 빠져 지내던 퀘이크 2의 사운드는 정말 나의 혼을 빼놓았다. 시체 주변을 맴도는 파리 떼 소리, 나직하게 들리는 고문당하는 군인들의 소리 등이 계속 반복되었다. 하지만 나에게 가장 큰 곤경을 일으킨 단순한 음향 효과는 한 스트로그(나쁜 외계인)의 발이 내는 단순한 두드림 소리였다. 내가 녀석의 위치에 접근할 때 단순하고 낮은 탑탑탑탑탑 소리가 계속 반복되었다. 녀석이 근처에 있음을 경고하는 유일한 신호였다. 논문을 써야 하는 와중에도 게임에 빠져 한밤중에 꼬박 여덟 시간을 보내고 나서, 다음날 출근하러 운전을 해야 했다. 차를 몰고 있는데 갑자기 탑탑탑탑탑 소리가 들리면서 내가 급브레이크를 밟고 있지 않은가! 하마터면 바퀴 열여덟 개짜리 디젤 트럭을 들이박을 뻔한 순간이었는데, 그 트럭의 배기구 덮개가 비디오 게임 속 괴물과 똑같은 패턴으로 펄럭이고 있었다. 그때 화들짝 놀란 후 내쉰 안도의 한숨이 자동차 사고로 죽지 않았기 때문인지 아니면 로드아일랜드 주의 피스데일 한복판에서 내가 스트로그에게 난자당해 죽지 않았기 때문인지 나로선 지금도 긴가민가하다.*

이런 온갖 유형의 매체들—라디오, 영화, TV, 비디오 게임—은 소리를 이용해 하나의 세계를 창조한다는 발상에 바탕을 두고 있다. 이로써 관객들은 자기들의 귀를 이용해 화면 너머에 또 하나의 세계를 창조하여 상상력을 넓힌다. 창작자들은 관객이 기꺼이 돈을 지불

* 포탈(Portal)이란 게임에 터릿(turret)이라는 로봇이 나오는데, 이 로봇 이야기도 다시 떠올리기 싫다.

할 만큼 멋진 경험을 선사하기를 희망한다.

징글, 귀벌레

소리는 정서적인 (작은)미시세계를 창조하는 데도 사용된다. 이는 여러분이 지니고 다닐 수 있는 것인데, 창작자들은 여러분들이 돈을 지불하고서 그런 경험을 할 수 있기를 바란다. 이 미시세계는 징글(jingle. 딸랑딸랑거리는 소리 또는 듣기 좋게 반복되는 상업용 벨 소리나 시엠송 구절 등을 가리킨다_옮긴이)이라고 불린다.

내 친구 랜스는 잡지 《맥심(Maxim)》이 선정한 세상에서 가장 성가신 인물이다. 만약 여러분이 이 친구를 안다면, 꽤 의아해 할 것이다. 랜스는 아주 상냥하고 성실하며 유쾌한 인물이며, 소리로 사람들의 주의를 끌 새롭고 독특한 방법을 궁리하는 데 여가시간의 대부분을 쓰는 사람이기 때문이다. 그러나 숫자는 거짓말을 하지 않는다. 알다시피, 랜스는 T모바일 벨소리를 만든 사람이다. 이 벨소리는 미국에서만 3천만 명 이상의 사람들이 기본 벨소리로 쓰고 있는데, 다섯 개의 음으로 된 이 소리가 울리면 저녁식사가 잠시 중단되고, 일 마칠 시간이 지났음을 우리에게 알려준다. 없어서는 안 되지만 성가시기 그지없는 전화 벨소리인 것이다. 이 다섯 음은 여러분의 머리를 잠시도 떠나지 않는다. 여러분이 어디를 걷든 들리는 소리며, 심지어 지금 여러분이 벨소리로 어떤 것을 다운로드할 때도 이 소리를 듣는다. 《맥심》은 이 소리를 가리켜 "인류에게 가해진 청각적 재앙"이라고 불렀다. 랜스의 말은 이렇다. "그건 그냥 징글일 뿐입니다."*

아마도 그 둘 사이에 그리 큰 차이가 있는 것이 아닐지도 모른다. 그리고 그게 모두 랜스의 잘못만도 아니다. 일부 잘못은 여러분 뇌에 있다.

신경과학자인 나는 거머리에 항상 관심이 많은데, 징글 역시 거머리만큼이나 매혹적이다. 징글은 일종의 응용 음악의 축소판인데, 이는 거머리의 신경계가 인간 뇌의 기능적 축소판인 것과 마찬가지다. 징글은 세상에 존재하는 가장 단순한 음악 형태로서 온갖 노래, 협주곡 등과 동일한 특징을 갖는다. 특정한 박자를 따르는 여러 음정들로 구성되어, 여러분의 기억 속으로 흘러 들어와서 감정 반응을 일으킨다. 그것도 고작 몇 초 만에.

알다시피 징글은 상품이나 명칭과 결부되어 귀에 쏙 들어오는 짧은 곡이다. 며칠 동안 쉴 새 없이 머리를 떠나지 않는 소리로, 관련 상품의 광고가 오래전에 없어졌거나 적어도 예전 방식으로 선전하지 않는데도 오랜 세월 후에도 머릿속에서 꺼낼 수 있는 소리이다.* 정의를 조금만 더 넓히면, 징글은 아주 오랜 시간 동안 우리와 함께해왔음을 알 수 있다. 징글의 역사를 연구하려고 처음 시도했을 때 나는

---

* 요즘의 어법으로 말하자면 그것은 음향 로고이다. 오늘날 징글은 단지 소리만이 아니라 말과 결부된다.
* 1960년대의 담배 광고를 내가 아직도 전부 기억할 수 있는 걸 보면, 라디오 광고에 수백만 달러의 돈을 쏟아 부은 전략은 적어도 브랜드 인지도의 관점에서 볼 때 아주 잘한 일이었다.

일종의 장애물과 맞닥뜨렸다. 내가 찾은 온라인 자료는 전부 1926년 위티스 사의 징글이 방송(물론, 라디오)에 이용된 최초의 징글이라고 말해주는 듯하다. 그 자료들은 전부 쉽게 풀어쓴 글이거나 대부분 위키피디아에 나오는 징글에 관한 내용을 그대로 베낀 것인 듯했다. 징글에 대한 다른 유형의 글이라고는 라디오 방송국 명칭인 것 같았다. 자료들은 어김없이 징글을 동일한 방식으로 설명했다. 즉, 광고에 쓰이는 짧은 음악이자 음향 브랜딩의 한 형태라는 것이다. 하지만 사실 징글은 단지 여러분에게 무언가를 팔기 위한 수단이 아니다. 대신, 한 대상을 감정과 결부시키는 것이며 그 대상을 여러분 자신도 의식하지 못한 채로 장기적인 기억에 심어 넣는 것이다.

성공적인 징글은 기본적인 심리학적 및 신경학적 원리를 이용한 광고 수단이다. 사실, 광고는 이런 원리들이 활약하기 훨씬 이전에 출현했다.* 폼페이에 있는 고대 벽화에는 파는 물건들이 묘사되어 있고, 중세 장인들은 거대한 상표 같은 조각물을 세웠는데, 여기에는 말굽 박는 법, 말의 피를 빼는 법, 말고기를 만드는 법이 묘사되어 있다. 인쇄 광고는 1700년대에 최초의 신문에서 등장했는데, 여기에선 다양한 글꼴의 큰 글자를 이용해 사람들의 이목을 끌었다. 심지어 20세기에도 사람들은 시엠송을 입에 달고 산다. 광고업자들이 fMRI 기계를 다룰 줄 아는 신경학적 마케팅 연구자들을 고용하는

* 그리고 인간의 전유물도 아니다. 개구리도 광고를 한다는 사실을 기억하시기 바란다.

시대에 말이다. 그런 까닭은 약 80년 넘게 소리를 광고에 이용할 수 있었기 때문이다. 광고인들은 그런 일을 하는 데 필요한 기본적인 규칙들에 통달했던 것이다.

징글의 성공 요건은 다음 다섯 가지다. ① 여러분의 단기 기억에 쏙 들어올 만큼 짧아야 한다. 네 개에서 일곱 개 사이의 음들 또는 기타 요소들만 사용해야 한다는 뜻이다. ② 박자가 다른 감각 시스템 및 운동 시스템이 소리와 연관될 수 있는 것이어야 한다. (즉, 징글을 듣고 흥얼거리거나 손을 두드릴 수 있어야 한다.) ③ 주변에 들리는 다른 소리와 구별될 정도로 달라서 그 소리인지 확인할 수 있어야 한다. ④ 구체적인 물건이건 브랜드건 어떤 '실체'와의 관련성이 드러나야 한다. ⑤ 이 모든 점들을 이용해 감정 반응을 일으킬 수 있어야 한다.

요약하면, 성공적인 징글에는 주파수 구별, 박자 확인 및 통합, 다중감각 통합, 연상 및 뇌의 감정 처리 영역과의 연결 등이 필요하다. 이런 요소들이 전부 청각 처리와 인식에 필요한 것들이다. 물론 이것만으로는 부족하다. 한번 징글 듣기는 별로 효과가 없다. 따라서 자주 반복적으로 들어서 단기 기억을 넘어 장기 기억에 심어져야 한다. 그렇다고 너무 자주 듣게 되면 여러분의 뇌는 징글을 소음으로 여기게 된다. 즉, 여러분은 그걸 자동적으로 인식하고 아울러 아주 성가신 것으로 여기기 시작한다는 말이다. 한편 징글은 상품을 인지적으로 연상할 수 있도록 해당 상품과 긴밀히 연관되어 제시되어야 한다.

그리고 정서적 맥락을 제공해야 하여, 여러분이 징글을 통해 그 상품을 떠올릴 때 감정이 따라서 생겨날 수 있어야 한다.

짧게 말해, 이상적인 징글은 귀벌레(earworm) 즉, 우리 머리에 박혀서 떠나지 않는 곡이다. 여러 해 동안 나는 실험실 바깥에서 귀벌레 프로젝트를 진행했는데, 이 연구에서 귀벌레가 생기게 되는 이유 그리고 완벽한 귀벌레를 만드는 방법을 밝혀내고자 했다.

좋은 귀벌레 내지 징글의 예는 무수히 많다. 월터 베르조와의 인텔 오디오 로고와 랜스의 T-모바일 벨소리가 가장 유명한 두 예다. 랜스는 자신이 그 벨소리를 개발한 과정을 들려주었다. 원래의 T-모바일 로고(그 회사가 단지 도이치 텔레콤이라고만 알려져 있을 때의 로고)는 다섯 개의 네모로 이루어졌다. 세 개의 회색 네모 다음에 그 직선 위로 솟은 분홍 네모에 이어서 또 하나의 회색 네모였다. 다섯 개의 시각적 요소 중 하나만 다른 구성이었던 셈이다. 랜스는 기본적으로 여섯 개의 음으로 이루어진 로고 사운드를 내놓았다. 세 음은 동일하고 그 다음은 세 번째 음을 높인 것이며, 다섯 번째 음은 처음 음으로 돌아가고, 마지막 여섯 번째 음은 울리면서 서서히 사라지는 음이다. 단순화된 버전은 오직 다섯 음이지만 시각적인 로고와 청각적으로 일치하는 형태를 이룬다. 다섯 음으로 제한함으로써 단기 기억에 알맞게 되어 기억하기가 쉬워졌다. 그리고 다중감각적 수렴(소리와 시각의 일치)을 사용함으로써 두 가지 감각이 함께 동원되어 징글을 지각할 수 있게 되었다.

감각적 대상을 통합하는 가장 강력한 방법이 다중감각 통합이다. 여러분의 뇌는 특징들을 공유하는 대상들을 색깔이나 근접성 또는 박자 중 어느 하나에 의해 부호화한다. (이것은 청각흐름 분할(auditory stream segregation)의 바탕이며, 여러 감각 유형에 걸쳐 일어날 때 더 잘 작동한다.) 자극들의 다중감각 통합은 신경과학에서 이른바 '결합 문제'—뇌가 어떻게 낮은 수준의 감각적 요소들을 전부 받아들여 하나의 대상을 인식하는가—의 바탕을 이루는 듯하다.

물론 다중감각 통합은 단지 시각과 소리에만 국한되지 않는다. 음향 및 생체모방 예술가인 아내는 전직 발레리나이기도 한데, 자기가 음악을 기억하는 데 늘 도움을 준 것은 음악에 따라 움직이는 능력과 더불어 소리에 대한 촉각적 및 자기수용적 피드백이라고 한다. 여러분도 직접 시도해보라. 장담하건대 여러분은 좋아하는 첫 곡조나 기억하는 징글을 생각하면 그 소리에 맞춰 발가락을 까닥이거나 손을 두드릴 것이다. 따라서 우리는 성공적인 징글의 타이밍을 확장하여 청각흐름 분할의 밀리초 단위의 속력 및 시각적 처리의 수백 밀리초 단위의 속력뿐만 아니라 시각보다 조금 느린 운동 반응도 포함하게 만들 수 있다.

여기서 한 가지 질문은 얼마나 빠르게 감각 자극과 감정 상태 사이의 연관성을 파악할 수 있느냐는 것이다. 이것은 다양한 요소들에 달려 있다. 한 가지 예로서, 여러분이 소리와 감정 사이의 즉각적인 연관성을 얻으려 하느냐 아니면 청취자가 일상적으로 감정을 유발하는 것의 대체물로서 소리를 받아들이도록 훈련시키느냐 여부에 따라서도 달라진다. 어떤 소리들, 가령 갑작스러운 으르렁거림—갑작스럽게 시작되는 큰 소리들로 이루어진 소리로서, 칠판을 손가락으로 긁는 듯한 저주파의 불협화음 소리가 길게 이어진다—은 그 자체로 두려움을 불러일으킨다. 대다수의 경우, 여러분에게 무언가를 팔려는 사람은 잠재적인 고객을 벌벌 떨게 만들어 내쫓길 원하지 않는다. 하지만 내 기억에 한 지역의 무서운 라디오 광고는 조율이 정상과 다르게 된 저음 파이프오르간으로 다섯 음의 단조 징글을 내보냈는데, 마지막에 만화영화에나 어울릴 비명 소리만 아니었으면 꽤 그럴싸했다.

그러나 소리에 대한 강한 긍정적 감정 반응은 1초도 안 되는 시간에 일어날 수도 있기 때문에, 일련의 짧은 소리만으로도 유용한 정서적 연상 작용이 생길 수 있다. 이것은 단순한 학습 유형의 기본 바탕이며, 파블로프가 고전적 조건화에 관한 자신의 초기 연구에서 처음으로 규명한 바 있다. 앞서 보았듯이 파블로프는 개에게 종소리를 들려주고 음식을 연상하도록 훈련시켰다. 고전적인 조건화의 작동을 기술하기 위해 가장 빈번하게 사용되는 모형은 레스콜라-와그너 모형이다. 이 모형은 쥐와 비둘기를 대상으로 개발되고 검증되었지만, 기본 규칙은 두 가지 이상의 행동을 결합해 목적을 달성할 수 있을 만큼 복잡한 모든 유기체에 적용된다. (따라서 가령 선충류의 능력을 훌쩍 뛰어넘는 유기체들이 이에 해당된다.)

문제는 광고업자들이 단순한 고전적 조건화 사례와 달리 여러분이 징글을 듣자마자 여러분 코앞에 해당 상품을 대령할 수가 없다는 것이다. 따라서 업자들은 여러분이 상품을 기억하도록 도움을 주는 학습 원리를 이용해, 상품을 긍정적으로 연상하게 함으로써 그날의 나중에 또는 일주일 후나 1년 후에라도 구매할 수 있게 만든다. '조작적' 조건화라고 하는 이 이론이 고전적 조건화와 다른 점은 학습자가 보상을 얻기 위해 실제로 '행하는' 자신의 행동—돈을 쓰거나 주택 분양 전시회에 가는 일—을 수정해야 한다는 것이다.

그리고 여기서부터 소리는 허무맹랑한 상황을 좀 더 너그러이 받아들이는 것, 쇼를 즐기게 해주는 것, 꾸며진 세계에 정서적으로 관여하게 해주는 것에서 벗어나기 시작한다. 여기서부터 사람들은 여러분이 어떤 것을 하게 만들려고 여러분의 뇌와 마음이 반응하는 방식을 고의적으로 바꾸는 데 소리를 이용하기 시작한다. 단순한 즐김에서 벗어나 뇌 해킹의 세계로 들어가는 입구가 바로 여기다.

| chapter EIGHT |

귀를 통해 뇌를 해킹하다

영화를 보고 난 후 어두운 복도를 따라 걸어 나올 때면 우리는 아주 작은 소리에도 섬뜩 놀라며 고개를 두리번거린다. TV를 볼 때 선전이 나오면서 소리가 커지면 본능적으로 음소거 버튼을 누른다. 라디오에서 여러분이 첫 키스를 했을 때 들었던 노래가 나오면, 하던 일을 멈추고 아련히 떠오르는 옛 기억을 회상한다.

소리는 우리가 알아차리지 못하는 방식으로 영향을 미친다. 우리의 감정을 바꾸고 관심을 다른 데로 돌리게 만든다. 기억, 심장박동, 욕구, 이성(異性)에 대한 반응도 바꾼다. 소리는 마치 …… '마인드 컨트롤'이 아닐까? (세뇌를 소재로 한 스릴러 영화인 〈맨츄리언 캔디데이트 Manchurian Candidate〉 풍의 위협적인 사운드트랙이 이 점을 증명해준다.) 물론 그렇기는 하다. 영화음악 작곡가 존 윌리엄스는 수백만 명의 감정을 조작하는 능력 덕분에 돈을 많이 벌었으니까. 하지만 이런 식의 마인드 컨트롤을 두려워할 필요는 전혀 없다. 음악과 소리는 무의식 수준에서 작동하는데, 기본 메커니즘을 약간만 이해하면 여러분(그리고 다른 사람들)이 귀를 통해 마음을 해킹하는 방법—면봉을 귀 안으로 깊숙이 밀어 넣을 때 발생하는 문젯거리 없이—을 알 수 있다.

뇌 해킹

그렇다면, '뇌 해킹'이란 무엇인가? 우리들 대다수가 우선 떠올리는 이미지는 아주 나쁜 영화를 볼 때 얻은 것으로, 대체로 어떤 이가 전구들이 박힌 장치를 머리에 쓰고 있고 실험실 내의 또 다른 이가 이렇게 외치는 상황이다. "어리석은 것들! 이제 내가 너희들을 몽땅 쓸어버리겠다!" 이어서 스위치를 내리면, 어김없이 계기판이 폭발하고 불꽃이 작렬한 다음에(과학계의 누구도 회로 중단장치 즉 퓨즈를 들어본 적이 없기 때문이다) 새롭게 변신한 피조물이 일어선다. 이 피조물은 정신적 능력도 뛰어나 투명인간으로 변하거나 전기적인 수단을 통해 어떤 숨겨진 차원과 통신을 할 수 있다. 이보다 더 차분한(따라서 재미가 덜한) 버전은 '마음/뇌 기계들'이 소개된 소비자용 전자제품 목록에서 찾을 수 있다. 이 장치들은 의식의 변화된 상태를 유도해 내려는 것인데, 보행자의 '명상적 상태'에서부터 내가 좋아하는 '지구 자체와의 전기적 공명과 동기화하기'—이것은 만약 니콜라 테슬라가 교류 전기를 발명하기 전에 홈쇼핑 네트워크를 발명했더라면 그 자신도 사고 싶어 했을 것이다—에 이르기까지 다양한 의식을 만들어내는 것이다. 여러분은 심지어 '아이팟으로 뇌를 해킹'하는 사운드 파일을 다운로드할 수도 있다. 아주 어리둥절한 말인 것 같지만, 이 분야의 사업가들 대다수는 섹시한 그리스어 표기와 수많은 소수점이 적힌 숫자 표기를 동원하여 미묘한 느낌의 '뇌파 주파수 대역'을 확보하려고 혈안이 되어 있다.

물론 뇌 해킹은 앞서 여러 장에 걸쳐 다룬 논의들을 실험실 밖으로 불러내서 현실에서 사용해야 하는 과제를 안고 있다. 뇌 해킹은 뇌의 기본 리듬에 맞추어 소리의 가상 위치를 한쪽 귀에서 다른 쪽 귀로 바꾸어 기분 전환을 하는 것만큼이나 단순할 수 있다. 아니면 복잡한 필터링과 모듈화된 사후처리 단계들을 이용해 특정한 심리적 내지 생리적 효과들을 얻어내려는 시도일 수도 있다.

청각적 신경과학 및 심리학을 오늘날 우리가 듣는 소리에 응용하는 일은 거의 무한한 가능성을 지니고 있다. 가령, 레벨이 올라가면 더더욱 흥분을 느끼고 점수를 잃으면 실제로 고통을 느끼는 비디오 게임을 제작할 수 있다. 또한 사운드트랙에 내재된 특수한 알고리즘을 이용한 영화 내지 비디오 음악을 통해, 거창한 오케스트라 구성 없이도 시청자의 감정을 조작할 수 있다. 또한 주의력을 강화하는 사운드를 이용해 운전자가 깜빡이는 계기반 불빛이나 충돌 위험이 있는 보행자에게 주의를 돌릴 수 있다. 그리고 머리에서 한시도 떠나지 않는 오디오 로고를 제작함으로써 광고를 '더 끈적거리게' 만들어 큰돈을 벌 수도 있다. 문제는, 이런 기술들이 현대적인 마케팅의 기반이 될 정도로 일관되게 작동할 수 있느냐는 것이다.

소리를 이용한 뇌 해킹이 할 수 있는 일과 없는 일을 알아보려면 몇 가지 구체적인 응용사례를 살펴야 한다. 의식 상태를 바꾸는 방법인 뇌 해킹은 두 가지 주요 유형으로 나눌 수 있다. 첫째, 여러분의 각성을 증가시켜 뇌의 전반적인 상태를 포괄적으로 변화시키는 유형. 둘째, 전반적인 인지 능력 변화 없이 정신적 상태의 특정한 요소들을 수정하는 유형. 이 두 가지는 겉보기엔 매우 다른 듯하지만, 둘 다 감각 입력을 통제하는 몇 가지 단순한 규칙을 이용해 일으킬 수 있다. 만약 여러분이 해킹을 당하는 사람이라면, 이 규칙들만 이해해도 경험을 쌓는 쪽으로 해킹을 이용하거나 아니면 누군가가 여러분에게 그런 조작을 가한다는 사실을 알고서 원치 않는 결과들을 예방할 수 있다.

가장 단순한 접근법부터 먼저 살펴보자. 여기서 흥미롭게도 가장 효과적인 기법 두 가지가 그 성격상 정반대인 것처럼 보인다. 그 두 가지란 청취자가 듣는 소리를 제한하는 것과 압도당할 정도로 소리를 높이는 것이다.

제한적인 소리를 이용한 뇌 해킹이 아마도 가장 단순한 방법이다. 그냥 소음을 없애버리면 되기 때문이다. 가령 소음 차단 헤드폰이 그런 예다. 뇌 해킹이 아닌 것 같지만, 실제 효과는 확실히 그렇지 않다. 소음 차단 헤드폰은 일상적인 배경잡음을 차단하여 여러분이 의도하는 소리, 주로 음악이나 오디오북 내용에만 집중할 수 있게 해준다. 이렇게 생각해보자. 여러분은 소음 차단 헤드폰을 쓴 채 거리를 걷고 있거나 비행기 안에 있다. 모든 배경음이 차단된 덕분에 여러분의 무의식은 스스로도 인식하지 못한 채 자기 자신에게만 향해 있다. 정말로 요긴한 것이 아닐 수 없다. 왜냐하면 여러분이 엔진 소리의 변화를 듣게 되면, 승객들을 구하려고 조종실로 쏜살같이 달려가기 십상이기 때문이다. 반면 거리에서 걷거나 달릴 때 이런 기기를 머리에 착용하면 중요한 것을 놓치기 쉽다. 가령 SUV 차량이 왼쪽 차선에서 우회전을 하게 되는 상황처럼 말이다. 소리를 줄인 상태로 하는 운동은 뇌 으깨기와 유사한 결과를 낸다. 참고로, 뇌 으깨기는 면봉을 이용하는 편이 손상이 덜 하다.

소리 줄이기가 뇌 해킹의 진지한 한 형태라는 데 아직도 확신이 들지 않는다면 근처 대학에 연락해서 청각 연구를 하는 사람을 찾아보라. 아마도 그는 박쥐를 연구하는 사람일 것이다. 살짝 기이하기까지 한 박쥐 과학자들은 여러분과 이야기 나누면 기뻐할 것이다. 왜냐하면 낮에 별로 외출을 하지 않는데다, 사회적 교류라고 해봤자 대체로 수학과 관련이 있거나 아니면 흰배박쥐가 5미터 떨어진 전갈의 방귀소리를 어떻게 들을 수 있는지에 관한 이야기밖에 하지 않기 때문이다. 여러분으로서는 그런 일이 사람들과 사귀기 좋은 방법이 아니겠지만, 종종 이 과학자들은 앞서 언급했듯이 여러분보다 청각 능력이 매우 뛰어난 동물들과 놀기에 좋은 멋진 장난감과 특수한 장치들을 갖고 있다. 더군다나 이들 과학자들에게는 아마도 박쥐들이 놀기에 좋은 무반향실도 있다. 무반향실에 가보면 여러분은 억지로 만든 정적이 대체로 수다스러운 사람에게 어떤 의미인지도 알게 된다.

무반향실에 들어가 보면, 벽과 천장 그리고 때로는 바닥이 계란 담는 판지처럼 생긴 발포고무로 덮여 있다. 소리를 흡수하거나 다른 흡수면으로 반사시키기 위한 구조다. 문을 닫으면 정적이 맴돈다. 정말로 조용하다. 2분쯤 지나면 이런 말이 저절로 나온다. "젠장, 여긴 정말 조용하네." 이 말도 뭐든 소리를 듣기 위해서 한 것이다. 하지만 메아리와 울림이 없는 탓에 여러분 자신의 목소리도 줄여버린다. 무슨 소리를 내봤자 즉시 삼켜져버린다. 그러면 여러분의 뇌는 뭔가가 '잘못되었다'고 알려준다. 어떤 사람들은 1~2분도 지나지 않아 슬슬 걱정을 하기 시작한다. 물론 대다수 사람들은 1~2분을 더 견딜 수 있는데, 그때쯤이면 이들도 희미한 쉬익 소리를 듣기 시작한다.

정말로 뛰어난 무반향실은 너무나 조용해서 우리 귀는 갑자기 숨은 실력을 발휘하여 공기 분자들이 어지럽게 돌아다니는 소리를 듣기 시작한다. 쉬이이이이이익. 그러면 이제 우리는 '빈센트 프린스 공포영화 속에 갇힌' 듯한 느낌이 들기 시작한다. (빈센트 프린스(Vincent Prince)는 미국의 영화배우로서 공포영화 연기로 유명하다_옮긴이.) 왜냐하면 쉬이익 소리와 더불어 이런 소리가 나직하게 들려오기 때문이다.

펄떡 펄떡 펄떡……. 사실 그건 우리의 심장박동 소리이다. 들리는 소리라고는 그것밖에 없다. 그때쯤이면 대다수 사람들이 떠나거나 아니면 유행가를 부르기 시작한다. 이렇게 볼 때 그것은 청각적 뇌 해킹의 가장 단순한 형태이다. 즉, 메아리, 울림 및 배경으로 희미하게 깔리는 목소리와 잡음 등 모든 외부 소음이 제거되면 우리는 확실히 고조된 의식 상태에 들어선다. 이 이상한 느낌은 뭐지 뭐가 잘못된 거야라고 어리둥절해하면서. 이는 우리의 뇌가 평상시에 의식하지 않는 배경잡음에 얼마나 익숙한지(비록 의존하는 것까지는 아니지만)를 여실히 보여준다. 배경잡음을 없애서 청각적 세계를 아주 기본적인 신호만 남게 축소시키면, 여러분의 마음은 금세 이상해진다. 어쩌면 거대한 박쥐가 나타나 방귀 끼는 전갈을 여러분 눈앞에서 집어삼키는 모습을 기대하게 될지도 모른다.

느닷없는 큰 소리

자신의 심장박동 소리만 듣다가 미쳐버리는 일은 여러분에게 어울리지 않는다. 아마도 여러분은 '많은' 소리를 듣는 편을 선호하기 때문이다. 대체로 우리 모두는 시끄러운 입력을 좋아한다. 휴대용 음악재생기를 켜고, 스테레오 오디오나 TV를 쿵쾅 울리고, 또는 사운드트랙의 50퍼센트가 줄기차게 터지는 폭발음인 영화를 보러 간다. 그런데 이런 시끄러움을 좋아하게 된 근본적인 이유는 무엇일까? 그리고 이런 경향은 어떻게 이용되거나 오용될 수 있을까? 그 답은 매우 단순하며 뇌 해킹이 무엇인지를 확실하게 규정해준다. 즉, 시끄러운 소리는 교감신경계를 활성화시킨다. 교감신경계는 많은 척추동물의 생활방식을 이끄는 세 가지 요소—싸움, 도망 및 섹스—의 제어 시스템이다.

아주 시끄러운 소리, 게다가 느닷없이 들리는 큰 소리는 다르게 취급된다. 무엇보다도 큰 소리는 일상적으로 소리를 감지하고 부호화하는 달팽이관만이 아니라 내이 전체를 활성화시킨다. 매우 큰 소리는 내이에서 달팽이관 이외의 부분을 자극하는데, 가령 구형낭이 그런 예다. 구형낭은 보통 균형을 담당하는 기관으로서 저주파 진동을 포착하며 우리가 방향을 알도록 해준다. 만약 소리가 갑자기 너무 크게 나면, 소리에 매우 민감한 사람이더라도 소리의 주파수 내용이나 언어적 의미 또는 협화음인지 불협화음인지 여부를 전혀 신경 쓰지 않는다. 다만 그 시끄러운 소리가 나온 출처가 자기에게 해를 끼치지 않았다는 사실에 안심할 뿐이다.

느닷없는 큰 소리를 들으면 우리는 매우 상투적이고 재빠른 행동으로 반응한다. (여기에는 보통 세 가지 뉴런만 관여한다.) 큰 소리가 구형낭(보통의 경우에는 중력 센서 역할을 하는 기관)을 활성화시키면, 자세 제어에 관여하는 고속의 운동 통로를 작동시켜 여러분은 머리를 살짝 숙이고 폴짝 뛰어오른다. 즉, 깜짝 놀라는 것이다. 하지만 재빠른 운동 반응 이외에도 시끄러운 소리는 청각 신호와 전정 신호가 뇌간으로부터 다른 곳으로 향하도록 만든다. 조금 느린 통로를 따라서 전달된 이 신호들은 각성과 경각심을 증가시킨다. 단, 여러분 옆에 떨어진 망치가 여러 개 중 첫 번째였을 경우에 한해서.

느닷없이 들려와 깜짝 놀라게 하는 소리가 뇌 해킹인가? 적절하게 이용한다면, 당연히 그렇다. 별로 사건이 일어나지 않는 영화를 예로 들어보자. 모든 것이 조용하다. 우주선은 모든 시스템이 정상으로 순행중이며 가족들이 다들 행복하게 저녁식사를 하고 있다. 그런데 갑자기 '쾅!' 이렇게 마침맞게 감쪽같이 만들어진 갑작스러운 소리를 들으면 우리는 자리에서 펄쩍 뛰며 놀란다. 누군가의 가슴에서 무언가가 불쑥 나와서 우주선 식탁에 떨어진다든지 비행정이 식당의 천장을 뚫고 들어와 절반쯤 걸려 있는 상황이다. 관객의 심장은 요동치며 좌석은 축축하다. 내 생각엔, 이걸로 증명이 되었다.

물론 시끄러운 소리가 우리를 놀라게는 하겠지만 곧 사라진다고 반박할 수 있다. 놀람은 단 한두 번만 일어나며 이후로 사람들은 시끄러운 소리에 익숙해진다. 아기에게 '부우'라고 두 번 외쳐보라. 세 번째엔 그 아이도 우리를 이상한 사람이라는 듯이 빤히 쳐다보거나 울거나 아니면 기저귀가 젖는 바람에 아기 놀라게 하기는 중단된다. 또는 영화에서 괴물이 여러 사람의 가슴에서 불쑥 나타나 계속 으르렁거리는 장면은 공포감을 유발하는 게 아니라 우스꽝스럽다. 소음으로 유발된 놀람은 귀에서 나온 신호가 어떻게 단기적인 각성 반응을 일으킬 수 있는지를 보여주는 좋은 사례다. 그렇다면 연속적이고 반복적으로 들리는 시끄러운 소리는 어떨까?

생리학적 수준에서 보자면, 앞서 말했듯이, 시끄러운 소리는 나쁘다. 귀와 뇌는 놀라운 것이든 만성적인 것이든 지나치게 큰 소리에 반응한다. 일단 그 신호를 통제하려고 시도하고, 만약 실패하면 자신의 행동을 통제하려고 시도한다. 우리가 그 시끄러운 소리를 내는 것이 아니라면, 우리는 그 소리가 어디서 들려오는지 알아내려고 하고, 손가락으로 귀를 막거나, 아니면 천장을 빗자루로 때려서 이웃이 주둥이를 닥치게 만든다. 그렇다면 왜 우리는 때로 시끄러운 소리에 몰두하는 걸까? 일부 사람들이 베이스 점프나 스키 또는 매우 빠르게 운전하는 것과 같은 이유다. 싸움-도망 시스템을 활성화시키면 에피네프린과 도파민과 같은 흥분성 신경전달물질이 급격하게 분출된다. 이 물질들은 마치 광란의 파티에서 네온으로 덮여 반짝이는 크리스마스트리처럼 뇌의 각성 영역을 작동시킨다.

만약 시끄러운 소리를 통제하지 못하면, 우리는 교감신경계를 통제하려고 시도하면서 여러 가지 행동을 보이게 된다. (물론 그냥 자리를 떠나거나 볼륨을 줄여버릴 수는 없다고 가정하자.) 우리 뇌는 통제 하에 놓여 있는 감각을 다루는 특정한 메커니즘이 있다. 이것을 가리켜 원심성 신호전달(efference copy)이라고 한다. 자기 자신을 간질이지 못하는 것이나 운전자 자신이 멀미에 걸리지 않는 까닭도 바로 이것 때문이다. 일종의 자동 프로그램으로서, 이른바 '운동 유발성 억제'(motor-induced suppression)를 통해 뇌의 의사결정 중추를 지각

중추와 연결시키는 기능이다. 이것이 작동하는 익숙한 순간을 들자면, 말을 하는 동안이다. 왜냐하면 함께 방안에 있는 친구의 주의를 끌고자 고함을 지를 때는 우리 머릿속이 '정말로' 시끄러워질 테니까 말이다.

귀머거리가 되는 것을 방지하기 위해 이 반사 시스템은 이득(즉, 상대적인 소리 세기)을 낮추고 우리 자신의 소리에 대한 청각적 민감도를 감소시킨다. 물론 말하기와는 무관한 행동, 가령 볼륨 손잡이를 잡을 때에는 활성화될 수 있다. 여러분이 좋아하는 노래를 듣고 있다가 어느 순간, 이제 그 멋진 노래로 벽을 울리고 가슴을 공명하게 하고 싶다고 마음먹었다고 상상해보자. 그러면 뇌는 간략한 계획을 세우는데, 손을 뻗어 볼륨을 올리기 위한 운동 기능뿐 아니라 그렇게 했을 때 예상되는 일(시끄러운 상황이 될 것)에 관한 계획도 세운다. 이러한 사전 명령은 청각 시스템에 소리가 곧 커질 것이라는 정보를 주어 실제로 뇌가 입력되는 소리에 대한 민감도를 줄이도록 만든다. 다른 사람이 방에 들어오면 도대체 무슨 소리냐는 식의 반응을 보이게 할 정도겠지만 뇌는 그 소리를 줄여서 조금 덜 시끄럽게 인식한다.

볼륨을 제어하지 못하는 상황이라면 어떻게 될까? 인터넷으로 TV나 비디오를 보다가 그만큼이나 시끄러운 광고가 갑자기 튀어나오는 경험을 한 적이 많을 것이다. 이것은 고의적인 것이다. 교감신경계를 활성화시켜 우리의 주의를 끌고 각성을 증가시키는 방법이다. 하지만 라디오와 TV가 세상을 지배하기 시작하던 오래전에는 약삭빠른 방법이긴 했지만, 너무 남용되다보니 몰락을 자초했다. 티보(TiVo), 즉 시청자들이 광고를 완전히 건너뛰게 만드는 기능의 등장을 촉진했던 것이다. 최근에 조인된 상업광고세기조정(CALM)법은 방송사로 하여금 광고가 방영중인 프로그램보다 더 크게 나오지 못하도록 강제한다. 모든 리모컨에 음소거 버튼이 장착되어 이제는 청각 세계를 다시 제어할 수 있게 되었다. 안타깝게도 이것이 바로 매체들이 소비자의 브랜드 인식과 관심을 높이기 위해 심리학적 '트릭'을 종종 사용하려고 하는 방식의 특징이다. 이 기법은 한 가지 기본적인 지각 원리—소리 세기를 통해 관심과 각성을 높이기—를 이용하면서도 더 강력한 원리, 즉 습관화의 위험을 놓치고 있다. 따라서 그 기법은 상품에 대한 기억을 향상시키고 상품과 욕구 사이의 연관성을 맺게 하기는커녕, 결국에는 광고에 그리고 해당 상품에 짜증을 일으켜 광고를 보자마자 꺼버리게 만든다.

여러분이 선택한 환경이 어쩔 수 없이 시끄러운 것이라면 어떨까? 분명 그런 상황을 겪은 적이 있을 것이다. 술집에 들어가니 너무 시끄러워서 누군가의 귀에 대고 고함을 지르지 않고서는 대화를 할 수 없는 경우라든가, 쇼핑몰의 어떤 가게, 특히 젊은 층의 구미에 맞춘 가게에 들어가니 갑자기 90dB의 음악 세례를 당한다든가(미국 산업안전보건청 단속반이 출동하더라도 미처 평가서를 작성하기 전에 귀마개부터 찾아야 할 정도다), 아니면 조용한 카지노 로비를 따라 게임 룸에 들어가니, 수백 대의 기계들, 벨소리, 자명종 및 다른 유혹의 소리들이 번쩍이는 불빛과 결합하여 아무런 생각도 할 수 없을 정도로 어리둥절한 환경이 펼쳐진다든가 하는 상황 말이다. 핵심은 바로 여기에 있다.

생각을 할 수 있으면 합리적이고 분별 있는 선택을 할 수 있건만 (만약 여러분이 생각이 아주 올바르거나 매우 운이 좋다면), 솔직히 말해 술집이나 명품점 또는 카지노에서 합리적이고 사려 깊은 선택은 그런 시설의 기본 취지와 맞지 않다. 이들 장소의 소리 세기 수준은 어설픈 설계나 음향학적 우연의 결과가 아니다. 이런 곳들의 압도적인 소리는 여러분의 각성을 높이고 교감신경계를 활성화시키려는 의도이다. 하지만 여러분이 스스로 결정해 이런 상황에 처하게 되었고 소리 세기를 낮출 방법이 없기 때문에, 여러분은 다른 어떤 동물이라도 불가피한 스트레스에 처하게 되었을 때 할법한 행동을 할 것이다. 말하자면 제어할 방법을 찾는 것이다.

한 연구에서는 쥐를 예측 불가능한 전기충격을 당하는 상황과 예측 가능한 전기충격을 일으키도록 스위치를 누를 수 있는 상황 사이에서 선택을 하도록 했다. 그러자 쥐는 자신을 해치는 스위치인줄 알면서도 후자의 상황을 선택하는 법을 배웠다. 아울러 물건 사기나 도박—관련 문헌의 표현을 빌자면, "통제 가능한 자원을 획득하기"—은 스트레스 상황을 통제(진짜든 상상으로든)하기 위한 흔한 전략이라는 것이 다수의 연구를 통해 드러났다.

물론 이것이 자동적인 '물건 구입' 버튼은 아니다. 만약 쉰한 살인 내가 쇼핑몰에 들어가서 (한 뉴스 보도에 따르면) 회사가 정한 소음 수준이 90dB인 매장을 지난다면, 나는 입구에서 멀리 떨어진 곳으로 돌아갈 것이다. 공사장 수준의 유혹적인 음악에 내 고막을 노출시키지는 않고 싶으니까. 그러나 젊은 사람들은 익숙하다보니 종종 시끄러운 소음과 음악을 찾는다. (그런 까닭에 젊은 운전자들은 소음장치 효율을 감소시켜 차를 시끄럽게 만든 자동차 모델을 선호하는 경향이 있다.) 따라서 이 전략은 특정한 집단, 즉 소리에 영향을 받아서 상품을 구매하는 경향이 큰 젊은 층에 알맞은 방법이다.

마찬가지로 카지노의 경우, 소음이 도박에 미치는 영향을 조사한 연구에 의하면 흥미로운 인구학적 결과가 드러난다. 재미삼아 도박장에 들른 사람들은 시끄러운 소음에 노출될 때 도박을 즐기는 경향이 더 컸던 반면, 정말로 심각한 도박 문제를 안고 있는 이들은 베팅을 더 적게 했다. 이 차이를 설명하는 한 가설에 의하면 두 그룹 모두 시끄러운 소리에 각성이 증가하긴 하지만, 재미삼아 들른 이들은 각성의 고조를 판돈 차지와 연관시켜 베팅을 더 크게 한 반면, 골수 도박꾼들은 판돈 잃기와 연관시켜 베팅을 줄인 것이다.

이 두 사례는 소리로 유도된 각성에 관하여 한 가지 매우 중요한 점을 짚어준다. 즉, 소리를 듣는 이가 누구냐에 따라 결과가 다르기 때문에, 각성에 따른 행동의 결과에도 영향을 미친다는 것이다. 시끄러운 광고에서부터 귀가 멍멍한 상점 음악에 이르기까지 시끄러운 소리의 의도적인 사용은 중요하면서도 그릇된 마케팅 및 세일즈 수단일 때도 많다.

볼륨 높이기나 낮추기는 뇌 해킹의 가장 단순한 형태이긴 한데, 과연 얼마나 유용할까? 여러분은 무반향실을 아무 때나 이용할 수도 없고 최상의 소음차단헤드폰이라도 주변의 소리를 고작 45dB밖에 차단하지 못한다. (귀마개는 더 떨어지는데, 약 25dB을 차단한다.) 많은 사람들, 특히 아이들은 볼륨을 너무 높이고 성인들은 시끄러운 술집이나 카지노에 틀어박히지만, 우리는 궁극적으로 이런 상황에서 벗어날 수 있고 실제로도 벗어난다. 꼭 그런 자리를 떠나서만이 아니라 시끄러운 소리를 줄곧 몇 년간 듣다가는 필시 청력을 상실하게 되니까.

최면과 명상

그렇다면 특별한 시설이 필요하다거나 귀머거리가 될 위험이 없어도 광범위한 뇌 해킹을 일으키는 방법이 있을까? 소리 세기란 청각 세계의 작은 일부일 뿐임을 알아차리면 된다. 또 한 가지 핵심적인 부분은 시간이다. 소리의 타이밍을 조작하면, 정상적으로 자기 일을 수행하던 뇌의 상당 부분이 인위적인 동기화를 수행하도록 만들 수 있다.

뇌는 다량의 동시적 및 동기화된 입력들을 다루는 데 익숙하다.

소란스러운 세계의 여러 입력을 다루도록 진화하고 발달해온 것이다. 만약 소음을 제거해 한 종류의 입력만으로 뇌에 과부하를 가하면, 이러한 감각적 집중은 우리 마음에 이전과는 매우 다른 일들을 행할 것이다. 이는 여러 가지 이름을 갖는 다수의 정신적 상태—알파 상태, 명상, 가수면 상태 유도—의 바탕이다. 이것들은 모두 포괄적인 뇌 해킹 전략 3번, 즉 산만한 활동을 제한하여 집중력을 강화하기로 귀결된다. 이런 뇌 해킹은 아마 여러분들도 익히 들어봤을 것이다. 왜냐하면 이는 최면과 명상의 기본 바탕이기 때문이다.

최면과 명상은 상반되는 입력 유형들에서 생기는 듯하다. 최면은 대체로 실행 기능, 의사결정 능력 및 주의력을 다른 것으로 누름으로써 생긴다. 반면 명상은 대체로 자발적으로 일어나는데, 주의를 돌릴 산만한 환경을 차단하고 어떤 통합적인 내외부의 자극을 이용하여 우리가 커피를 마시며 얻고 싶은 것보다 더 집중 상태가 강해진다. 이런 상반된 접근법에도 불구하고, 둘 다 누군가의 휴대전화 소리나 수도꼭지에서 물방울 떨어지는 소리를 처리하는 뇌 영역을 억제함으로써 의식 상태를 변화시키고, 아울러 뇌 해킹에서 가장 중요한 의식 전환이나 각성 증가와 같은 다른 일을 위해 그런 영역들을 비워둔다는 점에서는 마찬가지다.

어떤 종류의 자극을 받아야 우리는 집중화된 단일 입력만 받아들이고 다른 곳으로는 일절 관심을 돌리지 않게 될 수 있을까? 나직하게 들려오는 운율 있는 말소리는 중요한 집중 요인이 될 수 있다. 하지만 종종 최면술사들은 규칙적으로 깜빡이는 불빛이나 메트로놈의 딸깍거리는 규칙적인 소리를 이용해 가수면 상태를 유도해낸다. 왜 그럴까? 왜냐하면 주의 기울이기는 신경 자원을 관심 대상으로 향하게 하는 일이므로, 한 대상에 주의를 기울이면 기울일수록 우리는 신경 자원을 다른 어수선한 대상으로부터 더 많이 거두어들인다. 적절한 비율로 제공된 한 특정한 감각 입력에 주목하기로 하면, 잡다한 일을 처리하던 뇌는 한 가지 일에 집중한다. 걸핏하면 뇌는 집에서 외출할 때 전등을 껐는지 저녁으로 뭘 먹을지 또는 우리에게 살며시 말을 거는 사람이 왜 우리가 시끄럽게 떠들어주길 원하는지 등을 생각하기 쉬운 법이다.

이제 우리는 감각 세계를 좁혀서 하나의 압도적이고 동기화된 감각 입력에 집중한다. 그리고 깨어 있을 때 뇌는 입력의 내용 및 타이밍의 차이에 크게 의존하므로, 압도적인 한 가지 신호에 집중하고 아울러 이런 이상한 정신 상태를 지속시키기 위해 하나의 목소리가 차분하고 부드럽게 적절한 리듬에 따라 최면술사가 귀에 소곤대면, 다른 누군가가 시끄러운 소리를 내더라도 전혀 개의치 않게 된다.

그렇다면 '적절한 리듬'이란 무엇인가? 뇌는 내재적인 리듬을 갖고 있는데, 여러 달에 걸친 신경호르몬적 변화에서부터 밀리초 이하에서 변하는 단일 신경의 활동 상태 변화에 이르기까지 다양한 리듬이 존재한다. 가장 흔히 언급되는 리듬은 뇌 반구의 넓은 구역과 관련되며 대체로 뇌파의 형태로 표현되는 것이다.

살아있는 뇌의 뇌파 기록은 1840년대까지 거슬러 올라가지만, 1920년이 되어서야 한스 베르거가 살아있는 뇌에서 전기 신호를 비외과적인 방법으로 EEG(뇌전도)를 기록하는 장치를 개발했다. 현대의 EEG는 부위 선택성이 매우 좋아서, 머리에 꽂힌 수십 내지 심지어 수백 개의 개별 전극으로부터 신호를 기록할 수 있으며, 아울러 밀리초 단위 이하로 신경 신호의 타이밍에 관한 정보를 추출해낼 수 있다.

그러나 모두 동일한 한계를 안고 있다. 즉, 아주 뛰어난 절연체(뇌의 보호막 및 두개골, 두피 및 머리카락)를 통해 아주 미약한 신호를 기록한다. 무슨 뜻이냐면, 녹음되는 단 하나의 신호는 사실 수천 개에서 수백만 개의 개별 뉴런 신호들의 모음이다. 단일 뉴런의 반응이나 심지어 한 국소 영역의 회로를 분석할 수는 없다. 물론 적절히 전극을 배치하면 함께 작동하는 다수의 세포들 반응을 측정할 수 있기에, 뇌 영역 어느 정도(수밀리미터나 수센티미터 규모)가 번쩍이는 불빛이나 소리와 같은 특정한 자극(이른바 '유발 전위(evoked potential)')에 반응하는지를 포괄적으로 알아낼 수 있다.

우리가 유발 전위를 모으고 있지 않을 때에도, 자유롭게 작동하는 뇌는 결코 조용하지도(죽지 않는 한) 혼란에 빠지지도(뇌의 주인이 심각한 경련을 일으키지 않는 한) 않는다. 그리고 비숙련자가 미가공의 EEG 추적 영상을 보면, 거의 무작위로 오르내리는 신호가 뇌의 집단적 전기 반응에 파묻힌 채 나타나는 모습뿐이다.

뇌 피질의 통합적 기능에는 서로 연결되어 있는 다섯 가지 주요한 리듬(파동)이 있고, 그 각각은 서로 다른 생리적 내지 인지적 조건에 따라 변한다. 세타파는 4~8Hz로 가장 느린데, 기억 처리를 하는 동안의 해마 등 적어도 일부에서 상승하는 듯 보인다. 알파파는 초당 6에서 12사이클(6~12Hz)로서, 피질의 상이한 부분들 간의 연결망에서 그리고 피질과 시상 사이에서 생성되며, 뇌의 신호 중계 중추이다. 이 파동은 경고를 알릴 때 생기는 가장 낮은 대역(6~8Hz)과 주의 상태가 변할 때 보이는 중간 대역(8~10Hz) 그리고 외부의 사건이나 언어 기반의 기억 과제에 의해서 종종 생기는 높은 대역(10~12Hz)으로 나뉜다. 베타파(20Hz)는 운동피질에서 생성되며 자발적 운동을 관장하는데, 주로 사람이 움직임을 멈춘 직후에만 보인다. (일종의 '사후' 내지 '프로그램 종료' 신호인 셈이다.) 감마파는 가장 빠른 40Hz이며 주요 뇌파들 가운데서 꽤 흥미롭고 논쟁적인 파동이다.

여러 연구에 따르면, 감마'파'는 피질의 넓은 면적을 거치면서 뇌의 앞쪽에서 뒤쪽으로 진행한다고 한다. 이에 따른 (아직은 검증되지 않은) 가설로서, 감마 대역이 모든 개별 감각 입력들과 피드백 고리들을 함께 결합시켜주는 덕분에 우리는 세상을 불안정하게 오락가락하지 않는 하나의 일관된 장소로서 인식할 수 있다고 한다.

이런 파동들은 작동하는 뇌의 기반시설의 일부이다. 심전도 기록에 이런 파동들이 나오는 것은 서로 연결된 수백만 개 뉴런의 발화가 체계적으로 일어난다는 증거인데, 이는 뇌의 처리 능력의 상당 부분을 차지하는 중요한 기본적 기능이다. 이런 기능에 접근하는 것이야말로 뇌 해킹을 위한 기회이다. 그리고 그런 접근을 아주 다양하게 이용하는 장치들을 마케팅하기 위한 기회이기도 하다.

트랜스 벨(trance bell), 마인드-브레인 기계(mind-brain machine), 신경 피드백 장치(neural feedback device), 아이팟 뇌 해킹(iPod brain hack), 이런 가장 기본적인 온라인 검색만으로도 수십 종류의 하드웨어나 소프트웨어 상품들을 찾을 수 있다. 똑딱이는 소리와 반짝이는 불빛을 위에서 언급한 한두 개 이상 파동의 주파수로 사용하여 마음의 문을 연다고 주장하는 상품들이다. 대다수는 1950년대 고질라 영화보다 과학적 기반이 약하긴 하다. 그러나 재미있는 점은, 그런 상품들 중 다수가 사용자의 기대 때문에 어쨌든 작동한다는 사실이다. 만약 여러분의 실행 능력을 대폭 향상시키려고 마인드-브레인 기계를 사러 나간다면, 글쎄, 여러분은 이미 반쯤은 확신을 하고 있는 셈이다. 그리고 여러분은 이미 낮은 자존감을 높이려고 수면 학습 테이프 같은 터무니없는 물건에도 돈을 썼을 테다. (아니, 나는 그런 짓을 하지 않는다. 어쨌거나 여러분은 주인이 머리에 헤드폰을 씌운 개의 자존감을 염려해야만 한다. 아마도 조금 지나면 그 개는 정말로 큰 개를 쫓는 꿈을 꾸게 될 것이다.) 사실, 위의 세 가지 기본 뇌파를 이용하여 감각 입력을 적절히 조작함으로써 의식 상태의 변화를 유도하는 것은 실제로 가능하다.

우선 가장 쉬운 방법으로, 헤드폰을 통해 특정한 속도, 가령

8~10Hz의 중간 알파파로 음정이나 소음 하나를 들려준 다음, 마음이 진정되는 느낌이 찾아오길 기다려보는 것이다. 하지만 안타깝게도 여러분은 금세 짜증이 나거나 지루해져서 잡생각이 들 가능성이 크다. 이는 앞서 말했던 여러 요인들 때문인데, 가령 적응, 습관화 그리고 단일 음을 두 귀에 동시에 들려주면 여러분의 청각 처리 능력의 아주 작은 부분만을 사용하게 된다는 사실 등 때문이다. 소리가 중간 알파파를 이용하든 그렇지 않든, 우리를 주목하게 만드는 전자레인지의 알람처럼 우리의 귀를 땡하고 울릴 것이다. 그러면, 굳이 말할 필요도 없겠지만, 아주 성가시기 그지없고 우리는 결코 최면 상태에 빠지지 않는다.

뇌의 많은 영역들을 단일한 뇌파에 맞추려면, 출처는 다양하지만 서로 잘 어우러져 작동하는 복잡한 입력이 필요하다. 한 가지 방법은 바이노럴 비트(binaural beat)를 사용하는 것이다. 이것은 원하는 속도로 뇌가 소리를 처리하도록 유도하는 매우 단순한 방법이다. 가령 왼쪽 귀에는 440Hz, 오른쪽 귀에는 444Hz를 들려주면, 음정이 매우 비슷한 별개의 두 음을 듣는 것이 아니라 초당 4번 변조되는 듯한 단일한 음을 듣게 된다. 이는 뇌간 속의 청각 담당 부위인 위올리브핵의 작용 때문이다. 이곳은 두 귀 사이의 상대적 진폭이나 시간차를 바탕으로 공간상에서 소리의 위치를 알아내는 기관이다.

위올리브핵은 양쪽 귀에서 들어온 입력을 수신하는 뇌의 첫 관문이며, 수학적 분석을 통해 그 소리가 공간상의 어디에서 오는지를 알아낸다. 만약 양쪽 귀에 동일한 음으로 들리면, 위올리브핵은 그 정보를 뇌의 나머지 영역으로 보내서 여러분은 특정한 위치—개방된 실내에 놓인 스피커들 한가운데 또는 헤드폰을 끼고 있다면 머리 한가운데—에서 나는 단일한 음이라고 인식하게 된다. 하지만 두 귀 사이에 몇 Hz 정도로 약간의 주파수 차이가 나면, 여러분은 두 주파수의 차이에 해당하는 비율로 소리가 양귀 사이에서 오락가락하는 느낌을 받는다. 만약 주파수 차이가 조금 더 커서 4~12Hz 정도 되면, 이 주파수 차이에 해당하는 비율(변조율)로 진폭이 변하는 듯한 단일 음이 들린다. 주파수 차이가 더 크면(대략 20~40Hz 정도), 실제로 별도의 두 음을 듣게 되고 모든 게 정상이라고 확신한다. 그제야 여러분의 머리는 다행히도 더 이상 지끈거리지 않을 것이다. 따라서 바이노럴 비트는 뇌간에서 피질까지의 부위를 활성화시키는 단순하면서도 효과적인 방법이다. 단, 알파파, 세타파 및 델타파와 같은 단순한 음과 비교적 낮은 변조율을 사용한다면 말이다.

바이노럴 비트로 이루어진 음을 들으면, 명상이나 혹은 집중의 효과를 얻을 수 있는데, 효과의 크기는 그런 상태에 대한 기대와 준비의 수준에 따라서 달라진다. 물론 20분 동안 단일 음을 듣는 일은 변화된 의식 상태를 경험하는 일이라면 사족을 못 쓰는 사람한테도 인내의 시험장이 될 수 있다. 직접 시도해본 대다수의 사람들은 이구동성으로 효과를 이야기하지만 두 번 다시 하고 싶지는 않다고 말한다. 대신 모히토를 서너 잔 마시는 편이 정신의 변화도 경험하고 춤 실력도 늘기 때문에 더 낫다고 한다. 따라서 더욱 효과적인 뇌 해킹은 복수의 주파수들로 구성된 복잡한 소리(음악, 말, 자동차 충돌 소리 등)를 이용한다. 그러면 당연히 그 과제를 처리하는 데 더 많은 뇌 기능이 관여하게 되고, 진폭뿐만 아니라 상대적 위치까지도 변조함으로써—음향 공학자들이 패닝(panning)이라고 부르는 기법—더 많은 능력을 발휘하게 된다. 여러분은 이 기법의 숱한 예들을, 특히 1960년대와 1970년대의 고전적인 록 음악에서 들었을 것이다. 대표적인 예가 핑크 플로이드의 〈기계한테 오심을 환영합니다(Welcome to the Machine)〉의 도입부다. 여기서는 엔진 소음 같은 소리가 볼륨의 상대 세기를 왼쪽에서 오른쪽으로 매끄럽게 변화시킴으로써 한쪽 스피커(또는 귀)에서부터 다른 쪽으로 비교적 느리게 이동하는 듯한 느낌을 준다.

하지만 위올리브핵은 비교적 고주파 소리(사람의 경우 약 1,500Hz 이상. 어린아이가 우유 속에 벌레를 방금 보고서 내지르는 비명 소리를 생각해보라)에 대한 진폭 차이만을 이용한다. 이보다 낮은 주파수들로 이루어진 소리의 경우, 위올리브핵은 두 소리 사이의 미세한 타이밍이나 위상의 차이에 의존한다. 따라서 여러분이 복잡한 음악을 사용하며, 저주파에 대해서는 위상 차이를 고주파에 대해서는 진폭 차이를 음향 시스템과 동기화하는 데 유념한다면, 단지 스테레오 스피커나 헤드폰만 사용하더라도 소리를 통해 움직임을 놀랍도록 생생하게 떠올릴 수 있다. 또한 그 방법으로 여러분은 의식 상태를 변화시키는

(드럼 솔로 이외에도) 거의 모든 음악을 리믹스할 수 있다. 그러면 재미있는 일이 벌어지기 시작한다.

현기증 여행

변조율을 동기화시키지 '않으면' 어떻게 될까? 고주파 소리를 한 변조율로 생성하고 저주파 소리를 다른 변조율로 생성하고서 둘 사이의 변조율을 계속 바꾸면 어떻게 될까? 아마도 심각하고 효과적이며 (일부 사람들에게는) 재미있는 또는 (다른 사람들에게는) 끔찍한 뇌 해킹을 경험하게 될 것이다.

여기 한 예가 있다. 헛되이 보낸 청춘 시절에 나는 내 오랜 벗에게서 전화 한통을 받았다. 랜스 매시라고 하는 이 친구는 내게 이렇게 물었다. "정신물리학이 뭐야?" 나는 감각과 지각에 관하여 긴 사설을 풀었다. 그러자 친구는 지금도 우리를 곤혹스럽게 만드는 질문을 던졌다. "그러니까 음악으로 마인드 컨트롤을 할 수 있다는 말이지?" 오랜 연구와 실험을 해온 내 답변은 이랬다. "잘 모르겠어. 진짜 그런지 알아보자." 그렇게 우리는 아주 특이한 밴드의 선구자가 되었다.

랜스는 일련의 앰비언트 음악(ambient music. 전통적인 음악에서 부수적인 것으로 취급되던 음색과 분위기를 강조하는 음악_옮긴이)을 작곡했고, 이 음악에 우리는 뇌의 서로 다른 부분들마다 그에 딱 맞는 자극 주파수를 바탕으로 변조율을 적용했다. 청취자에게 특정한 심리적 효과를 일으키기 위해서였다. 음악을 이용해 뇌의 특정 영역을 목표로 하는 뉴런 반응을 이끌어내려는 발상이었다. 반송파를 변조시켜 라디오를 통해 정보를 전달하는 방식과 비슷했다. 여러분은 반송파 자체에는 그다지 관심이 없을 것이다. 단지 반송파를 이용해 변조파를 수신기에 전달하면, 수신기에서는 그것을 청취자에게 유용한 신호로 변환시켜준다는 사실만 알면 된다. 이런 종류의 음향 알고리즘은 단순한 바이노럴 비트보다 여러 단계 더 복잡하다. 기본 개념은 거의 모든 음악 신호 또는 다른 복잡한 음향 신호의 진폭, 주파수 및 위상 특성을 특정한 일을 담당하는 뇌의 부위들을 가장 잘 자극하는 주파수로 변조하는 것이다. 여기서 특정한 일이란, 가령 감정 반응을 유도한다든가 심장박동이나 혈압을 변화시킨다든가 청취자가 마치 자신이 움직이는 것처럼 느끼게 만든다거나 단지 청취자의 의식 상태를 변화시킨다든가 하는 것들이다.

우리가 처음 시도한 일은 위상과 진폭 변화를 이용해 음악이 청취자의 머리 주위를 빙글빙글 도는 듯 느끼게 만드는 것이었다. 우리는 첫 번째 대중 공연을 맨해튼 저지대의 조그만 클럽에서 열었다. 음악이 흘러나오자 사람들은 자리에 앉은 채로 천천히 몸을 빙글빙글 돌렸다. 그리고 한 사내가 마치 음악의 어느 한 순간이 큰 움직임 변화를 명령하기라도 한 듯이 의자에서 고꾸라졌을 때 우리는 뭔가 효과가 있음을 알아차렸다. 이런 궤도 위치 음향 알고리즘을 이용했을 뿐인데도 단순한 앰비언트 음악은 이상한 일을 벌이기 시작했다. 사람들의 움직임을 조종했던 것이다. 그래서 우리는 상이한 주파수 대역마다 변조율을 서서히 변화시키면서 사악함 수치를 11로 올렸다. 우리 생각에, 이 알고리즘을 이용한 곡은 사람들이 움직이는 느낌이 들게 만들 텐데, 어떤 소리 요소들은 한쪽 방향으로 움직이고 다른 요소들은 다른 방향으로 움직이면 사람들이 혼란을 느끼게 될 터였다. 우리는 자랑스럽게 곡명을 〈버티고 투어(The Vertigo Tour. 현기증 여행)〉라고 붙인 다음 우리의 CD에 한 트랙으로 넣어 발표했다.

사람들을 고문시키는 줄 뻔히 알면서도 나는 그 CD를 가진 사람들에게 어떻게 들었는지를 알려달라고 간절히 부탁했다. 그 곡은 흥미롭게 구성되어 있다. 몇 분쯤 듣고 나면 청취자들 중 대략 3분의 1은 진폭과 위상이 동기화될 때 자신들이 움직인다고 느꼈고, 다른 3분의 1은 음악이 음장(音場)을 통해 움직인다고 느꼈으며, 마지막 3분의 1은 극심한 통증을 느꼈다. 대단한 과학의 힘이다. 청각을 통해 멀미를 일으키는 방법을 알아냈던 것이다. 하지만 안타깝게도 당시 학과장은 내 월급보다 더 비싼 오디오 시스템을 자랑하던 오디오 마니아였는데, 바로 그 사람이 위에서 말한 세 번째 유형이었다. 내가 시판 전에 나온 CD를 건네준 다음날, 학과장은 내가 커피를 마시려던 찰나에 엘리베이터에서 나오더니 내 팔을 잡고 말했다. "자네 음악 때문에 멀미가 났네!" 나는 그다지 밝지 않은 목소리로 이렇게 받았다. "그럼 제가 이건 거네요!" 어쨌거나 비교적 단순한 변조율을 복잡한 음악에 세심하게 적용하여, 나는 용케도 내 학과장의 뇌를 해킹해서 그가 비싼 오디오 시스템을 하마터면 내던져 버리게 만들었다.

다행스럽게도 나는 비교적 빨리 다른 일자리를 찾았다. 음향 구토 자극기의 경제적 가능성이 꽤 제한적인데도 말이다. 하지만 음향 뇌 해킹은 심지어 생리적인 수준에서도 청취자에게 심오한 영향을 미칠 수 있음이 증명된 셈이다. 그리고 구토 유발이 청취자에게 기대할 만한 상위 열 가지 효과에 들긴 어렵겠지만, 특정 대상을 상대로 소리를 조작해 구체적인 반응을 끌어낼 수 있다는 점은 입증되었다. 그렇다면 어떤 이가 청취자에게 실제로 유도해내고 싶은 효과를 얻기 위해 소리를 이용하는 것은 어떨까?

음악과 소리는 언제나 청중에게 감정 반응 및 기타 반응을 유도해내기 위한 수단으로 이용되어 왔는데, 여러분의 인지 레이더 하에서 그런 작용이 일어난다. 영화에서 괴물이 영웅의 어깨를 두드리며 자기를 그만 쫓으라고 겁주는 장면 직전에 (관객을 위해) '두려워 고함을 지르라'는 큼직한 표지판이 나오지는 않는다. 적어도 TV에서처럼 동작을 지시하는 표지판을 보여주어 생방송의 청중들한테 박수를 치게 만드는 방식을 쓰지는 않는다. 대신 스르르르 미끄러지는 소리, 갑작스러운 정적, 압도적인 으르렁거림이 귀로 곧바로 쏟아져 들어와, 교감신경계를 통해 감정 반응을 일으키는 뇌 부위로 흘러든다. 그러면 여러분은 이미 팝콘을 사방에 흩뿌린다. 그런데 우리의 공연/실험에 관한 소문이 처음 새어나가기 시작했을 때, 스러시

(Thrush)라는 영국의 한 메탈 밴드가 우리한테 접근했다. 그들 말로는 자기들이 법률 시스템 내의 야만성을 폭로하는 곡을 쓰고 있는데, 우리더러 그 곡을 누가 들어도 놀라서 고함을 지르도록 만들어 달라고 했다. 이것은 음악 듣기의 바람직한 결과라고는 보통 여기지 않는 것이지만, 원래 메탈 밴드란 그런 방향을 추구하니 우리는 개의치 않고 의뢰를 수락했다. 그리고 이번에도 역시, 소리를 뇌의 감정 회로에 적용하는 음향 과학을 통해 우리는 해법을 찾아냈다.

롱아일랜드의 유럽식 성채 같은 아파트에 틀어박힌 채 어둠 속에서 열심히 작업한 결과 나는 필터를 하나 만들었다. 어떤 곡이든 입력하면 칠판을 손톱으로 긁는 듯한 유사무작위적 소리로 바꾸는 필터였다. 나는 필터에 메탈 밴드의 곡을 넣었다. 최종 재녹음을 위해 그 곡을 다시 실행했을 때, 스튜디오 엔지니어가 비명을 지르면서 녹음실에서 뛰쳐나오더니 앞으로 다시는 우리랑 작업하지 않겠다고 했다. 아무도 바닥에 걸레질을 하지 않아도 될 정도였건만. 신경감각 알고리즘을 이용한 뇌 해킹의 성공은 이런 식으로 입증되었다.

따라서 정서적 및 생리적 효과가 알려져 있는 소리를 비교적 단순한 알고리즘을 사용해 역추적함으로써, 뇌의 내재적인 속성을 활용하여 단지 음악을 반송파로 이용하는 기법만으로 특정한 인지적 효과를 얻는 것이 가능하다. 하지만 덜 어수선하면서도 더 구체적인 일을 하는 건 어떨까? 말하자면, 구토를 하거나 비명을 지르며 뛰쳐나가는 것 말고 아주 구체적인 결과를 낳는 일은 어떨까?

과잉행동을 잠재우는 소리?

랜스의 한 친구는 꽤 활달한 두 아이를 가진 행복한 아빠이다. 여느 부모들과 마찬가지로 그 이는 약을 먹이지 않거나 야구방망이를 애용하지 않고서는 애들을 재울 수 없다고 볼멘소리를 해댔다. 우리 연구 내용을 살짝 듣고서는 다짜고짜 아이들이 차분하게 밤에 잠들도록 만들 묘안을 내놓을 수 있는지 물었다.

그런데 잠은 정말로 복잡한 현상이다. 잠이 왜 존재하는지, 어떻게 진행되는지 또는 기본적 신경계를 갖춘 모든 유기체에서 왜 그토록 광범위하게 일어나는 현상인지 우리는 전혀 모른다. 하지만 나는 인생을 살만큼 산 사람으로서, 장거리 트럭 운전에 따르는 심각한 문제 한 가지를 잘 알고 있었다. 즉, 운전하면서도 잘 수 있다는 것. 기차부터 승용차에 이르기까지 운전을 할 때는 정신을 바짝 차려야 한다. 그래야지만 위험천만한 충돌 소리에 놀라 정신이 번쩍 드는 일이 없을 테니까. 하지만 운전 중에도 오랫동안 잠드는 일은 아주 흔하다. 너무나 흔해서 운전자의 각성 상태를 감시하는 산업 연구에 엄청난 지원금을 쏟아 붓고 있을 정도다. 심지어 머리에 쓰는 작은 전자장치도 있는데, 이것은 대다수 사람들이 꾸벅꾸벅 졸 때 그렇듯이 여러분의 머리가 일정 각도 아래로 내려가면 짜증나는 시끄러운 소리를 낸다.

운전 중 잠들기의 기본 원리는 꽤 충격적이다. 물론 어느 정도는 피로나 주의력 결핍 같은 것이 영향을 미치지만, 이게 핵심은 아니다. 사실 전정계, 즉 내이의 균형 담당 기관이 뇌의 각성 중추와 더불어 침과 위산 분비와 같은 비자발적 활동에 영향을 주는 중추들과 강하게 연결되어 있기 때문이다. 파도가 심한 바다에서 배를 탔거나 급선회하는 롤러코스터를 타본 사람이라면 같은 경험을 했을 것이다. 시각이 내이의 신호를 따라갈 수가 없어서 감각의 부조화 상태에 빠지고 급기야 멀미가 나고 만다. 메스꺼움을 유발하는 멀미(점심상을 다시 차리게 만들 정도로 심한 멀미)가 유일한 형태는 아니다. 저진폭 저주파의 유사무작위적 진동, 즉 비교적 평탄한 도로에서 운전할 때도 경험하는 유형의 진동은 소파이트 증후군이라고 하는 다른 유형의 멀미를 일으킨다. 이것은 반드시 깨어 있어야만 하는 위험천만한 순간에도 극도의 피로와 졸음을 일으킨다. 이런 증후군을 알고 있는 사람은 거의 없지만, 증후군의 효과 자체는 아이가 있는 부모라면 비교적 모르는 사람이 없을 정도이다. 이런 효과 때문에 부모가 아이를 흔들어서 재우는 것이다. 저진폭 저주파 진동은 아이에게 자장가 역할을 해서 잠이 들게 만든다. 우리 부모님도 같은 방법으로 나를 서스펜션이 제대로 작동하지 않는 낡은 폭스바겐 차의 뒷좌석에 앉히고는 반 시간 동안 동네의 먼지 나는 도로를 운전하고 다니셨는데, 그게 날 재우는 데 더 효과가 있었다.

소파이트 증후군의 흥미로운 속성은 운전자보다 승객이 영향을 더 크게 받을 수 있다는 점이다. 아울러 앞서 나왔던 원심성 신호전달이 여기에 관여할 수 있다. 만약 운전자라면, 차의 움직임을 적어도 어느 정도는 통제하고 있으니, 흔들림과 뒤뚱거림이 차 안의 다른 사람보다 운전자에게 도달하는 데 시간이 조금 더 걸리는 것이다. (내가 이것을 확연히 경험한 사례는 향후 내 약혼자가 될 여자와 두 번째 데이트를 할 때였다. 드라이브를 한 시간쯤 했더니 그녀는 꾸벅꾸벅 졸고 있었다. 그때는 내 운전 실력을 철석 같이 믿어준다 싶어 감격스러웠는데, 나중에 결혼 후 여러 번 여행을 해보니 아내는 단지 소파이트성 자극에 아주 민감한 사람일 뿐이었다.)

여하튼 나사와 미국립보건원 및 군 관련 기관에서 다년간의 연구를 통해 많은 지식이 축적되자 우리는 행동과잉 아이들을 재우는 법을 알아내는 일에 본격적으로 착수했다. 하지만 우리는 사적인 실험 차원에서 그렇게 한데다(즉, 어디서 돈을 받지 않고서) 시간 압박을 받는 바람에, 독창적인 음악을 새로 작곡하기보다는 오래전에 녹음된 클래식 곡 몇 개를 여러 방식으로 변조하기로 했다. 흥미로운 도전이었다. 곡을 전부 바꾸는 게 아니라 적절한 속도로 진폭의 미세한 변화를 일으키기만 하면 되었기 때문이다. 어쨌든 아버지는 과학에 자기 영혼을 팔았다고 아이에게 말할 필요가 없었다. 그냥 아이가 차분해지기 바라는 마음으로 '따분한' 클래식 음악을 틀기만 하면 되니까. 과거에도 비슷한 시도를 해 어느 정도 성공을 거두긴 했다. 문제는 소파이트 증후군에 매우 민감한 아내에게 실험했더니 아무 효과가 없었다는 것이다. 그래서 우리는 알고리즘의 영역에서 벗어나 녹음된 소리의 실제 세계로 들어갔다. 지진을 기록하기 위한 저주파 지진마이크를 차 뒤편에 놓고서 이십 분 동안 운전을 한 다음, 녹음된 소리에서 포락선을 추출한 후 그것을 클래식 음악과 뒤섞어 서로 다른 세 곡을 만들어, 앞에서 언급한 과잉행동 아이 때문에 지친 아버지에게 행운을 빌면서 보냈다.

다음날 그는 첫 번째 트랙을 시도했는데 아무 효과가 없었다고 알려왔다. 이런!

하지만 그 다음날 다시 전화를 걸어서 우리가 천재라고 추켜세웠다. 두 번째 트랙을 틀고 채 몇 분도 지나지 않아 두 아이 모두 스르르 잠이 들었다나. 천재로 인정받아서 기쁘긴 했지만 조금은 어리둥절했다. 그 곡들은 엇비슷한 음향 밀도에 조성도, 악기도, 길이도 볼륨도 비슷했으며 적용한 알고리즘도 똑같았다. 왜 첫 번째 트랙은 효과가 없고 다른 두 트랙은 효과가 대단했을까? (너무 효과가 뛰어나 아이들이 마침내 그 CD를 가리켜 '잠 오는 CD'라고 부르기까지 했다고 한다.) 뇌 해킹의 핵심 특징을 잘 드러내는 한 가지 이유를 대자면, 모든 뇌가 그리고 모든 개별 뇌의 경험이 저마다 다르기 때문이다.

알고 보니, 이처럼 특별히 과잉행동을 보이는 아이들은 이전에 인터넷에서 들었던 첫 번째 트랙의 스래시 메탈 곡에 흠뻑 빠졌다고 한다. 그래서 그런 유형의 곡을 듣자 날뛰는 곰처럼 뛰어다녔던 것이다. 따라서 알고리즘도 동일했고 다른 두 트랙처럼 수면 유도 효과도 분명 있긴 했지만, 아이들은 빠른 템포와 기뻐 날뛰는 분위기인 첫 번째 곡의 기본적인 음악 구조를 이전에 접해보았기 때문에 그 곡에 담긴 비교적 미묘한 수면 유도 효과가 통하지 않았던 것이다. 이전에 말했듯이 이런 것이 모든 뇌 해킹이 안고 있는 문제점들(하지만 소비자 입장에서 보면, 안심이 되는 요인들) 중 하나다. 만약 뇌 작동 방식의 통계적 모형(신경과학이 대체로 의존하는 방식)에 바탕을 둔 뇌 해킹 기법이라면, 비록 대다수에게는 통할지 몰라도 누구에게나 통하지는 않을 것이다.

광고에 뇌 해킹을 이용할 수 있을까?

그렇다면 뇌 해킹을 우리의 삶에 어떻게 활용할 수 있을까? 나는 2000년에 특정 대상에 대한 청각적 뇌 해킹을 시작하면서 이를 어떻게 합법적으로 이용할 수 있을지 알아보려고 했다. 당시 그런 일을 실질적으로 하는 사람은 우리뿐이었다. 우리의 첫 번째 아이디어는 광고였다. 어쨌거나 광고는 최초의 다세포 생명체가 자기 영역을 지킬 적합도와 능력을 이웃에게 뽐내기 위해 무언가를 만들어낸 이후로 늘 존재해왔다. 또한 인간의 경우에도, 뛰어난 생식능력을 지닌 여성 형태를 보여주는 최초의 과장된 뼈 조각품(여성의 골반을 가리키는 듯하다_옮긴이) 이래로 광고는 의사소통에서 중요한 역할을 맡았다. ("좋으실 때 알의 동굴로 오세요. 매머드를 깊숙이 넣어주세요.") 그리고 좀 더 현대적인 의미에서 보더라도 광고는 잠재적 소비자를 정서적으로 유혹하여, 해당 광고를 보거나 듣기 전에는 존재조차도 몰랐던 어떤 것이 간절히 필요하다고 확신하게 만드는 일이다. 그것이 없으면 덜 매력적이고 직장을 얻기도 어렵고 시대에 뒤떨어진다고 고객 스스로 여기게 만드는 일이다.

소비자 심리학의 개념과 신경경제학이라는 새 분야를 장황하게 들먹이지 않더라도 광고, 특히 성공적인 광고는 매우 견고한 심리학적 근거에 바탕을 두고 있다. 여러분이 상품을 사게 만드는 것이 관건이다. 그런데 구매의 핵심 요소 중 하나는 거의 모든 구매가 감정에 따른 행위라는 것이다. 우리는 새로운 음악이나 오디오를 사러 나간다 해도 몇 시간에 걸쳐 최신 전자공학을 파헤치거나 세부사항을 확인하거나 헤드폰의 주파수 스펙트럼이 얼마나 넓은지를 비교하거나 최대 볼륨이 미국립보건원의 건강 지침을 위반하지 않는지는 따지지 않는다. 우리가 물건을 사는 이유는 멋져 보인다거나 다른 친구들이 갖고 있기 때문이다. 최근 여성을 대상으로 한 뮤직 플레이어가 나왔다고 난리법석을 피우긴 하지만(차이는 그런 제품이 말을 오른쪽 귀로 쏠리게 한다든가 주파수 반응이 기존 제품과 살짝 다르다는 것이 아니라, 단지 색깔이 분홍색이라는 것이다), 그런 마케팅 결정에는 그만한 이유가 있다. 그렇게 하면 특정 소비자층에 팔린다.

본디 광고는 주로 캐치프레이즈와 징글을 동원하여 소비자한테 어떤 상품에 대한 정서적 욕구를 불러일으켜서 그것 없이는 살 수 없을 것처럼 만든다. 가령, 새로 나온 주방기구가 없으면 덜 매력적이고 청결 상태가 의심스러우며 만성적인 눈썹 떨림 증후군으로 죽을지 모르기에, 꼭 사야 한다고 확신하게 만드는 것이다. 하지만 광고는 단지 어떤 것이 필요하다고 확신시키는 것뿐만 아니라 심리적 수단을 이용해 상품의 이름을 기억하게 만들고 오직 그 특정 브랜드만이 여러분한테 필요한 것을 줄 거라고 유혹한다. 요약하자면, 목적은 광고가 여러분한테 딱 들러붙게 함으로써 소비자의 감정, 기억 및 관심을 조작하는 것이다. 이를 위해 기본적인 심리학적 원리들을 (반복은 기억의 핵심이다, 섹스는 언제나 통한다, 등등) 이용한다. 만약 이런 기본적인 원리들이 정말 통하는지 잠시 미심쩍다면, 흠, "손이 가요, 손이 가" 다음에 뭐가 나오는지 여러분은 어떻게 기억한단 말인가?

물론 1960년대에 소비자 마음을 조종하려고 고급 신경 알고리즘을 사용한 사람은 없었다. 과거에 통했던 기법을 사용했을 뿐인데, 그래도 효과만점일 때가 많았다. 귀에 쏙쏙 박히는 징글도 만들기 시작했는데, 친숙성에서부터 음악 조성(key) 내지 리듬에 이르는 여러 요소들의 우연한 통합 덕분에 마침내 귀벌레(또는 신경학 용어로 '집요하게 반복되는 음향')—머리에서 도저히 떨쳐낼 수 없는 음악적인 구절—가 만들어졌다. 귀벌레는 몇 분 동안 여러분 머리에서 떠나지 않는 자장가 구절처럼 단순할 수도 있다. 하지만 브루스 스프링스틴의 〈선더 로드(Thunder Road)〉 도입부 네 소절처럼 복잡할 수도 있는데, 이 노래가 닷새 내내 뇌를 휘젓고 나면 여러분은 두 번 다시 그런 인물이 등장하지 않도록 뉴저지 주를(이 가수는 뉴저지 출신이다_옮긴이) 지구상에서 초토화시켜버릴 만반의 준비가 되어 있을 것이다.

요즘에는 이른바 '신경 광고'에 적용하는 데 눈독을 들이고서 이런 현상의 기반을 연구하는 사람들이 있다. 지금까지의 데이터에 의하면 요점은 단지 리듬이나 조성 또는 내용이 아니다. 귀벌레는 서로 동기화를 이루면 벗어나기가 매우 어려운 뇌의 수많은 리듬 활동에 바탕을 두고 있는 듯하다. 그리고 언젠가 광고회사가 궁극의 귀벌레를 만드는 비법을 알아내어 여러분이 해당 브랜드가 우수하다는 생각에서 결코 벗어날 수 없게 되는 날이 오면, 바로 그날이 전 세계의 광고계 중역들과 신경 광고업자들이 무더기로 린치를 당하는 날이 될 것이다. ("사람이 끼어들지 않았어야 할 일이 있는 법입니다, 친애하는 프랑켄사운드 박사님." (프랑켄슈타인을 빗대어 신경 광고의 위험성을 말하는 언어유희로 보인다_옮긴이))

그렇다면 '신경 광고' 운운하는 말은 얼마만큼 진실일까? 정말로 신경과학과 심리학 데이터를 이용하는 산업이 있기는 할까? 더 의미심장한 질문을 던져보자. 실제로 효과가 있는 것일까 아니면 그냥 유행어일 뿐일까? 그렇다. 진짜이고 실제로 효과가 있을 수는 있지만, 꽤 기본적인 어떤 이유로 통하지 않을 때가 많다.

청각 뇌 해킹으로 우리가 시도할 수도 있는 구체적 예를 살펴보고 그것이 통하는지 살펴보자. 이런 상상을 해보자. 여러분은 광고에 창의적인 소질이 있으며 여성층을 겨냥한 로맨틱한 상품을 팔아야 한다. 남성과 여성은 뇌가 다르며, 듣기도 서로 다르다. 물론 소리 세기와 주파수 문턱값의 성별 차이를 오랜 시간 계산해보아도 실질적인 수준에서 유의미한 차이가 드러나지는 않는다. 그러나 앞장에서 설명했듯이, 청각 시스템의 상당 부분은 바람직한 짝과 바람직하지 않은 짝을 간파해내고 구별하는 일이다. 암컷의 소리 기반 짝 선택은 개구리에 한정되지 않는다. 배리 화이트 팬의 인구 구성을 슬쩍 살펴보면 여러분은 내 말뜻을 아실 것이다.

하지만 한걸음 더 나가보자. 크기는 소리를 만들고 감지하는 진동면의 부피와 질량 때문에 생기는 음정과 긴밀하게 연관되어 있으며, 두 발 동물인 인간에게 키는 짝 선택 과정에서 중요한 고려사항이다. 따라서 음향 설계자는 저음 소리나 목소리를 이용할 수도 있고 소리가 청취자보다 높은 지점에서 온다고 여기도록 우리의 귀를 속일 수도 있다.

아주 교묘한 짓이다. 위올리브핵이 소리가 왼쪽 오른쪽 중 어디서 오는지 알아낼 수 있지만(앞과 뒤를 알아내기는 좀 더 어렵다), 소리가 위쪽에서 오는지 아래쪽에서 오는지를 알려줄 단서(수직 단서)는 작은 둔덕과 계곡을 지닌 외이의 형태에 달려 있다. 곤란한 점은 외이는 모두들 저마다 조금씩 다르다는 사실이다. (심지어 어떤 표면에 귀를 댄 자국을 신원확인 목적으로 사용한 법의학 사례들이 몇 건 있기도 하다.) 여러분의 뇌는 오랜 세월 귀와 함께 살아왔기에, 소리의 노치(notch. 특정 주파수 대역 감소)와 피크(peak. 특정 주파수대 증폭)를 바탕으로 소리가 위에서 오는지 아래에서 오는지를 해석할 수 있다. 다행스럽게도, 소리의 방향 찾기는 심지어 수직면상에 놓인 음원에 대한 것도 청각 정신물리학에서 잘 연구된 분야이다. 몇 가지 연구에서 입증된 바에 의하면, 여러분이 넓은 대역 잡음 중에서 노치가 나타나는 스펙트럼 위치를 6에서 8kHz로 변화시키는 필터를 만들면, 마치 소리가 위로 이동하는 것처럼 들린다. 따라서 천재인데다 소프트웨어도 많고 시간도 넉넉한 음향 설계자는 이 로맨틱한 상품의 명칭을 전하는 목소리를 녹음할 때 다음과 같이 한다. 배리 화이트 음역으로 음정을 낮춘 다음, 위쪽으로 큰 커브를 그리는 고주파 노치를 지닌 조용한 소리에 삽입시킨다. 그러면 갑자기 청중은 훤칠한 키의 짝에게서 나오는 아주 섹시한 목소리로 그 상품의 이름을 듣게 된다. 그 신호를 뇌의 여러 영역, 즉 청각피질에서부터 전전두엽 피질의 주의집중 영역, 시상하부 영역, 눈동자 크기에서부터 각성 상태까지 여러 활동을 통제하는 시각교차앞구역(preoptic region)까지 보내라. 자! 그러면 여러분은 교묘한 속임수로 청취자의 관심을 끌게 만들고 아주 긍정적이며 섹시하고 진지한 반응을 얻게 될지 '모른다.'

그렇게 쉽기만 하면 정말 좋을 텐데.

여러분의 청취자는 남성일 수도 있다. 남성은 이런 식으로 조작된 소리에 짜증이나 성가신 반응을 종종 보인다. 따라서 남성은 이 상품을 선물로 사지 않을 것이다. 천성적으로 남성에게 관심이 없는 여성도 있을 수 있다. 아니면 그 여성은 귀의 특성상 수직 위치 정보를 8~10kHz에서 얻을지 모른다. 아니면 어렸을 적 창가에서 떨어진 배리 화이트의 앨범에 맞아 고양이가 죽었을지 모른다. 뇌 해킹은 통계적으로 상당수의 인구 비율에서 통하겠지만, 뇌는 지문보다도 훨씬 더 사람마다 다르다. 그리고 통계는 전체 인구에 대해서만 유효할 뿐이어서 어느 특정 개인에게 특정 자극이 성공할지 실패할지는 예측할 수 없다.

하지만 '통계적으로 상당수의 인구 비율'은 영업자들한테는 많은 인구를 뜻한다. 아마도 그런 까닭에 신문 등의 매체에 '신경 마케팅', '소비자 뇌 스캐닝' 및 '표적 광고'와 같은 유행어들로 가득 찬 이야기와 광고가 넘쳐나고, 눈 움직임 추적기(eye tracker), EEG 및 심지어 fMRI와 같은 다양한 신경과학 장치 사용을 논하고 있는 것이다. 적절하게 이용만 한다면 구매 결정을 이해하는 데 도움이 될 것이다. (적어도, 20분 동안 여러분 머리 주위에 100dB 음향이 울려 퍼지는 가운데 전극을 온몸에 꽂고서 또는 좁은 관 안에서 들것에 꽁꽁 묶인 채로 구매 결정이 이루어진다. 보송보송한 토끼털 점퍼? 좋아요, 내가 두 개 삽니다. '제발 여기서 나가게 해주세요!') 그러나 영업과 판매는 이 사안의 일부일 뿐이다. 이러한 표적 뇌 해킹을 적용하여, 병원 대기실이나 공항 대기실과 같은 스트레스 환경에서 우리를 진정시키는 음향을 만들면 어떨까? 또는 멀미를 줄이는 데 입체 음향을 이용하면 어떨까? 환자의 수술 후 회복 촉진을 위해 수면 유도 음향을 이용하면 어떨까? 이는 뇌의 감각적 및 청각적 처리 과정을 이해하고 나아가 그런 지식을 현실 세계에서 활용하기 위한 다음 단계의 시작이다. 우리는 이제 막

전 세계의 수천 개 신경과학 연구실에서 수집한 모든 데이터의 실질적 잠재력을 알아차렸다. 소리는 태초부터 우리와 함께 해왔듯이, 우리가 기술의 미래 그리고 우리 존재를 정의하는 데도 도움을 줄 것이다.

| chapter **NINE** |

무기와 기이함

1981년에 학위도 따지 않은 2학년으로서 컬럼비아 대학을 떠난(그리고 생물학 교수들 중 한 분에게서 내가 과학에는 가망이 없다는 말을 들은) 직후, 나는 돈을 받고 공연을 하는 음악가로서 활동했다. 그 무렵 나는 첫 신시사이저를 샀는데, 낡은 아날로그 유노 106은 1980년대의 원시적인 기술 수준을 보여주는 전형적인 모델로서, 내 아파트에 득실거리는 바퀴벌레들만큼이나 디지털적이지 않았다. 나는 프랙털 사운드를 만들어낼 수 있는지 알아내려던 중이었다. 프랙털 사운드는 실시간으로 자기 자신을 수정하는 반복적인 음들로 이루어진, 당시로서는 대체로 이론적인 개념이었다. 당시 기술 수준으로서는 소프트웨어를 이용해 순간순간 파라미터들을 바꿀 방법이 없었다. 나한테는 고작 아날로그 오실레이터, 필터, 슬라이더(라디오의 볼륨처럼 상하좌우로 왔다 갔다 하는 음향장치_옮긴이), 바퀴 그리고 기타 희한한 수동 제어기밖에 없었다. 유노는 아주 오래되고 꽤 소란스럽지만 무진장 큰 앰프에 연결되어 있었다.

나는 딱 한 시간 만에 조종간들을 아주 정확한 위치로 움직여서 오실레이터들이 동기를 맞추거나 벗어나게 시도하면서, 한편으로는 고양이가 조종 패널에 뛰어올라 자기 좋도록 조종간을 휘저어 놓을 때는 저주파 오실레이터를 마치 차단 필터처럼 작동하게 만들었다. 그런 후에 녀석은 재빨리 달아났는데, 아마도 자기 주인이 내는 아주 크고 성가신 비프랙털적인 목소리에 움찔해서였을 것이다. 일단 마음을 안정시키자, 어쩌면 내가 그 시스템을 다룰 때 고양이가 프랙털 사운드를 만들어냈을 가능성이 농후하다는 생각이 퍼뜩 떠올랐다. 바로 나는 건반을 하나 눌렀다. 매우 시끄럽고 기이한 소리, 저주파 고출력의 두드리는 소리 하나가 앰프에서 나왔다. 프랙털이라기보다는 메스꺼운 소리였다. 슬슬 느낌이 이상했다. 몸을 돌려 앰프를 마주보자 구토가 쏠렸다.

앰프와 고양이를 씻기고 나자 이런 생각이 머릿속에서 떠나지가 않았다. "도대체 '그게' 뭐였지?" 어쨌든 고양이와 나는 '매우' 비청각적 효과가 있는 소리 하나를 우연히 만들어낸 것이다. 수년 후 학생들에게 장(腸) 운동을 멎게 한다는 전설적인 음인 '갈색 소리' 같은 것은 없다고 이야기하다가 당시 장면이 기억났다. 소리는 들리는 대로일 뿐이고 그게 여러분의 창자와 신체 활동에 영향을 줄 수 없다는 식의 설명을 차츰 거두기 시작했다. 그러다가 마침내 다른 수업에 가야 한다고 중얼거리면서 나는 비밀, 즉 소리의 그러한 비밀스러운 측면들이 궁금해지기 시작했다.

불로러와 여리고 성 이야기

인간과 소리의 관계는 이상하다. 우리는 대부분의 소리를 무시하며, 뇌에서 이리저리 정리해서 우리 세계의 무대를 이루는 '배경'으로서 인식한다. 어느 정도 주의를 기울이긴 하지만 확실히 붙들진 않는다. 그러나 (우리가 무시하긴 하지만) 소리는 우리 마음 밑바닥에 자리잡아서 온갖 활동을 다 한다. 그러다가 우리가 다른 감각들 및 환경의 맥락에 그 소리를 놓자마자 우리의 의식에 떠오른다. 소리는 어둠 속에서, 보이지 않는 곳에서 작동하는 감각 시스템으로, 무슨 일인지 직접적으로 알려주진 않지만 여러분의 생존에 중요한 일이 벌어지고 있음을 알려준다. 아마도 그런 까닭에 인간은 힘을 어떤 유형의 소리에서 나오는 것이라고 종종 믿는다. 마치 파동 그 자체가 살아 있으며 선악의 의도를 갖고 있기라도 하다는 듯이.

소리는 인류 문명과 오랫동안 함께하면서 우리를 세계와 연결시켜왔다. 성경에서는 하나님이 "빛이 있으라"라고 '말했을' 때 창조되었다고 알린다. 힌두교도들은 "옴"이라는 음절이 신비스러운 진동이라고 믿는다. 황종(黃鐘)의 소리는 고대 중국 황실과 우주의 조화의 관계를 규정하는 음계의 으뜸음 역할을 했다. 이런 경향은 종교에서부터 대중문화, 과학에서부터 군사 문제까지 인간 활동의 모든 면에 깃들어 있다. 그런데 인간이 관심을 많이 기울이고 오랫동안 사용해온 모든 도구들과 마찬가지로 이런 힘은 자칫 잘못 쓰일 때가 종종 있다. 소리는 치유의 장치 또는 사회적 응집을 유도하는 수단이라고 기본적으로 인정되긴 하지만, 아마도 여러 이야기 속에서 그리고 현실에서도 소리가 무기로 쓰이게 되는 두 가지 경우가 있다.

음향 무기의 개념은 아주 오래되었다. P.I.(Pre-iPod. 아이팟 이전. B.C.나 A.D.처럼 저자가 고안해낸 시간 기준 용어_옮긴이) 수십만 년쯤에 우리 선조들은 소리가 어떤 일, 대체로 자신들이 통제할 수 없는 일의 발생을 알려준다는 것을 알았다. 지진이나 눈사태 때 나는 큰 저음의 우르릉거림, 갑자기 나뭇가지가 톡 부러지는 소리와 어둠 속에서 포식자의 낮은 으르렁거림, 또는 폭풍이 불 때의 거센 바람 소리 등은 전부 그런 현상들이 강력하고 반드시 피해야 할 것임을 알려주었다. 그리고 〈스타워즈〉를 위해 음향 총(sonic blaster)이 구상되기 훨씬 이전인 17,000년 전 이미 일부 조상들은 다음 사실을 알아차렸다. 평평한 나무 조각에 구멍을 뚫고 긴 줄을 구멍에 연결해서 머리 위로 원형으로 돌리면, 저음의 웅웅거리는 소리가 나는데, 그 소리는 청취자와의 거리에 따라 소리가 달라진다. 당시 사람들은 마치 시간 여행 장치에 사고가 생겨서 헬리콥터가 출현한 것처럼 여겼을지 모른다. 이 음향 무기, 불로러(bullroarer)는 남극을 제외한 모든 대륙의 고대 유적지에서 발견되었고 호주 원주민들은 지금도 악령을 쫓아내는 의식에서 사용하고 있다. 기술은 단순하지만 그 악기가 내는 소리는 크고 복잡하다. 줄에 매달려 회전하는 나무 조각의 저주파 진동에 의해 생기는 그 소리는 청자가 나무 조각의 원형 궤도에 가까워지거나 멀어질 때 도플러 효과로 인해 주파수가 높아지거나 낮아지기 때문이다. 큰 불로러의 소리는 큰 동물의 울음소리 혹은 숨소리와 아주 흡사하다. 밤에 모닥불 주위에서 그 소리를 들은 사람들은 이 윙윙거리는 소리가 필시 어떤 중대하고 위험한 일이 벌어졌다고 확신했을 것이다. 다만 그 일이 자기들 편에 유리하기만을 간절히 바랐을 것이다. 따라서 비록 어떤 초자연적 실체에게 사용하려고 하긴 했지만 불로러는 소리를 심리 무기로 사용한 최초의 사례인 셈이다.

음향 무기를 사용한 사례는 전 세계 곳곳의 이야기에서 또 실제 현실에서 찾아볼 수 있다. 고대의 불로러에서부터 장거리 음향 억지 수단(LARD)—이 시대 군중들에게 사용(또는 오용)되고 있다—과 같은 현대의 비살상무기들이 그런 예이다. 뼈 조각이나 나무 조각을 실에 매단 장치에서부터 압전 초음파 방출기의 최첨단 위상 배열에 이르는 기술이 있었기 때문에 이런 무기들이 다양하게 사용될 수 있었다. 하지만 다른 많은 무기들과 달리 음향 무기 하면 떠오르는 이야기들과 두려움이 무기 자체보다 더욱 효과적일 때가 종종 있다. 인류 문화에 이런 이야기들이 수두룩하다는 사실은 음향 무기의 실제 효과와는 별개로 우리가 소리와 비밀스러운 심리적 의존 및 관련성을 맺고 있음을 잘 알려준다.

서양인들이 아마도 처음 들었을 음향 무기의 유형은 물리적인 것이었다. 성경 이야기와 고고학적 연구를 종합해보면, 기원전 1562년 여호수아는 여리고 성에서 가나안 사람들과 싸웠다. 매우 치열했던 이 전투는 결국 여리고 성의 붕괴로 끝이 났다. 성경에 따르면 신의 계시에 따라 여호수아는 휘하 군인들이 한꺼번에 고함을 친 다음 뿔피리—양의 뿔로서, 밸브가 없는 트럼펫처럼 연주할 수 있는 악기—를 불게 했다. 집단적으로 뭉친 목소리들의 고조파 진동이 성벽을 무너뜨리자 여호수아와 백성들은 순회공연을 하는 밴드들이 늘 하는 일을 했다. 도시를 완전히 파괴한 것이다. 게다가 그런 거대한 공연무대를 마련한 인물은 라합이라는 매춘부였다.*

이 이야기는 음향 무기를 사용하여 실제로 무언가를 파괴시킬 수 있음을 보여준 최초의 사례 중 하나다. 매우 큰 소리가 건물을 무너뜨릴 수도 있다고 사람들이 믿게 된 이유는 어렵지 않게 짐작할 수 있다. 한 떼의 말이 마을로 질주해오면 냄비들이 식탁에서 떨어진다. 지진이 으르렁거리면 건물이 붕괴된다. 천둥이 가까이서 세게 치면 그 아래쪽 오두막은 불에 붙는다. 소리를 듣고 어떤 파괴가 일어나는 경험을 통해 생긴 연상 작용 때문에 우리는 지면을 통한 진동보다 더 쉽게 느끼는 공중의 소리가 피해의 원인이라고 믿게 되었다.

* 가수를 따라다니는 소녀 팬은 예나 지금이나 길 위의 밴드에서 빠질 수 없는 존재이다.

그런데 소리가 진동하는 분자에 의한 에너지 전달이긴 하지만, 공중의 소리로 실질적인 물리적 충격을 얻으려면 꽤 특별한 장치가 필요하고 제한된 공간 속에 많은 힘이 집중되어야 한다.

그렇다면 뿔피리 소리, 목소리 및 정적이 적절히 합쳐진 거대한 진동이 돌로 된 성벽을 무너뜨리는 것이 가능했을까? 건축가, 고고학자 및 음향학자들에게 물어보면 단연코 불가능하다는 답이 나온다. 음향학자인 데이비드 럽맨에 따르면, 여호수아 이야기에 나오는 양의 뿔은 기본주파수가 약 400Hz이고 대다수의 고조파 주파수들이 1,200~1,800Hz 사이인 매우 큰 소리(약 92dB)를 낼 수 있다고 한다. 이 정도면 뿔피리는 세기와 성가신 수준이 수컷 황소개구리와 맞먹는다. 인간 남성의 목소리는 약 60Hz에서 약 5,000Hz까지인데, 대다수의 에너지는 1,000Hz 아래이며, 최대 세기는 죽을힘을 다해 고함을 지를 때 약 100dB이다. 그러면 황소개구리보다 더 시끄럽지만, 근소한 차이일 뿐이다.

럽맨은 여리고 성의 음향적 시나리오를 실제로 분석했다. 기본 가정은 초인적인 정확함으로 뿔피리를 분 남성이 300~600명 정도였고 전부 동시에 고함을 질렀다는 것이다. 럽맨은 아무리 뻣뻣하고 잘 부서지는 재료로 성을 만들었다 해도 구조적으로 피해를 주는 진동을 일으키는 데 드는 힘의 백만 분의 일도 생기지 않는다고 한다. 상이한 질량과 크기의 재료들로 이루어진 구조물에 공명을 유도하게끔 소리들의 위상을 일치시키려고 정교한 타이밍을 맞추는 일은 논외로 하더라도 말이다. 물론 여리고 이야기가 역사적 기록이라기보다는 소리와 인간과의 관계를 알려주는 훌륭한 사례임은 분명하다.

그런데 밀도가 더 높은 물질을 따라 전파하는 소리는 또 다른 이야기다. 기차 길에서 100미터쯤 떨어진 곳에서 사는지라 나는 700톤짜리 열차가 시속 50~60킬로로 달릴 때 지면을 통해 전달하는 에너지가 얼마나 파괴적인지 증언할 수 있다. 실제로 집 벽과 천장의 균열이 그걸 입증해준다. 고밀도 매질을 통해 전파하는 소리는 공기에서 전파할 때보다 훨씬 빠르게 이동하기에, 더 느리게 감쇄한다. 만약 그 진동이 금속 재료로 된 닫힌 구조물 속에서 일어나면 쉽사리 공명을 일으킨다. 원래 음원과 일치하는 진동이 구조물에 발생하는 것이다. 진동이 계속되는 조건이 갖추어져 있으면, 공명은 차츰 커져서 마침내 구조물이 견디지 못하고 이론상 망가질 수 있다.

테슬라의 지진 기계

이런 종류의 파괴 이야기는 위대한(가끔씩은 삐딱한) 발명가인 니콜라 테슬라의 실험에서 비롯되었다. 오늘날의 크로아티아에 있는 한 마을인 스밀리안에서 1856년에 태어난 테슬라는 미국으로 이민 와서 무선 전송과 교류 전기의 아버지로 알려지게 되었다. 특히 그는 전기 현상 및 음향 현상으로서 공명에 깊은 매력을 느꼈다. 여러 전기와 숱한 음모론 웹사이트에 따르면, 테슬라는 1898년 작은 전기 역학적 발진기를 만들어서 뉴욕 시의 이스트 휴스턴 가에 있는 자신의 높은 실험실 쇠 기둥에 부착했다고 한다. 발진기를 작동시키자, 실험실 바닥과 실내 공간에 공명이 일어나서 작은 물체들과 가구들이 실내를 이리저리 움직여 다니기 시작했다. 그 다음에 일어났다고 하는 일은 꽤 미심쩍다. 공명이 건물 밑바닥을 타고 전파되어 옆 건물과 상점들이 진동하기 시작했고 창문이 깨지자 근처의 리틀 이탈리와 차이나타운 사람들이 혼비백산했다. 경찰이 실험실의 문을 두드리는 소리에 테슬라가 놀라고 나서야 사태는 진정되었다. 왜 그런 혼란이 생겼는지 아느냐는 질문을 받고서 테슬라는 (한 이야기에 의하면) 아마도 지진이 일어났던 것 같다고 둘러대고서, 경찰을 내보낸 다음 큰 망치로 발진기를 부수어서 인공 지진을 멈추었다.

기자들이 조금 후에 도착했을 때, 테슬라는 그다운 재치와 겸손함으로 자신이 마음만 먹었으면 몇 분 만에 브루클린 다리를 무너뜨릴 수도 있었노라고 말했다. 하지만 1935년 나온 〈뉴욕 월드 텔레그램〉의 한 기사에 의하면, 테슬라는 사건이 일어난 해도 '1897년' 아니면 '1898년'이라고 주장하면서 조금 다른 이야기를 들려준다. 그가 쓴 기사에 의하면, "갑자기 그 장소의 모든 육중한 기계들이 둥둥 떠다녔다. 나는 망치를 움켜쥐고 기계를 부수었다. 몇 분 더 지났으면 건물이 우리 귀 높이께로 내려앉았을 것이다. 밖에는 대혼란이 일어났다. 경찰과 앰뷸런스가 도착했다. 나는 조수에게 입을 꾹 다물라고 일러두었다. 우리는 경찰에게 분명 지진이 일어났던 것이라고 말했다. 경찰은 그렇게 알고 돌아갔다." 테슬라는 (이 이야기의 핵심 소재인 발진기 엔진에 관한 특허 514,169와 517,900을 포함하여) 700건 이상의 특허를 낸 창의적인 천재였는데, 또한 자기가 만든 장치들이 얼마나 단순한지 그러면서도 얼마나 효과가 무시무시한지를 꽤 떠벌리고 다닌 사람으로 유명했다. 가령 자신의 발진기와 "5파운드의 증기압으로 엠파이어스테이트 빌딩을 무너뜨릴" 수 있다고 한 이야기가 그런 예다.

그렇다면 이런 '지진 기계'가 실제로 작동할 수 있을까? 이론상으로는 그렇다. 단단한 물질의 단순한 주기적 진동은 그 물질을 공명시키는데, 이 공명은 완전히 통제에서 벗어날 수 있다. 잠시 짬을 내어 타코마 다리의 붕괴 동영상을 찾아보라. 그 다리는 1940년에 레온 모이세프가 설계했는데, 개통된 지 네 달 후에 시속 약 60킬로미터의 바람이 지속적으로 불어서 공탄성(aeroelastic. 공기 역학적 영향 하에서 수축 및 팽창 또는 변형되는 재료의 성질_옮긴이) 요동이 발생했다. 이 상태에서 구조물의 자연적인 공명은 만약 강한 바람에 의해 충분히 감쇄되지 않으면 양(+)의 되먹임 고리(positive feedback loop)에 빠져 계속 증가한다. 급기야 다리가 진동하기 시작하더니 다리의 자연 공명 주파수에서 다리 전체가 출렁이다가 마침내 아래로 무너져 내렸다. (동영상에 보이는 개는 이 사고에도 살아남았다.)

더욱 최근의 사례를 들자면, 런던 밀레니엄 브리지는 2000년에 개통한 직후부터 '흔들흔들 다리'라고 불리기 시작했다. 개통식 때 사람들이 걸어 다니자 공명 반응을 일으켜 다리는 좌우로 흔들리기 시작했다. 이후 다리는 대형 붕괴사고를 막기 위해 폐쇄되었다. 따라서 진동은 공명 재난을 일으킬 수 있다. 하지만 테슬라의 주머니 크기 발진기가 맨해튼 저지대에 인공 지진을 일으킬 수 있었을까? 2006년에 방영된 〈미스버스터스(Mythbusters)〉(신화 파괴자들이라는 뜻_옮긴이)에서 시뮬레이션한 결과에 의하면, 잘 조율된 선형 작동기(회전이 아니라 앞뒤로 움직이는 모터)는 큰 금속 막대에 상당한 진동을 일으킬 수 있었지만, 테슬라 장치를 모방한 것은 적절히 떨어진 거리에서 제대로 공진 효과를 일으키지 못했다.

〈미스버스터스〉 제작팀은 난관에도 굴하지 않는 사람들인지라, 다시 분발하여 발진기를 오래된 철제 트러스교에 붙인 다음, 다리 전체의 공명 주파수와 정확하게 일치하도록 작동시켰다. 그러자 꽤 먼 거리에서도 으르렁거림과 진동을 감지할 수는 있지만 다리 자체는 별로 영향을 받지 않았다. 결국 제작팀은 테슬라의 이야기가 허구라고 선언했다. 이와 비슷한 이야기들이 늘 그렇듯이 문제는 이론에 있는 것이 아니라 현실 세계의 온갖 세부사항에 있었다. 아마도 적절한 진동을 통해 한 건물이나 여러 건물에 큰 손상을 일으킬 수는 있지만, 시속 60킬로미터로 부는 바람의 힘이나 수천 명의 사람들이 동시에 밟는 힘 또는 적어도 지진의 힘이 필요하다. 단순한 공명은 가령 건물 테두리와 같은 폐쇄형의 단단한 구조물에 진동을 증폭시킬 수는 있겠지만, 현실의 구조물은 전부 감쇄라든지 재료나 환경 조건의 변화로 인한 진동 능력의 변화에 의해 영향을 받는다. (이 덕분에 우리 집은 승객 운송 기차보다 훨씬 더 무거운 화물 열차가 지나가는 새벽 2시에는 무너지지 않는다.) 테슬라가 실험실의 쇠기둥을 진동시키긴 했지만, 그 기둥은 흙으로 둘러싸인 콘크리트 속에 들어 있었고 이웃 건물들과도 떨어져 있었다. 쇠기둥에서 적절한 공명 주파수의 진동이 일어났더라도 저밀도의 물질과 부딪히면 왜곡되고 감쇄되어 성가신 으르렁거림 정도로 바뀌었을 것이다. 그 소리에 이웃들이 시끄럽다고 투덜거렸겠지만 다들 살겠다고 도망치지는 않았을 것이다.

하지만 인간의 오랜 습성과 두뇌의 회로 배선 탓에 우리는 늘 소리가 큰 규모로 일어나면 물리적인 파괴를 일으킨다고 생각한다. 그리고 우리의 창의적인 공학자들, 과학자들 그리고 작가들은 줄기차게 음향 무기들을 내놓으려 하고 있다. 아마도 그런 무기가 과학소설의 주류이기 때문일 것이다. 프랭크 허버트의 『듄(Dune)』을 원작으로 삼은 데이비드 린치의 영화에서 크위사츠 하데라크의 추종자들은 특수한 '위어딩 모듈'(weirding module)을 사용했다. 이것은 여호수아 군대처럼 벽을 무너뜨릴 수 있는 음향 무기이다. 영화 〈마이너리티 리포트〉에서 경찰이 사용하는 권총은 사람들을 쓰러뜨릴 수 있는 '음향 총알'을 발사한다. 하지만 내가 가장 좋아하는 공상의 음향 무기는 실제로 1960년대에 마텔 사가 만든 장난감 에이전트 제롬 소닉 블래스터이다. 1960년대에는 재미 삼아 대량살상을 추구하는 전통에 따라(베트남전이 있었던 당시 상황을 비꼬는 듯한 말이다_옮긴이), 장난감 회사는 압축 공기를 이용해 귀를 멀게 할 정도인 15+dB의 폭발음을 만들었다. 단 한 방으로 마분지 건물을 날려버리고 수북한 낙엽 더미를 뿔뿔이 흩어지게 할 위력이었다. 최상급의 군사용 장치라고 할 수는 없지만, 분명 음향 무기에 속해야 마땅했다. 영구적인 청각 손상과 고막 파열 사례가 그걸 손에 쥔 운 좋은 아이들의 부모에 의해 다수 보고되었기 때문이다. 여러분의 목적이 몇몇 아이들의 귀를 멀게 하고 시리얼 박스 한두 개를 넘어뜨리는 정도라면 아무래도 좋다. 하지만 물리적 대상을 파괴하는 소리의 능력은 근본적으로 한계가 있다. 음향 무기의 실제적이고 효과적인 면은 다른 영역—심리적 측면과 생리적 측면—에 있다.

두려움을 불러일으키는 음향 무기

왜 음향 무기를 만들까? 인간이라는 종은 엄청난 시간과 자본을 들여서 무기를 만들면서도 무기의 사용을 공개적으로 비난한다. 대다수의 무기는 에너지를 이용해 조직적이고 견고한 구조를 덜 조직적이고 덜 견고한 구조로 변환시킨다는 개념을 바탕으로 한다. 음향 무기가 공상과학의 영역 바깥에서는 그다지 유용하진 않지만, 소리가 우리에게 미치는 영향은 음향 무기와 비슷한 역할을 한다. 즉, 두뇌의 신경 회로 배선을 교란시켜, 계획을 구상하고 실행하는 마음의 능력을 저하시킨다.

경고 신호로서 소리의 기본적 기능들은 가장 깊은 뇌간에서부터 가장 위쪽의 인지중추에 이르기까지 우리 안에 갖추어져 있다. 뇌를 아주 효과적으로 불안정하게 만들려면 몇 가지 기본적인 음향심리학적 특성들을 추가하면 그만이다. 진화생물학이 우리에게 가르쳐준 바를 기억하라. 즉, 크고 낮은 소리는 무섭게 들린다는 것. 그리고 만약 소리가 크고 많은 무작위 주파수와 위상 요소들을 갖고 있으면 (가령 손톱으로 칠판을 긁는 소리는) 성가시게 들린다. 또한 소리가 크고 벗어날 수 없는 것이라면, 혼란스럽고 갈팡질팡하게 만든다. 그리고 나지 않아야 할 곳에서 나는 소리처럼 정황에 맞지 않는 소리는 우리를 갈팡질팡하고 무섭게 만든다. 가장 효과적인 음향심리 무기는 이 모든 것을 다 합친 것이다.

무언가가 하늘에서 급강하하는 장면이 나오는 영화나 만화를 아무것이나 떠올려 보라. 그 무언가가 미사일이든 운석이든 아니면 가엾은 먹이를 향해 달려드는 매이든 간에. 거의 언제나 음향 효과가 속도감과 다가오는 위험의 느낌을 고조시킨다. 하지만 현실에서는, 화산에서 용암이 극히 드물게 분출되는 현상을 제외하고는, 다가오는 소행성이나 전쟁터에서 날아오는 박격포 포탄(이것은 청각적 진화론의 관점에서 매우 새로운 것이다)은 사전 경고가 될 수 있는 소리를 거의 내지 않는다. 그 결과, 위에서 내려오면서 소리를 내는 것은 무엇이든 매우 무섭게 들린다.

서기 220년 중국에서 벌어진 한 장면을 떠올려보자. 『삼국지』에서 제갈량 휘하의 병사들은 이상한 휘파람 소리를 듣고 나서 갑자기 불화살 공격을 받는다. 삼국시대 중국의 무기 발명가들은 '휘파람 화살'을 발명했는데, 활에서 발사된 이 화살 맨 앞에는 속이 빈 공간이 있어서 하늘을 날아갈 때 고음의 날카로운 소리를 냈다. 발견된 가장 초기의 화살은 다듬은 뼈로 만든 뭉툭한 화살촉이 달려 있었는데, 한 나라의 사관인 사마천이 지은 역사서에 따르면, 주로 군대의 신호 및 의사소통 수단으로 쓰였다. 나중에 휘파람 화살촉은 더욱 정교해졌다. 더 작고 더 날카로운 구멍이 뚫려 있었고, 쇠로 만들어졌으며, 한 개나 여러 개의 뾰족한 점들이 붙어 있었고, 종종 기름을 묻혀 불을 붙이는 천을 감을 수 있었다. 그 역할은 처음에는 장거리 통신 및 유도 장치였다가 나중에는 음향 공격 무기로 바뀌었다. 머리 위에서 떨어지는 죽음의 비명 소리일 뿐만 아니라 적군을 불태울 수 있었다. 공격받는 측에서 얼마나 두려움이 컸는지는 900년과 968년 어느 시점에 중국 관리 손광헌의 다음 글에 잘 나타나 있다. "휘파람 화살이 구름을 뚫고 내려오면 용감무쌍한 자들도 혼비백산하였다." 음향 공포 무기로서 그 화살은 천 년 동안 매우 성공적이었는데, 고고학 유적 발굴로 드러난 바에 의하면, 중국뿐 아니라 한국과 일본에도 퍼져 있었다.

더욱 최근 사례로 머리 위에서 들려오는 위험한 소리는 주로 제2차 세계대전에서 사용되었다. 슈투카라고 잘 알려진 나치의 융커스 Ju87 폭격기가 등장하면서부터다. 지상의 군대와 민간인을 향해 기총소사와 폭탄 투하를 하도록 설계된 고출력의 급강하 폭격기가 그다지 무섭지 않기라도 하다는 듯이, 슈투카에는 특수 장치가 달려 있었다. 여리고 나팔이라는 적절한 이름이 붙은 시끄러운 사이렌이었다. 여리고 나팔은 작은 프로펠러로 작동하는 사이렌으로서, 공기가 음향 발생관에 유입되어 일종의 으르렁거리는 소리를 냈다. 이 소리는 비행기가 더 빠르게 급강하할수록 크기와 음정이 높아졌으며, 공기 제동기가 작동되거나 비행기가 수평비행을 할 때만 소리가 멎었다. 슈투카가 시끄러운 고음의 사이렌 소리를 내면서 목표물을 향해 급강하하다가 치명적인 짐을 부려놓고 난 다음에야 조용해질 때의 심리적 효과는 나치의 위용을 자랑하는 엄청난 선전 수단이었다. 그 소리는 생존한 민간인들과 군인들에게 깊이 각인되었던지라 공격하는 또는 추락하는 항공기가 나오는 숱한 영화에서 음향 효과의 아이콘이 될 정도였다.

슈투카 그리고 나중의 V1(일명 '웅웅거리는 폭탄(buzz bomb)') 로켓이 초래한 두려움은 세상을 벌벌 떨게 만들었다. 제2차 세계대전 이후에는 핵전쟁의 위협이 직접적인 군사적 충돌의 양상을 변화시키자, 정보 및 군사 기관들은 적의 군대와 시민들을 조작하는 기술에 돈과 에너지를 쏟아 붓기 시작했다. 그래서 다양한 심리전단, 미국에서는 psyop(psychological operation의 줄임말_옮긴이)이라고 명명된 조직이 탄생했다. 심리전단은 CIA의 특수활동부(SAD)에서 생겨났는데, 심리적 및 준군사적 활동을 수행했다. 그리고 1960년대에 이르러서는 거의 모든 군사 기관이 각자의 심리전단을 거느리게 되었다. 이보다 더 흥미로운 프로그램이 베트남전에서 사용되었다. 그 프로그램을 통해서 우리는 곤경에 처한 사람들을 조작하는 데 복잡한 소리를 활용하려는 시도의 독창성과 더불어 그런 기술이 처하게 될 대체로 극복할 수 없는 숱한 문젯거리들 함께 조명할 수 있다. 전통적인 베트남인들 및 다른 아시아인들은 사람이 고향 땅에 묻히지 못하면 혼령이 구천을 떠돈다고 믿는다. 이 프로그램의 결과인 '구천을 떠도는 혼령'은 그런 믿음을 이용해 베트남인들을 궁지에 몰아넣으려는 녹음물이다.

1968년 심리전단 엔지니어들이 만든 최초의 테이프는 4분짜리였으며 전통적인 베트남 장례 음악, 아버지를 부르는 아이들의 기괴한 울음소리 그리고 북베트남을 위해 싸우다 허망하게 죽은 남편을 이야기하는 여인의 목소리가 담겼다. 여러 변형판들은 녹음한 호랑이 소리와 이런저런 말소리들 그리고 그 사이사이에 아이들의 웃음소리와 외침소리 및 구슬피 우는 소리 등이 사용되었는데, 그 모든 소리에는 잔향과 메아리를 첨가해 으스스한 효과를 풍겼다. 테이프들은 한밤중에 미군 제6 심리전여단의 헬리콥터와 항공기의 측면에 달린 대형 스피커를 통해 방송되었다. 마을 사람들이 무기를 내려놓고, 게릴라 전사들이 싸움을 계속하기보다는 항복하기를 바라서였다. 이런 활동의 기본 정신은 제5 특수작전중대의 비공식적 모토에 집약되어 있다. "몸을 파괴하기보다 마음을 굴복시키는 편이 낫다."

얼마나 효과가 있었을까? 21세기에 이 책을 읽는 여러분이 보기에 그것은 마치 할로윈 음향효과 CD에서 나는 소리처럼 들릴지 모른다. 하지만 적들이 몇 달이나 여러분을 죽이려고 혈안인 상황에서 그런 테이프 소리를 한밤중에 정글에서 듣는다고 상상해보라. 심리전단의 지휘부는 분명 그 임무에 큰 투자를 했을 것이다. 죽음과 상실을 연상하는 문화적으로 특화된 소리들과 최신의 전자특수음향의 결합이 섬뜩하고 무시무시한 효과를 낳으리라고 믿었을 테니까.

그러나 한 가지 깜빡 잊은 게 있다. 어디의 누구든지 간에 프로펠러와 회전날개 소리와 함께 으스스한 소리를 듣는다면, 그것이 초자연적인 사건이 아님을 금세 알아차릴 것이다. 또한 섬뜩하고 기이한 소리에 대한 관심을 즉시 거두고 무장한 항공기의 군사적 위협에 대처하는 쪽으로 마음을 바꿀 것이다. 사실, 결국에는 대체로 다음 상황이 벌어진다. 즉, '구천을 떠도는 혼령' 테이프 소리가 들리자마자 근처의 적들은 음향 출처를 조준하여 격추시키기 위해 모든 화력을 집중할 것이다. 이런 까닭에 군사 전술은 다음과 같이 바뀌었다. 즉, '구천을 떠도는 혼령'을 적 지상군이 발포하도록 유혹하는 미끼로 이용하고 적 지상군이 쉽게 확인되면 두 번째 비행기가 공격하는 것이었다. 이 음향 무기로 결정타를 날리기 위해 두 번째 공격기는 적 지상군을 섬멸한 후 종종 '웃음 상자'라는 또 다른 녹음 음향, 즉 아주 짜증나는 웃음 트랙을 틀었다. 따라서 '구천을 떠도는 혼령'이 음향 무기인 것은 맞지만, 양측이 이 무기에 익숙해지게 되면서 그 역할은 상당히 바뀐 셈이다.

하지만 이것이 소리를 무기로 사용하려는 정보 및 군사적 시도의 끝은 아니었는데, 그런 시도는 늘 복잡한 결과를 낳았다. 1989년 12월 20일 대의명분 작전(Operation Just Cause)이 파나마시티 근처의 토리호스 국제공항에 제82 공수부대원들이 착륙하면서 시작되었다. 이 작전의 목표는 마누엘 노리에가의 체포 및 축출이었다. 군사 작전 자체는 채 일주일도 걸리지 않았지만, 복잡한 문제에 봉착하고 말았다. 노리에가가 바티칸 대사관으로 피신하는 바람에 체포할 수가 없었던 것이다. 그러자 미국 심리전단의 대형 스피커 팀이 대사관 밖에서 시끄러운 음악을 틀기 시작했다. 당시의 신문기사에 의하면 방송 내용은 손톱으로 칠판을 긁는 소리에서부터 귀가 멀기 직전의 고출력 미국 로큰롤 음악(첫 곡은 분명 건즈앤로지스의 〈정글에 오신을 환영합니다(Welcome to the Jungle)〉이었을 듯)에 이르기까지 다양했다고 한다. 이때 튼 음악은 아마도 미군 라디오 방송 디제이들한테 요청하여 얻은 것인 듯한데, 다음과 같은 곡들을 고출력으로 방송했다. 더 클래시의 〈나는 법에 저항했네(I Fought the Law)〉, 브루스 콕번의 〈로켓 발사기가 있다면(If I Had a Rocket Launcher)〉 그리고 나자레스의 〈개털(Hair of the Dog)〉. (하지만 12월 25일에는 아마도 크리스마스 음악을 아주 시끄럽게 틀었을 것이다.) 이 작전을 가리켜 《뉴스위크》는 "미국 역사상 가장 우스꽝스러운 심리 작전"이라고 평했다.

마치 시끄러운 소리를 반복적으로 내서 노리에가를 지치게 만들어 제 발로 걸어 나오게 만든 것처럼 보이지만 사실은 그렇지가 않다. 여러 군 관계자들과의 인터뷰에 의하면, 시끄러운 음악은 노리에가를 압박하기 위함이 아니었다. 오히려 소음을 가려서, 접시 안테나 및 기타 장거리 마이크를 지닌 수십 명의 기자들이 회의 소리를 듣거나 노리에가를 안전하게 빼내기 위해 내부에서 진행 중인 협상 내용을 보도하지 못하게 하기 위함이었다. 심리전단 스피커 팀은 여전히 시끄러운 소리를 음향 전술로 사용하고는 있었지만, 직접적으로 영향을 미칠 방법이라기보다는 정보 은폐 내지 보안 강화 기법에 더 치중했다.

압전 스피커를 이용한 군중 통제

정보기관 중 일부는 훨씬 더 사적인 접근법을 취하는 음향 무기를 사용했다. 1970년대에 출원된 여러 건의 흥미로운 특허는 반송파 역할을 하는 변조된 마이크로파 에너지를 이용하여 소리를 먼 거리에 있는 청취자의 머리에 직접 쏘아 보내는 방법에 관한 것이다. 이 기술을 설명하는 몇 안 되는 문헌에 의하면, 이는 외부 음원에 의한 도청을 방지하는 잠재적인 통신 장치로서, 외부의 음향 에너지 없이 음원에서 청취자의 뇌로 곧바로 소리를 보낸다고 한다. 그러나 당시 정보기관의 성향상 아마도 심리적 교란 장치로, 즉 듣는 이에게 정신 이상을 일으키게 하려고 사용했을 가능성이 높다.

그런 시스템이 효과를 낼 수 있을까? 어떤 면에서 보자면 그렇다. 여러분은 마이크로파 에너지를 지각할 수는 있지만, 결코 유용한 방식으로 지각할 수는 없다. 사람들이 전자기파 에너지를 들을 수 있었던 첫 번째 사례는 레이더 가동 초창기에 일어났다. 당시의 운용자의 말에 의하면, 레이더 송출기 앞으로 가면 찌직거리는 소리가 선명하게 들렸다고 한다. 이후 1974년 켄 포스터가 행한 연구에서 피험자들이 실제로 마이크로파 에너지를 감지할 수 있음이 밝혀졌다. 안타깝게도 그것은 어떤 희한한 신경 수용기가 전자기파 스펙트럼에 동조를 이룬 것이 아니었다. 단지 매우 강력한 마이크로파가 전자레인지가 하는 일을 행했을 뿐이다. 즉, 귀의 여러 부위를 여러 상이한 비율로 가열시켰던 것이다. 따라서 청취자는 내이가 익는 소리를 들은 셈이다.

하지만 마이크로파 빔을 음향적으로 적절한 수준에서 변조하여 열 손상의 정도를 제어할 수 있다는 발상은 극비 통신 채널이나 심리전 장치가 아니라 군중 통제 장치로서 지금도 위력을 발휘하고 있다고 한다. 시에라네바다 사는 비살상 마이크로파 총인 '조용한 오디오를 이용한 군중 난동 저지 장치'(Mob Excess Deterrent Using Silent Audio, MEDUSA)의 제작을 계획하고 있다. 애초 군사혁신 보조금으로 개발된 이 장치는 아주 크게 치직거리는 소리를 내서 사람들을 어떤 장소에서 내쫓자는 발상이다. 문제는 배경잡음보다 조금 더 커서 겨우 들리는 소리를 발생시키려고 해도 제곱센티미터당 약 40와

트의 마이크로파 에너지가 든다는 것이다. 마이크로파 노출에 대한 안전 한계가 제곱센티미터당 약 1,000분의 1와트임을 감안하면, 이런 소리는 군중 통제의 효과적인 수단이라기보다는 사람 요리용 레시피가 될 가능성이 높다.

먼 거리에 있는 좁은 범위까지 소리를 전달할 훨씬 나은 방법이 있는데, 바로 압전 스피커를 사용하는 것이다. 지향성 압전 스피커는 우리에게 익숙한 진동판 스피커와는 다른 원리로 작동한다. 전기 신호를 이용 자석의 세기 변화를 유도해 진동판을 진동시키는 대신, 압전 스피커는 전하에 직접 반응하여 진동하는 특수 물질을 사용한다. 이 물질은 기계적 스피커보다 훨씬 더 빠르게 진동할 수 있기에 초음파 범위까지의 높은 소리를 방출할 수 있다는 데 이점이 있다. 소리는 파장이 짧을수록 회절이 적게 일어나는데, 이는 파장이 긴 소리와 달리 넓게 퍼져 나가기 어렵다는 뜻이다. 따라서 충분한 전원을 공급하기만 한다면, 아주 길고 비교적 좁은 음향 '스포트라이트'를 만들 수 있다. (주파수가 높을수록 주어진 전력 수준에서 음파의 도달 거리가 짧아짐을 기억하기 바란다.)

이러한 지향성 압전 스피커는 보통 60kHz~200kHz 사이의 주파수를 사용하는데, 이는 인간의 가청 범위보다 훨씬 높다. 이와 같은 고주파 반송파에 가청 신호를 실으려면 스피커를 통해 별도의 두 가지 신호를 재생해야 한다. 하나는 반송파 주파수가 60kHz인 일정한 기준 음이고, 두 번째 것은 가청 신호에 의한 진폭변조파로서

60kHz~80kHz 사이에서 변하는 음이다. 두 신호가 귀에 닿으면, 둘은 서로 보강간섭 및 상쇄간섭을 일으켜, 여러분 귀에 들리는 주파수에서 두 음 사이의 차이만 인식된다. 미술관에 가면 으레 이런 유형의 초음파 변조를 경험할 수 있다. 이런 유형의 스피커 덕분에 그림이나 조각상 앞에 서면 매우 좁은 영역에만 송출되는 설명을 들을 수 있다. 음파의 진행을 제한하려면 대단히 높은 고주파 반송파를 사용하는데, 그 영역의 나머지 부분에서 나는 소리와 간섭을 방지하여 다른 전시물에 대한 설명이 함께 들리지 않도록 하기 위해서다.

그렇다면 이것을 음향 심리 무기로 이용할 수는 없을까? 아마도 가능할 것 같다. 오래전 나는 시중에 나와 있는 장치인 홀로소닉 오디오 스포트라이트를 구입했는데, 현장 연구에서 이용할 생각에서였다. 동물 울음소리 연구를 할 때 겪는 문제는 전체 무리가 아니라 딱 한 동물에게 신호를 보내기가 어렵다는 것이다. 내 생각은 위의 장치를 이용하여 비행중인 박쥐나 울음소리를 내는 개구리에게 신호를 보내자는 거였다. 그런데 문제가 생겼다. 박쥐의 경우, 60kHz는 음향탐지 범위 가운데에서 오른쪽에 위치한 대역이었기에, 0.5미터 폭의 60kHz 소리 빔은 사람으로 치자면 눈 정면에 강한 스포트라이트를 비추는 것과 같았다. 박쥐는 그 신호를 모두 피했다. (하지만 나는 저항하는 박쥐에게 사용할 장거리 장치를 기어이 발명했다.) 한편 개구리는 반송파 신호에 신경 쓰지 않는데다, 가청 신호를 반송파에 싣는 데 쓰이는 진폭변조 방식은 개구리의 음향 에너지가 주로 포함된

300Hz 아래의 신호에서는 제대로 작동하지 않는다. 따라서 그런 신호를 보내도 개구리는 꿈쩍도 하지 않았다.

결국 내게 남은 것은 비싼 음향 장난감 하나랑 충분한 시간 그리고 삐딱한 과학자 기질이었다. 무슨 말이냐면, 그 장난감을 윌리엄스버그에 있는 아내의 집 다락방에 가져가서 창문에 매달고서, 입력단에 마이크를 부착한 다음, 아는 사람들이 거리를 지나가길 기다렸다. 그리고 반 블록 떨어진 지점을 지나는 친구에게 처음 시도를 했다. 그 장난감을 이용해 친구가 나한테 50달러를 꿔간 사실을 말한 것이다. 친구는 주변을 두리번거리더니 이어 목소리가 어디서 나는지 알아내려고 거리를 살폈다. 친구가 조금 차분해지고 내게 가까이 다가오길 기다렸다가 어느 지점에서 내가 말했다. "빚이 100달러였니?" 친구의 반응은 돌려받지 못한 돈 액수에 딱 어울리는 것이었다. 친구는 다시 거리를 재빠르게 훑어보더니 문으로 달려가 두드리기 시작했다. 나는 문을 열어준 다음 친구에게 괜찮은지 물었다. 왜냐하면 조금 안절부절못하는 듯했기 때문이다. (사실 나는 이런 식으로 여러 친구를 잃었다.)

심리 조작을 위해 이런 유형의 음향 도구를 이용하면 그런 문제가 생긴다. 친구는 자기 귀에 이상한 일이 생기기만 하면 내 탓이라고 생각했다. 특히 주변에 새로운 장치가 있다면 더더욱. 마찬가지로 미술관, 공항, 카지노 및 호텔에서 이런 유형의 부자연스러운 소리를 들어본 사람들은 자신들이 초자연적인 목소리를 듣거나 자기 머릿속에서 나는 소리를 듣는다고는 좀체 여기지 않을 것이다. 대신 어떤 기술적 음향을 듣는다고 여길 것이다. 여러 회사들은 심지어 표정 인식 소프트웨어가 장착된 비디오카메라를 지향성 스피커와 연결하여 상점 옆을 지나는 사람들에게 개인마다 맞춤형 광고를 하는 기술을 연구하고 있다. SF영화의 시나리오가 여러분의 정신이 아니라 지갑을 목표물로 삼아 펼쳐지기 시작한 셈이다.

사실은 장거리 지향성 스피커는 음향 무기 기술—사람들의 머릿속에 목소리를 집어넣기 위한 기술이 아니라 시끄럽고 성가신 소리에 대한 우리 자신의 두려움 반응을 유도하는 기술—에 줄곧 이바지해왔다. 음향 무기에 관한 이야기들은 9·11 이후 등장하기 시작했는데, 그때 거의 모든 온라인 및 오프라인 뉴스들은 특별한 무기류에 관해 떠들어대기 시작했다. 칠판을 손톱으로 긁는 소리라든지 아기 비명소리를 거꾸로 재생하는 소리라든지, 아무튼 그 소리가 나는 곳에 있는 누구라도 들으면 달아날 수밖에 없는 소리를 논의했던 것이다. 비행기 안이나 다른 폐쇄된 공간에 갇혀 아기의 비명소리를 들어본 사람들이라면 누구나 그 소리가 얼마나 괴로운지 잘 알지만, 그렇다고 탈출한답시고 비행 중에 창문을 여는 사람은 거의 없다.

이런 유형의 이야기들은 이후 몇 년 동안 틈만 나면 불쑥 등장하긴 했지만, 합법적인 언론 매체에서는 점점 더 줄어들었고 대신 음모론 웹사이트에는 더욱 기승을 부렸다. 그러다가 마침내 2004년 뉴욕시의 공화당 전당대회에서 경호를 맡은 경찰이 차량에다 크고 넓적한 검은 원반을 붙이고 다니는 모습이 포착되었다. 이 장치는 그 무렵 막 시판되고 있던 고출력 압전 스피커였다. 당시에는 사용되지 않았지만, 장거리 음향 장치(Long Range Acoustic Device, LRAD)는 2009년에 미국 피츠버그 주에서 G20 정상회담 시위대에 처음 사용되었다. LRAD는 청각적 스포트라이트와는 다르다. 왜냐하면 좁은 영역의 소리를 멀리 발사하기 위해 압전 스피커들의 위상 배열을 이용하긴 하지만, 초음파가 아니라 인간의 최대 가청 범위의 중간쯤인 약 2kHz의 소리를 사용하기 때문이다. 이 스피커는 아주 강력하고 날카로운 소리를 내서, 인간 뇌 속의 '싸움이냐 도망이냐 회로'를 한껏 활성화시킨다.

이 장치에 가까이 가본 사람들은 도망칠 생각밖에 들지 않았다고 하는데, 일부는 극심한 메스꺼움과 공포를 느꼈다고도 한다. 이 두 반응은 교감신경계가 자극되어 일어난 것이다. 작동하는 LRAD의 약 100미터 이내에 있는 사람은 누구든 일시적인 그리고 어쩌면 영구적인 청각 손상을 겪을 위험이 있다. LRAD를 가리켜 어떤 이들은 바다에서 해적의 공격을 차단하는 데 일조한다고 치켜세웠다. 하지만 두 배 사이의 거리가 꽤 떨어져 있을 테니 LRAD는 해적을 항복시킬 직접적인 수단보다는 경고 신호로서 더욱 유용했다. 안타깝게도 이것은 종종 시위대를 해산하는 데 쓰이고 있다. 가장 최근에는 2011년 오클랜드 점거 시위대에게 사용되었지만, 귀를 멀게 할 정도의 소리를 직접 들은 사람들이 장기적인 청각 손상 내지 정서적 트라우마를 입은 경우는 거의 없었다.

따라서 심리적 수준에서 작동하는 음향 무기가 경찰과 군대의 수중에 들어가 있긴 하지만, 장기적인 활용성은 아직 정해지지 않은 셈이다. 스티븐 콜버트가 지적했듯이 이런 장치들은 순진한 목표물에는 유용하다. 그렇다면 사람들이 새로운 장치 앞에서도 놀라지 않고 소음 감소 헤드폰을 쓰고 시위하거나 그냥 귀를 손가락으로 막기 시작하면 어떻게 될까? 음향 무기 경쟁의 가속화로 실제로 표적을 죽이지는 않으면서도 상해를 가하는 방법을 찾게 되어 그런 무기에 개발 자금 모금이 가능한 '비살상'이라는 꼬리표를 붙일 수 있게 될까?

소리는 분명 심리적 수준에서 사람들에게 영향을 미칠 수 있는데, 그 효과들 중 전부가 부차적인 생화학적 효과—가령 뇌와 기타 신체 부위를 아드레날린과 코르티솔과 같은 통증 유발 생화학물질로 뒤덮는 효과—인 것은 아니다. 본격적인 소리는 귀와 다른 신체 부위에 물리적인 손상을 실제로 일으킬 수 있다. 120dB의 소리는 대략 통증 문턱값에 해당하는 수준이다. 여러분의 귀는 통증 수용기 역할을 하는 자유로운 신경 말단으로 가득 차 있는데, 이 신경 말단은 특정 수준 이상의 소음에서부터 면봉이 여러분의 외이도에 너무 깊숙이 들어와 있다는 사실에 이르기까지 잠재적으로 손상을 가할 수 있는 사건들을 경고해준다. 120dB에서는 공기 분자들의 진동으로 인한 기압 변화가 극도로 커져서 고막이 통제 불능으로 늘어나고 내이의 유모세포들, 특히 고막 가장 가까이에 있는 고주파 담당 유모세포들이 찢겨 떨어져 나갈 위험에 처한다.

우리 귀는 압력 경감 시스템을 갖추고 있다. 정원창(正圓窓)이라는 이 시스템은 내이의 액체가 앞뒤로 오갈 때 안팎으로 휘어진다. 하지만 심지어 이 시스템에도 한계가 있기 마련이다. 120dB 이상의 소리일 경우 유모세포에 손상이 가기 시작하여 청각의 민감도가 떨어지기 시작한다. 이런 청각 손상은 고주파에서부터 시작하여 소리가 커짐에 따라 천천히 낮은 주파수로 내려간다. 시끄러운 소리가 지속 시간이 비교적 짧거나 120dB보다 너무 높지 않으면, 청각 상실은 일시적이며 대체로 특정 주파수에 국한된다. 귀에서 시끄럽게 쉬이익거리는 소리가 들리면 이러한 손상이 있었음을 확인할 수 있는데, 이 소리는 위에서 말한 120dB 이상의 소리에 우리가 얼마나 오래 노출되었는지에 따라 지속 시간이 달라진다. (나도 록 콘서트에서 몇 대의 스피커에 너무 가까이 있었던 후 그런 현상을 경험했다.)

하지만 폭발 현장에 너무 가까이 있거나 폭파 작업을 진행하거나 청각 보호 수단 없이 중장비를 다루는 바람에 160dB 이상의 소리를 듣게 되면, 영구적인 결과를 야기하는 심각한 손상을 입는다. 가령 고막 파열, 이명(귀울림) 또는 전면적인 또는 부분적인 영구 청각 상실을 겪는다. 이 때문에 대다수의 소비자용 및 전문가용 앰프에는 차단 회로가 들어 있다. 이 수준 이상의 소리가 나지 않도록 하기 위한 장치다. 그리고 똑같은 이유에서, 심리적 억제 장치 역할을 하는

LRAD는 또한 생리적인 손상을 가할 수 있는 장치에 속한다고 볼 수 있다. 이 장치는 1미터 거리 안에서 167dB의 엄청난 소리를 내뿜을 수 있지만, 소리 빔의 제한적인 특성 때문에, 위험한 소리 수준은 이 장치로부터 10여 미터 이내에 한정된다.

초음파와 초저주파

장래에 위험을 가져올 수 있는 소리의 종류는 대체로 초음파이다. 내 생각에 '초(超)'라는 말이 붙으면 평범한 사람들이라도 지적 및 문화적인 면에서 자극을 받고 SF작가들은 초음파 무기를 장래의 시나리오에 써먹을 필요를 느끼는 듯하다. 그런 시나리오는 가령 〈스타트렉〉의 "신이 파괴시킨 자들" 편이나 "에덴으로 가는 길" 편에서부터 〈웨어하우스 13〉의 "네버모어" 편에 나오는 초음파 질(벨리 댄서가 손가락에 끼고 울리는 작은 심벌즈_옮긴이)에 이른다. 아마도 초음파가 하이테크 의료 영상 기술이라든지 청각 스포트라이트 기술처럼 심리 조작 수단으로 이용된다고 하는 음모론 웹사이트의 숱한 이야기들을 연상시키기 때문일 것이다. 하지만 솔직히 말해서 초음파는 제한된 대역 탓에 무기로 사용하기에는 심각한 한계가 있다.

초음파는 정의하자면 인간의 청각 범위의 상한, 약 20kHz를 넘는 소리이다. 이 고주파 소리는 저주파 소리만큼 회절이 잘 되지 않는 반면에, 파장이 짧기에 진행하는 도중에 급속도로 에너지를 잃는다.

임의의 거리에서도 초음파가 효과가 있도록 하려면 에너지가 많이 든다. 박쥐의 음파탐지는 120dB로 방출되는 최고 100kHz의 초음파 주파수를 이용하는데, 사정거리는 약 9미터이다. 심해에 사는 일부 돌고래들은 약 130dB로 방출되는 최고 약 200kHz의 주파수를 사용하는데, 사정거리는 15~20미터 정도이다. 이 두 경우 모두, 초음파 신호는 단지 주변의 물체를 감지하는 데만 사용된다.

초음파가 어떤 물리적 내지 생리적 효과를 가지려면 엄청나게 고출력인데다 고주파여야 하며 또한 지극히 가까워야 한다. 이런 조건 하에서 초음파는 많은 에너지를 아주 좁은 빔 형태로 모아서 의료 영상을 위한 메아리를 만들어낼 뿐만 아니라 신장 결석을 파괴하기 위한 충격파를 발생시킬 수도 있다. 이렇게 말하니 의료용 초음파가 마치 소규모의 음향 무기인 것 같다. 그러나 의료용 초음파는 초당 수천이 아니라 수백만 사이클의 음파를 이용한다. 그리고 치료하는 조직에 가깝게 작용하며, 초음파 발사기와 조직 바로 위의 살갗 사이에 액체 막을 형성하는 젤의 도움을 받는다.

그렇다면 초음파 발생원을 멀리 띄우면 어떨까? 어떤 것을 날려버리기 위해 초음파 총을 사용할 수 있을까? 글쎄다. 멀리서 날아오는 초음파 에너지는 설령 고출력이라 하더라도 대다수는 우리 피부에서 반사되고 말 것이다. 설령 초음파 총을 어떤 이의 귀에 곧바로 들이대더라도 고막 파열은커녕 유모세포를 흔들 정도의 힘도 갖지는 못할 것이다. 따라서 수백만 Hz와 수백 데시벨로 초음파를 방출할 수 있는 음파 발생장치가 나오지 않는 한, 초음파 무기 걱정은 하지 않아도 된다.

한편, 초저주파 대역에서는 상황이 완전히 다르다. 사람들은 대체로 초저음을 소리라고 여기지 않는다. 여러분은 88~100dB 수준으로 나는 초당 몇 사이클 정도의 매우 낮은 저주파 소리를 들을 수는 있지만, 약 20Hz 아래의 소리는 소리라기보다는 대체로 둥둥 울리는 압력파동이라고 느낀다. 그래도 다른 여느 소리와 마찬가지로 140dB 이상의 수준으로 방출되면 고통을 유발한다. 초저음의 일차적인 효과는 여러분의 귀가 아니라 나머지 신체 부위에서 일어난다.

브라운대학의 생의학 건물에는 엘리베이터가 한 대 있는데, 내가 듣기로 별명이 '지옥행 엘리베이터'라고 한다. (지금쯤이면 제발 수리가 되었기를.) 이유인즉, 행선지 때문이 아니라 천장의 환풍기에 휘어진 날개가 있기 때문이다. 전형적인 구식 엘리베이터로, 2×2×3미터의 실내 안에 꼭 필요한 웅웅거리는 형광등이 달려 있는데, 이것이 저주파음을 내는 완벽한 공명 장치 역할을 한다. 문이 닫힌 직후에는 이상한 소리가 전혀 들리지 않는다. 하지만 여러분의 귀(만약 외투를 입고 있지 않다면 여러분의 몸 전체)가 초당 네 번쯤 박동하는 것을 느낄 수 있다. 단 두 층만 올라가도 벌써 속이 꽤 메스꺼울지 모른다. 환풍기가 특별히 위력적인 것은 아니지만, 고장이 난 환풍기 날개 하나가 하필 자동차가 달릴 때와 맞먹는 공기 흐름의 변화를 초래하기 때문이다. 이 현상은 이른바 진동음향 증후군—초저주파 출력이 여러분의 귀가 아니라 몸 안의 액체로 채워진 여러 부위에 영향을 미치는 현상—의 바탕이 된다.

초저음은 사람들의 몸 전체에 영향을 미칠 수 있기 때문에 1950년대 이후 여러 군사기관 및 연구 조직에서 진지하게 연구를 수행했다. 주로 미 해군과 나사가 행한 이러한 연구는 붕붕거리는 거대한 모터가 달린 크고 시끄러운 배나 우주공간으로 발사되는 로켓 꼭대기에서 옴짝달싹 못하는 사람들에게 저주파 진동이 미치는 영향을 알아내기 위해 이루어졌다. 군사적 목적이라는 느낌이 드는 것만큼이나 그 연구에는 추측과 악의적인 소문이 뒤따랐다. 초저음 무기의 가장 악명 높은 개발자 중 한 사람으로 블라디미르 가브로라는 러시아 태생의 프랑스 과학자를 꼽을 수 있다. 당시 대중언론(그리고 사실 확인이 필요한 요즘의 무수한 웹사이트)에 따르면, 가브로는 자신의 연구실에서 환풍기가 고장 나자 메스꺼움이 사라졌다는 보고를 받고 조사에 착수했다고 한다. 초저음이 인간에게 미치는 영향을 알아보기 위한 일련의 실험을 실시했는데, (언론에 알려진) 결과들은 가령 이렇다. 내부 장기를 손상시키는 초저주파 "죽음의 포락선"으로부터 피험자를 가까스로 살려냈다거나 초저주파 휘파람 소리에 노출된 어떤 사람들은 장기가 "젤리로 변환"되었다.

가브로가 특허까지 받아냈다고 하는 이런 테슬라 풍의 연구 결과는 초저주파 무기를 정부의 비밀 프로그램으로 삼게 된 근거가 되었다. 여러분들이 쉽게 접근할 수 있는 웹사이트 자료를 보면 초저주파 무기가 음향 무기임을 분명 확인할 수 있을 것이다. 하지만 내가 더 깊이 파고들어보니, 가브로는 분명 실존 인물이며 음향 연구를 하기도 했지만, 1960년대에 (초저주파가 아니라) 저주파 노출이 인간에게 미치는 영향에 관한 고작 몇 편의 소소한 논문을 썼을 뿐이다. 게다가 그중 어떤 것도 특허를 받지 않았다. 그의 연구를 조금이라도 인용하고 있는 후대의 그리고 현시대의 초저주파 연구에 관한 논문도 언론이 복잡한 사안을 주무르는 것의 문제점을 지적하는 맥락에서 작성되었다. 사견이지만 그의 연구가 음모론 속에서도 살아남은 까닭은 '블라디미르 가브로'가 뭔가 대단한 듯한 미치광이 과학자를 대표하는 이름이기 때문이 아닐까 한다.

음모론은 제쳐두고, 초저음은 특성상 무기로 쓰일 가능성이 있다. 매우 낮은 주파수와 그에 따른 긴 파장 때문에 초저주파 소리는 여러분 몸 주위를 휘감거나 몸속을 관통하기가 훨씬 쉽고, 따라서 진동하는 압력 시스템을 발생시킨다. 주파수에 따라 인체의 상이한 부분들이 공명을 하게 되는데, 이는 아주 특이한 비청각적 효과를 일으킬 수 있다.

가령, 비교적 안전한 소리 수준(<100dB)에서 일어나는 현상 중 하나로서 19Hz에서 생기는 것이 있다. 최고급 서브우퍼 스피커 앞에 앉아서 19Hz 소리를 재생시킬 때는(또는 음향 프로그래머에게 부탁해 소리를 19Hz로 변조해 달라고 할 때는), 안경을 벗거나 콘택트렌즈를 빼기 바란다. 안 그러면 눈이 씰룩거릴 것이다. 볼륨을 올려 110dB에

접근하기 시작하면, 여러분의 시야 주변에 현란한 색깔의 빛이 보이거나 가운데에 으스스한 회색 영역이 보이기 시작할지 모른다. 왜냐하면 19Hz는 사람 눈동자의 공명 주파수이기 때문이다. 저주파 박동은 눈동자의 형태를 일그러뜨리고 망막을 압박하기 시작하는데, 이로써 빛보다는 압력에 의하여 (망막을 구성하는 세포들인) 막대세포와 원뿔세포가 활성화된다.*

이러한 비청각적 효과가 초자연적 이야기의 바탕이 되었을지 모른다. 1998년 토니 로렌스와 빅 탠디는 "기계의 유령"이라는 논문을 (내가 즐겨 읽지는 않는) 《물리연구협회저널》에 실었다. 두 사람은 논문에서 자신들이 어떻게 "귀신이 출몰하는" 한 실험실 괴담의 근본 원인을 밝혀냈는지 설명하고 있다. 실험실에 있는 사람들은 이전부터 "으스스한" 회색 형태가 어른거리다가 정면으로 바라보면 사라지는 일이 있다고 말했다. 그곳을 조사한 결과, 환풍기가 연구실을 18.9Hz에서 공명을 일으키고 있었는데, 그 주파수는 사람 눈동자의 공명 주파수와 거의 일치한다. 환풍기를 끄자 으스스한 유령 이야기도 함께 사라졌다.

인체는 거의 모든 부위가 에너지를 충분히 가하면 각 부위의 부피와 구성에 따라 특정 주파수로 진동한다. 사람 눈동자는 액체가 채워진 난형체(卵形體)이며, 폐는 기체가 채워진 막이며, 복부는 다

* 어두운 실내에서 눈을 문지르면 이와 비슷한 시각 현상, 이른바 안내(眼內) 섬광이 생긴다.

양한 액체, 고체 및 기체가 채워진 주머니다. 이 모든 구조들은 힘을 받았을 때 늘어나는 정도에 각자 한계가 있기에, 만약 여러분이 충분한 힘을 가해 진동을 일으키면 주위의 공기 분자들의 저주파 진동에 맞추어 팽창과 수축을 반복한다.

초저주파는 잘 들리지 않기 때문에 우리는 그 소리가 얼마나 큰지 알아차리지 못한다. 130dB이면 내이는 정상적인 청력과는 무관한 압력 변화를 직접적으로 겪기 시작하는데, 이는 다른 사람이 하는 말을 이해하는 여러분의 능력에 영향을 미칠 수 있다. 140dB이면 사람들은 메스꺼움과 전신의 진동, 대체로 가슴과 복부의 진동을 호소하기 시작한다.* 166dB에 도달할 무렵이면 사람들은 호흡에 문제가 생기기 시작한다. 저주파 박동이 폐에 충격을 주기 때문이다. 그리고 0.5에서 8Hz까지의 초저음이 실제로 비정상적인 리듬으로 인공적인 호흡을 유도할 수 있는 약 177dB에 이르면, 임계점에 도달한다. 게다가 지면과 같은 기층을 통한 진동이 여러분의 골격을 지나 몸을 관통할 수 있는데, 그러면 전신이 상하로 4~8Hz, 좌우로 1~2Hz로 진동할 수 있다. 이런 유형의 전신 진동은 많은 문제를 초래한다. 가령 단시간 노출로 인한 뼈와 관절 손상에서부터 장시간 노출로 인한 구토 및 시각 손상이 일어날 수 있다. 초저음 진동이 특히 중장비

* 이것은 책의 서문에서 설명한 사건에서 내 앰프가 일으킨 소리 왜곡의 수준 정도이다. 따라서 꽤 강력한 효과인 셈이다.

운용 분야에서 흔히 문제가 되자 연방 차원뿐 아니라 국제적인 보건 및 안전 조직들은 이런 유형의 초저주파 자극에 사람들이 노출되는 것을 제한하기 위한 지침을 마련하기에 이르렀다.

신체 부위들은 전부 공명을 일으키는데다 공명이 매우 파괴적일 수 있다. 그렇다면 특정한 저주파 공명을 목표로 삼아서 그러니까 여러분이 무거운 앰프를 들고 다니거나 희생자를 엘리베이터 안에서 흔들지 않아도 되는 실용적인 초저주파 무기를 만들 수 있을까? 가령, 내가 소리를 이용해 사람들의 머리를 폭파시키는 무기를 만들고 싶어 하는 미친 과학자라고 상상해보자. 사람 두개골의 공명 주파수는 특정 유형의 청각 보조 장치 개발을 위한 뼈 전도 연구를 통해 이미 계산이 되어 있다. 마른(즉, 몸체에서 분리되어 탁자 위에 놓인) 인간 두개골은 두드러진 공명 주파수가 대략 9와 12kHz이고, 조금 덜 두드러진 주파수가 14와 17kHz이며 훨씬 덜 두드러진 주파수가 14와 17kHz이다. 이 소리들은 편리한 소리이다. 왜냐하면 내가 저주파를 발생시키기 위한 아주 큰 송출기를 들고 다니지 않아도 되기 때문이다. 그리고 대다수 소리는 초저주파가 아니므로, 폭파시키기 위해 두개골에 젤을 바를 필요도 없다. 그렇다면 가장 높은 두 공명 주파수인 9와 12kHz의 두 피크를 140dB로 내는 음향 송출기를 작동시키고 가만히 기다리고만 있으면, 머리가 폭파될까? 글쎄, 한참 기다려야 할 것이다. 사실, 멋진 마른 두개골이 탁자 위에서 조금 흔들리는 것 말고는 아무 일도 일어나지 않는다. 그리고 살아있는 머리의 경우에는 짜증스러운 소리가 어디서 나는지 알아보려고 고개를 돌리게 하는 것 외에는 아무 일도 생기지 않을 것이다.

하지만 문제가 있다. 두개골이 이와 같은 주파수에서 최대로 진동할 수는 있겠지만, 연하고 젖은 근육 및 연결성 조직으로 둘러싸여 있는데다 그런 주파수에서 공명을 하지 않는 질척한 뇌와 혈액이 들어 차 있다. 따라서 두개골은 마치 스테레오 스피커 앞에다 깔개를 깔아놓은 경우처럼 공명 진동이 감쇄된다. 사실, 위의 것과 동일한 연구에서 마른 두개골 대신에 살아있는 사람 머리로 대신했을 때, 12kHz의 공명 피크는 데시벨 수준이 70dB 더 낮았다. 또한 가장 강한 공명은 약 200Hz에서 일어났는데, 이것은 마른 두개골의 최고 공명보다 30dB이 낮은 수준이었다. 머리가 터질 정도로 공명을 일으키려면 무려 240dB 정도의 소리를 이용해야 될 터이니, 그냥 아무거나 송출기로 머리를 때려서 끝장을 내는 편이 훨씬 더 빠를 것이다. 따라서 목이 잘린 무시무시한 머리들로부터 우리를 보호하기 위해 초저주파를 사용할 수도 없고 우리 친구들을 곤혹스럽게 만들 '갈색 소리'를 찾지도 못했지만, 어쨌든 초저주파는 생체에 잠재적으로 위험한 영향을 미칠 수는 있다. (여러분이 매우 높은 출력의 압축공기 발사기를 갖고 있고 아주 제한된 장소에서 그걸 장시간 작동시키기만 한다면.)

음향 무기에 대한 흥을 깨서 죄송하다. 언제나 나는 지하실에 있는 두 대의 스피커를 연결하여 들고 다니며 물건에 구멍도 뚫고 슈퍼악당들도 쫓아내길 원했지만, 대다수의 음향 무기는 소문만 거창

할 뿐이다. LRAD와 같은 장치들이 존재하고 군중 통제에 효과적인 역할을 하지만, 그런 것들조차도 제약사항이 많다. 휴대용 음향 무기가 나오려면 전원이나 변환기 기술에 엄청난 도약이 있어야 가능할 것이다. 하지만 앞으로 소리는 물체를 폭파시키는 능력보다 더욱 흥미로운 미래를 약속해줄 것이다.

chapter TEN

미래의 소음

미래의 소리가 다가온다! 인공적으로 성장시킨 귀! 음향 무기! 마이크로소나 시스템 이식! 초저주파 터널 굴착기! 화성에서 부는 모래바람 소리 듣기! 고조파를 이용한 과민성장증후군 치료!

나는 미래학을 사랑한다. 늘 50퍼센트 이상 틀리긴 하지만, 우리에게 영감을 줄 때가 종종 있기 때문이다. 게다가 갓 개발된 치료법에 관한 최신 블로그 기사를 읽을 때면 생각할 거리가 솟아난다. 비록 그 치료법이 위생 상태가 의심스러운 한 실험실에서 네 마리의 돌연변이 쥐에게만 통한 것이라 하더라도 말이다.

이런 연구들을 내가 기꺼이 감내하는 까닭은 앞으로 다가올 것을 예측하려고 하는 이들에게 무척 공감하기 때문이다. 어떤 분야든 최첨단의 내용에 관해 여러분이 글을 쓴다면 가장 큰 문제점은 그 첨단이 계속 앞으로 나아간다는 것이다. 여러분의 예측은 그 예측이 인쇄될 무렵 시대에 뒤떨어지거나 아니면 전혀 터무니없이 틀린 것으로 판명나기 쉽다.

이 책의 초고를 쓰고 있을 때 나는 내가 박사후 과정으로 연구했던 신경동물행동학에 관한 1998년 고던 학술회의를 떠올렸다. 그 회의의 프로그램 중 하나는 청각신경보철물, 이른바 인공 달팽이관 이식의 발전에 관한 것이었다. 인공 달팽이관은 기본적으로 증폭기와 필터에 연결된 작은 마이크로서, 소리를 전기 자극으로 변환시킨다. 이렇게 변환된 전기 자극은 곧장 청각신경으로 들어가서 고장 난 내이의 기능을 보완해준다.

최초의 단순한 단일 채널 모델을 1961년 로스앤젤레스에 있는 하우스 귀 연구소(House Ear Institute)의 윌리엄 하우스 박사가 개발했다. 초기의 장치는 그다지 유용하지 않았다. 귀가 먼 사람이 '듣게'는 해주었지만, 음질이 매우 나빴기에 기본적으로 입술읽기의 보조 수단으로 여겨졌을 뿐이다. 하지만 37년 후 열린 고던 회의에서는 24채널의 인공 달팽이관이 선보였다. 성능이 매우 뛰어나서 완전히 귀가 먼 사람도 실제로 말을 이해하는 것은 물론 음악을 듣고 즐길 수 있는 수준이었다. 더군다나 그 장치는 오늘날에도 계속 성능이 향상되고 있다.

한편, 이 사안과 관련하여 워싱턴대학의 에드윈 루벨이 시끌벅적한 논의를 촉발시켰다. 소음으로 인한 청각 손상에 관한 세계적 전문가이자 유모세포 재생 연구의 선구자였던 에드윈은 여러 학자들의 인공 달팽이관 이식의 긍정적 측면들에 대한 논의가 이어지고 나서 인공 달팽이관 이식이 얼마나 나쁜 발상인지를 아주 감동적으로 역설했다. 일단 우리가 이식 기술 및 손상된 유모세포 재생에 관한 생물약제학적 규약을 갖게 되더라도, 인공 달팽이관 이식을 받은 사람은 그런 치료를 통해 얻을 수 있는 이득이 없다는 게 요지였다. 왜냐하면 청각신경에 금속 전극을 삽입하는 행위 자체가 귀의 기반 구조에 심대한 손상을 일으키므로 어떤 것을 재생시킬 기능 조직 자체가 남아 있지 않게 된다는 논리다.

에드윈은 강경한 어조로 만약 자기 손자가 귀가 멀게 되더라도 아비에게 손자의 인공 달팽이관 이식을 하지 '말라고' 설득할 것이라고 주장했다. 왜냐하면 유모세포를 재생시켜 청각 장애인에게 정상적인 청각 기능을 회복시킬 수 있는 기술은 '이제 막 걸음마를 뗀' 상태이기 때문이다. 에드윈의 연설 직후 터져 나온 강경한 반대 주장들은 임상 실습 대 연구의 관점에서 종종 제기되어온 것이었다. 달팽이관 이식이 현재 가능하긴 하지만, 저절로 귀를 재생시킬 수 있는 능력을 보여준 동물들은 물고기와 개구리 그리고 새뿐이다. 줄곧 임상의사의 말이 타당했던 것 같다. 오랜 세월 수백만 달러를 쏟아 부어가며 연구가 진행되었지만, 실제로 성체 포유류의 유모세포 재생은 거의 진전을 이루지 못했기 때문이다.

이런 이유로 소리와 청각의 미래에 관한 이 장을 쓰기 시작했을 때 나는 신경 보철물의 미래를 다루고 싶었다. 1998년 이래 신경 보철물은 신뢰성과 정교함 면에서 바탕을 다져왔다. 뇌에 관한 이해가 한층 심화된 데다가, 생체에 거부반응이 없는 재료가 개발되어 인체 안에 장기간 들어 있어도 손상이 적어졌기 때문이다. 신경 보철물들은 간질 발작을 방지하고 만성 통증을 줄이는 데 사용되고 있으며, 일부는 거동이 불가능한 환자들이 제한적이나마 주위 환경과 상호작용을 할 수 있게도 해준다. 이런 보철물이 미래의 방향인 것 같았다. (지금도 여전히 그런 것 같다.) 하지만 이후 많은 과학자들조차도 20년 안에는 읽기 힘들 것이라고 보았던 기사 하나가 《셀(Cell)》에 실렸다. 스탠퍼드 대학의 오시마 카주오와 동료들이 시험관 속에서 생쥐의 줄기세포로부터 유모세포를 배양해내는 데 성공했다는 내용이었다.

유모세포 재생은 청각신경과학의 가장 중요한 장래 목표 가운데 하나다. 미국만 해도 6~80만에 이르는 청각 상실 환자와 약 6~8백만에 이르는 심각한 청각 손상 환자가 있는 터여서, 청각 회복은 중대한 임상적 목표가 아닐 수 없다. 인공 달팽이관 이식이 이 목표를 위한 중요하고도 훌륭한 방법이긴 하지만, 8백만 환자들 중 고작 25만 명 정도만이 그 시술에 적합한 후보자들이다. 한쪽 귀당 약 6만 달러의 수술비가 든다는 사실은 논외로 치더라도 말이다. 유모세포를 재생할 수 있다는 발상은 질병 앞에서 고배를 마셔왔다. 부상, 발생학적 사안들, 만성적인 소음 노출 또는 단지 노화로 인한 청각 손상을 고민한 수많은 청각신경과학자들과 발생학자들은 왜 거의 모든 다른 포유류들은 유모세포 재생이 가능한데 인간은 그렇지 않은지 그 이유를 밝혀내려고 애써왔다.

포유류의 내이는 수억 년 전에 우리의 다른 척추동물 친척들이 사용했던 방법과는 다른 길을 택했고, 우리에게 훨씬 더 폭넓은 범위의 청각을 선사해준 적응 과정에는 대가가 따랐다. 포유류의 달팽이관은 다른 척추동물에게서 보이는 것보다 훨씬 더 복잡한 형태상의 성장 과정을 거친다. 구체적으로 말하자면, 새로운 유모세포를 생성하기 위해서 또는 기존의 세포들을 유모세포로 전환분화(줄기세포가 아닌 세포가 다른 종류의 세포로 분화하는 현상 또는 이미 분화된 줄기세포가 이미 정해진 분화 경로를 벗어나 다른 세포로 분화하는 현상_옮긴이)하도록 해주는 세포 주기 시작 공간이 포유류에게는 적다. 게다가 유모세포가 손상이나 노화로 죽게 될 때마다 기반 조직이 상처를 만드는데, 이것은 내림프—내이에 들어 있는 칼륨이 풍부한 액체—가 세포 공간 속으로 흘러들어가지 못하도록 해준다. (내림프가 들어가면 분극 현상이 생길 수 있고 다른 세포들을 손상시킬 수 있다.) 그러나 이 상처가 생기는 바람에 덩달아 자연적인 과정에 의해 유모세포가 재생될 기회마저도 막히고 만다. 유모세포가 죽으면 또한 달팽이관의 나선 신경절에 있는 감각신경으로의 정보 입력도 차단되며, 이로써 그런 신경은 위축되다가 마침내 죽는다.

하지만 우리가 배양접시에서 생쥐의 유모세포를 성장시킬 수 있다면, 몇 년 후에는 정상적으로 작동하는 인간의 유모세포를 달팽이관에 넣어서 잃어버린 청각을 복원할 수 있지 않을까? 글쎄, 그렇지는 않다. 그렇다면 몇 년이 아니라 그보다 더 지난 시점에서는? 어쩌면 가능할지도 모른다. 첫째, 배양접시에서 성장한 유모세포는 생쥐한테서 얻었는데, 생쥐는 포유류이긴 하지만 인간과는 기능적 및 발생적 경로가 확연히 다르다. 생쥐는 태어난 지 몇 주 만에 성장하며, 품종마다 다르긴 하지만 몇 달부터 1년 내에 노화로 인한 청각 상실의 징후를 보이기 시작한다. 사람은 정상적인 발생 과정을 거쳤고 소음으로 인한 청각 손상을 입지 않았다면, 약 마흔 살이 되어야 노화로 인한 유모세포 손실을 보이기 시작한다. 즉, 우리는 일반적으로 유모세포가 재생되지 않기 때문에, 유모세포가 생쥐의 경우보다 적어도 마흔 배나 긴 시간 동안 스스로를 유지하는 어떤 미지의 메커니즘을 갖추고 있다는 뜻이다.

여러 연구에서 제안하기로, 바로 이러한 방어 메커니즘 때문에 애초에 유모세포 재생이 어려울 뿐만 아니라 이식된 유모세포가 체내에 쉽게 자리 잡히기도 어렵다. 게다가 달팽이관의 음위상적 구조 때문에, 우리는 인간의 유모세포 또는 인간에게 이식 가능한 유모세포를 길러야만 할뿐 아니라 외과수술을 통해 이런 유모세포를 손상된 영역에 아주 정확하게 위치시켜야 한다. 달팽이관은 체내에서 가장 복잡한 신경 및 감각 구조인데, 살아있는 귀의 다른 부분을 손상시키지 않고서 그처럼 정밀한 이식 수술을 하는 데 필요한 미세수술 방법은 아직 개발되지 않았다. 마지막으로, 설령 유모세포 이식에 성공하더라도 그 다음에 유모세포에서 내이를 거쳐 달팽이핵에 이르는 나선 신경절 뉴런 연결도 교체해야만 한다. 개구리와 같은 일부 동물은 손상을 입은 후에 청각신경으로 통하는 적절한 연결망을 재생할 수 있지만, 포유류는 그런 일에 능숙하지 않다.

유모세포를 이식하기가 여의치 않다면, 이 세포의 창조자인 줄기세포는 어떨까? 줄기세포를 이용하자는 발상은 줄기세포가 만능세포임에 착안한 것이다. 즉, 적절하게 선택된 줄기세포는 알맞은 생화학적 환경 하에서라면 손상된 영역에 이식되거나 필요한 조직으로 분화될 수 있다. 연구자들은 줄기세포를 성체 전정 조직(내이의 균형 담당 부위)과 고립시킨 다음 강제로 성장시켜, 신경 및 신경아교세포와 같은 내이 안에 있는 요소들로 분화시키는 것뿐 아니라 유모세포의 단백질 표지(줄기세포에서 유모세포로 분화될 부위임을 알려주는 표지를 가리키는 것으로 보인다_옮긴이)를 보여주기도 했다. 또 다른 연구들에 의하면, 적절한 배양 조건이 갖추어지면 (성체줄기세포가 아니라) 배아줄기세포를 유모세포와 비슷한 구조로 분화시킬 수도 있다고 한다. 하지만 두 종류의 세포 모두, 이런 연구들에서 얻은 결과는 기능적 치료법의 개발보다는 자연적인 성장과 분화를 더 잘 이해하는 데 도움을 주었을 뿐이다. 실제로 줄기세포를 달팽이관 조직 속으로 이식을 시도했던 극소수의 연구들은 거의 성공을 보지 못했다. 따라서 입이 떡 벌어질 정도의 발전이 있긴 했지만, 생물학적으로 정상 청력을 회복시키는 능력은 아직은 꿈같은 이야기다.

줄기세포 이식이 효과적인 치료법이 되기까지는 앞으로 수십 년을 더 기다려야만 하는 상황이다. 그렇다면 생물학적인 청각 능력 회복을 위한 다른 가능한 방향은 어떤 것이 있을까? 이 주제에 관한 과학 논문의 '미래 방향' 부분을 읽어 보면, 현재의 연구를 바탕으로 한 전망이 나오는데, 이것이 앞으로 몇 년을 위한 정확한 길을 제시해줄 때가 종종 있다. 대체로 이런 논문들은 앞으로 어떤 분야로 진출할지 결정하기 위해 (몸담고 있는 연구실에서 요구하는 논문 발표에도 적극 동참하면서) 가장 최근의 연구들을 방대하게 종합하는 대학원 학생들이 작성하거나 아니면 수십 년 동안 한 분야의 연구 방향을 이끌었으며 현재 또는 장래의 동료들이 앞으로 던질 질문들을 제시하고 있는 선임 연구자들이 작성한다. 어느 경우가 됐든 간에 이들의 연구는 몇 가지 요소에 제약을 받는다. 즉, 관련 아이디어들은 기존에 발견된 내용에서 직접 얻은 것이어야 한다. 그리고 기존의 파라미터에 들어맞아야 한다. 또한 대체로 해당 연구자들이나 아주 가까운 동료 집단이 능숙하게 다룰 수 있는 과제에 초점을 맞추기 마련이다.

내가 청각(또는 다른 무엇이든)에 관한 미래학적 아이디어를 가장 많이 얻는 것은 보통 학술회의가 끝난 다음 술도 한잔 마시는 비공식적인 모임에서다. 그리고 오다가다 학부생, 대학원생 및 박사후 과정을 밟는 연구자들과 마주칠 때도 마찬가지다. (단, 연구소장과 자금 지원 담당자가 불쑥 나타나 분위기를 깨지만 않는다면.) 연구실 동료들에게서 몰래 벗어나 술을 몇 잔 샀던 마지막 비공식 모임에서 나는 다음에 무엇이 올지 무릎을 치며 간파해냈다. 한 아이디어는 전체 내이가 될 세포들의 집합인 배아 원기(原基. 장차 다른 기관이 될 원천 세포_옮긴이) 전부를 손상된 달팽이관에 직접 이식하자는 것이었다. 그곳에다 정맥을 통해 배양액을 주입하면, 손상된 달팽이관을 기질로 삼아 전적으로 새로운 귀를 자라게 할 수 있다는 것이다.

누군가가 미분화된 줄기세포는 말할 것도 없고 인간 배아 구조 전체를 채취하는 것과 관련된 윤리적 및 정치적 사안들을 제기하자, 다른 이는 인간의 것이 아니라 개구리와 같은 다른 동물에게서 나온 청각 원기를 이식하자고 제안했다. 여기서의 논란은 이종이식—다른 종으로부터 장기를 이식하는 것—이 지난 한 세기 동안 줄곧 진행되어왔다는 것이었다. 가령 20세기 초반 '남성의 성욕 저하'를 해결하기 위해 염소의 고환을 인간 남성의 음낭에 이식한 것에서부터 손상된 인간 심장 판막을 돼지의 심장 판막으로 대체하는 현대의 합법적인 수술에 이르기까지 이종이식이 이루어졌다. 이런 수술은 인간의 면역 체계에 의해 거의 대부분 거부되긴 하지만, 여전히 혁신적인 생각의 위대한 사례로 인정되었다.

또 다른 제안은 일시적으로 이식된 미세주사기를 이용하여, 정상적인 달팽이관 조직 발생을 담당하는 확인된 일부 유전자들을 재활성화하는 촉진유전자(promoter. DNA에서 RNA를 합성하는 전사 과정의 시작에 관여하는 유전자_옮긴이)뿐 아니라 세포 죽음 촉진유전자를 주입하자는 것이었다. 한 촉진유전자를 한쪽 말단에 주입하고 다른 말단에 다른 촉진유전자를 주입하면, 이론상으로 새로운 달팽이관을 성장시킴과 동시에 오래된 달팽이관을 소멸시키는 일이 가능하다.

이 방식의 문제점은 구조의 바탕을 마련하며 인체 부위들이 그 바탕으로부터 규칙적인 방식으로 자라나게 하는 유전자들이 많이 확인되긴 했지만, 실제로 그런 유전자를 체계적으로 통제하여 정상적으로 작동하는 인체 부위를 성장시키기란 아직도 요원하다는 것이다. 내가 한 일은 박쥐나 벌거숭이두더지쥐(현재의 어떠한 신진대사 모형에 의하더라도 세 배에서 다섯 배의 수명을 지닌 동물)처럼 비정상적으로 오래 사는 포유류를 조사하여 청각을 오랫동안 유지할 수 있는 방어 메커니즘을 갖고 있는지 알아보는 것이었다.

특히 박쥐가 흥미로운 대상이다. 왜냐하면 박쥐는 쥐보다는 우리와 훨씬 더 가까운 사이인데다, 생존을 위해 청각에 절대적으로 의존하기 때문이다. 귀가 먼 박쥐는 날아다니다가 아차 하는 순간에 나무에 부딪혀 죽지 않더라도 결국 굶어죽을 것이다. 게다가 박쥐의 청각은 (우리가 아는 한) 완전히 최첨단이다. 박쥐가 35살까지 어떻게 20kHz의 청각을 유지하는지 밝혀내면 우리는 달팽이관 보호의 비결을 알게 될 것이다. 앞으로 몇 년 안에 이런 과학적 성공 사례에 관한 글을 보기는 어렵겠지만, 이런 식의 미래지향적 발상은 다음 세대의 청각 과학자들에게 영감을 줄 것이다. 바라건대 그 과학자들이 술이 깬 다음에도 그러하기를.

한 신경공학 대학원생은 생물학적 실험이 '언제나' 기술적 실험보다 완성하는 데 시간이 더 오래 걸린다는 사실을 강경하게 언급했다. 따라서 우리는 지난 3억 년 동안의 포유류 진화 과정을 향상시키려 하기보다는 우리 귀의 부속물에 집중해야 한다고 주장했다. 생물학보다는 기술을 다루는 편이 정말로 이점이 크다. 중요한 예를 하나만 들어보자면, 여러분은 전자공학 실험을 망치더라도 출혈을 멈출 필요가 전혀 없다.

축소모형 및 생명체에 적용 가능한 전자공학 분야의 기술들은 지난 10년 동안 엄청나게 발전했다. 5년 전 첨단을 달리던 선구자들도 종종 무슨 영문인지 어리둥절할 정도였다. 가령, 박사학위를 받은 직후 나는 음향 마이크로센서에 관한 미국의 고등방위연구계획국(DARPA) 회의에 참석해달라고 초대를 받았다. 이 회의의 주요 동기는 소리와 진동만으로 전투현장의 사물을 식별하고 그 정보를 원거리의 서버에 업로드하는 기술 개발이었다.

이들이 제안한 시스템은 반자동 음향 모듈인데, 저공비행 항공기가 이 매우 작은 모듈 수백 개를 투하해 지면에 떨어뜨린다. 이어서 이 수백 개의 모듈들이 하나의 네트워크를 이루어 음향 사건들을 보고할 수 있다. 모듈의 음향적 기반 장치는 새로 제작된 놀스(Knowles) 사의 초소형 마이크로폰으로서, 넓은 범위의 소리를 포착할 수 있다.

동물의 청각을 연구하는 생물음향학자들을 부른 까닭은 우리 인간을 포함하여 동물은 소리를 식별하고 그 출처를 알아내는 데 뛰어나기 때문이다. 화면에 표시되는 네트워크 파라미터를 통해서 원거리의 청취자도 소리의 유형을 식별할 수 있으며 마이크들 사이의 진폭과 위상의 차이를 통해서 소리의 위치를 알아낼 수 있다.

이런 모듈들을 한 구역에 충분히 많이 퍼뜨리면 다가오는 적군의 저주파 울림과 같은 개별적인 사건을 포착할 수 있지 않겠냐는 희망이 있었던 것이다. 환상적인 발상이지만, 두 가지 문제가 발목을 잡았다. 하나는, 1998년에는 쉽게 이용 가능한 적절한 사양의 배터리 또는 초소형의 저전력 네트워크형 방송 장치가 없었다는 것이다. 물론 이는 '단지 공학적 문제'일뿐이었다. 과학자들은 자신들이 문제를 해결해야 하는 사람들이 아니라고 말하길 좋아하니 말이다. 더 큰 사안은 회의에 초대할 인물을 선택하는 일이었다.

참석한 생물음향학자들은 첨단 동물 청각 연구 분야의 가장 우수한 인물들이었지만, 연구한 동물들 대다수는 포유류였다. 달리 말해, 주로 고주파 소리를 듣는 동물들이었다. 참석한 과학자들 대다수의 집중 연구대상 종인 생쥐, 친칠라(부드러운 은회색 털을 가진 토끼 비슷한 동물_옮긴이), 박쥐 및 고양이는 공중의 소리를 탐지하고 출처를 알아내는 데는 뛰어나지만, 지면을 따라 이동하는 진동을 식별하는 데는 그다지 능숙하지 않다. 지면 기반의 저주파 소리에 훨씬 더 민감한 동물인 개구리, 전갈 및 벌거숭이두더지쥐의 전문가들이 필요했다.

수많은 다른 DARPA 프로젝트와 마찬가지로 그 프로젝트도 당면 과제에 대한 실용적인 해법을 내놓지 못했지만, 참가한 많은 연구실에게 놀라운 기술에 접근할 수 있는 기회를 열어주었다. 결국 그 프로그램에서 얻은 직간접적 부산물들은 이렇다. 상당히 멀리서 나는 소리의 출처를 약 1미터 이내의 정확도로 알아낼 수 있는 초미세 마이크 배열의 개발, 수많은 자동 소리분류 알고리즘의 개발 그리고 포유류의 귀와 비슷한 방식으로 무선 주파수를 포착하는 생체모방형 달팽이관 칩의 최근 개발 등. 마이크의 소형화는 지속적으로 이루어지고 있는데, 1998년에는 2mm 마이크가 나오더니 지금은 보일락 말락 하는 0.7mm 마이크로도 동일한 성능을 발휘한다. 초음파 소나 송출기와 감지기 및 수중청음기와 같은 특수 음향 장치들도 크기와 가격이 마찬가지로 감소했다.

그렇다면 이런 극히 작은 음향 장치들로 무엇을 할 수 있을까? 개인적인 가전제품 용도의 소형 마이크 시장은 규모가 엄청나다. 휴대전화기에서부터 개인용 컴퓨터, 군사 통신 장비에서부터 산업용 로봇 등 온갖 용도에 그런 음향 장치들이 2010년 거의 7억 대가 팔렸다. 그리고 신뢰도가 올라가고 가격이 떨어지면서 더 많은 응용 사례들이 쏟아졌다.

시범적으로 선보인 응용 사례가 2002년에 나온 이식형 휴대전화의 개념이었다. 어떤 발상이냐면, 소형 배터리로 구동되는 작은 무선 주파수 칩 안에다 초소형 마이크/스피커를 턱과 뼈가 맞닿는 부위에 삽입하여 내이에 신호를 보냄과 아울러 턱을 통한 뼈 전도 통로를 거쳐 말을 수신하는 것이다. 이것이 상용화된다 해도 아마 여러분은 십대 자녀에게 이것을 부착하도록 내버려두진 않을 테지만(자녀가 계속 그 작은 장치에 빠져 있으면, 여러분은 어쩔 것인가? 턱뼈를 빼내기라도 할 것인가?), 그런 장치를 치아의 탈착식 캡(cap)이나 브리지(bridge)에 삽입하면 구조대원, 경찰 또는 군인들 간의 의사소통과 업무협조에 큰 도움이 될 것이다. 물론 이들과 반대편에 있는 쫓기는 자들이나 시위자들한테도 마찬가지일 것이다. 어떤 수준에서 보자면, 삽입된 휴대전화는 워크맨의 출현 이후 지난 수십 년 동안 등장한 소형화 전자제품들의 정점인 셈이다.

소형화로 혜택을 본 또 다른 종류의 음향 기술은 소나의 기반이 되는 초음파 변환기다. 불과 10년 전만해도, 20kHz 이상의 신호를 송수신할 수 있는 대다수의 초음파 변환기들은 카메라 초점을 잡는 데 쓰인 몇 인치 넓이의 폴라로이드 기기와 같은 매우 단순한 단일 주파수 장치이거나 아니면 수중 소나에 쓰이는 매우 비싸고 정교한 과학 연구용 장치였다.

하지만 이후 5년 만에 거의 모든 전자제품 또는 로봇 판매점에서 그런 연구용 장치들보다 훨씬 더 작고 고성능인 장치들을 쉽게 볼 수 있게 되었다. 대다수는 저가의 앰프와 감지기 회로가 부착되어 있는지라, 가정용 로봇 장난감도 고작 몇 센티미터 크기의 물체도 거뜬히 피할 수 있다. 자동차에도 차고 안의 뒷벽에 부딪치지 않게 해주는 소형 소나 장치, 즉 소나 '줄자'가 장착되기 시작했다.* 게다가 시각장애인을 돕기 위해 옷이나 모자 속에 넣는 착용 가능한 소형 소나 장치도 나왔다.

또한 소형화 덕분에 초음파 변환기는 매우 작은 인체 조직에 대한 고화질의 비외과적 영상 촬영뿐 아니라 매우 작은 관을 통한 체액 유출 감지에도 사용되고 있다. 몇십 년 내에 착용형 고해상도 소나 장치를 머리띠 안에 장착하여 사람들이 어둠 속에서도 수색 및 구조 활동을 할 수 있다든가, 외과의사들이 초소형 소나 장치를 손가락 끝이나 메스 끝에 장착해 수술 부위를 삼차원 영상으로 보여주는 화면을 보면서 수술을 더 안전하게 할 수 있다는 것도 무리한 상상이 아니다. 그리고 신경 보철물의 발전과 결합하면, 그리 머지않아 우리는 소나 데이터를 얻어서 인간의 시각피질이 이해할 수 있는 신호로 변환할 수 있을 것이다. 그러면 어둠 속에서도 사물을 보거나 서로의 몸속을 꿰뚫어 볼 수 있는, 그야말로 박쥐나 돌고래와 같은 능력을 인간도 얻게 될 것이다.

* 다운로드 가능한 소나 줄자 아이폰 앱은 저주파 소리를 사용하여 몇 센티미터까지 측정하는 해상도를 보여준다. 단, 앱이 정상적으로 작동할 때.

지구 전체의 소리 지도

소리를 최첨단 기술 분야에서 사용하는 데 너무 치중하다보면, 매일 스마트폰과 인터넷에 접속하며 사는 수십 억 사람들의 일상생활에 소리가 미치는 역할을 간과하기 쉽다. 브래드 리슬과 나는 '그냥 듣기(Just Listen)'라는 제목의 프로젝트를 토론한 적이 있었는데, 기거서 우리 둘은 소리가 교육과 의료 분야에 이용될 수 있을 뿐 아니라 사람들이 자신들의 소리 세계에 더 깊이 관여하도록 해주는 인터랙티브한 도구가 어떻게 될 수 있는지 논의했다.

우리가 가장 매력을 느꼈던 프로젝트는 이른바 월드와이드 이어(Worldwide Ear)였다. 월드와이드 이어는 단순한 녹음 장치를 이용하여 음향 환경 지도제작을 수행하기 위한 시민 제안 과학프로젝트로서, 크라우드소싱으로 얻은 전 지구적인 생물음향학적 정보를 제공할 것이다. 이 프로젝트는 다른 웹 기반 시민 참여 과학실험과 비슷한 방식으로 진행될 것이다. 가령 사용자들이 허블 망원경 영상에 나오는 은하계의 표현형을 식별할 수 있게 해주는 갤럭시 주(Galaxy Zoo. www.galaxyzoo.org)라든가, 사용자들이 자기들 지역에 쌓인 눈의 높이를 트위터에 올린 다음에 스노우버드(Snowbird)라는 앱을 이용해 수집한 데이터를 바탕으로 전 지구적인 강설량을 관찰할 수 있게 해주는 스노우트위트(Snowtweet)와 비슷한 방식이다.

휴대전화나 녹음 장치 및 인터넷 접속이 가능한 사람이면 누구나 참여할 수 있는데, 맨 처음에 자신의 녹음 장치의 구조와 모델에 관한 정보 및 자신의 지역을 입력하고 시작한다. 하루에 두어 번 사용자는 특정한 장소에 가서 장치를 동일한 방식으로 방향을 정하여 설치한 다음에 최소 5분 동안 소리를 녹음한다. 그렇게 녹음한 데이터를 중앙 서버에 업로드하면 서버는 그 데이터를 흔한 포맷(가령, MP3)으로 변환한 다음, 구글 어스(Google Earth)나 나사의 월드 윈드(World Wind)와 같은 사용자가 자료를 업로드할 수 있는 지리 데이터베이스 프로그램과 연결한다.

어째서 이것이 유용할까? 왜 사람들은 그런 프로젝트에 굳이 참여하고 싶어 할까? 왜냐하면 많은 사람들이 참여해야지 전 지구적인 음향 생태계를 평가할 훌륭한 환경 도구를 갖출 수 있기 때문이다. 음향 생태계를 연구하는 음향생태학은 또한 인간에 의해서든 자연적인 과정에 의해서든 환경에 수정을 가함으로써 생기는 소리의 변화를 연구하는 학문이기도 하다. 엄청난 개발이 이루어진 지역에서 특정한 새소리가 사라지는 현상에서 알 수 있듯이, 소리야말로 환경 변화를 알려주는 척도이고, 도심 지역에서 지나친 소음 수준 증가와 심혈관 건강 악화 사이의 상호관련성이 있는 데서 알 수 있듯이 환경 변화의 유발 요인이기도 하다. 소리의 변화는 세계 도처에서 만연한 현상이므로, 월드와이드 이어 프로젝트를 통해 우리는 시(時)에서부터 년(年)까지의 시간 척도에 걸쳐 한 지역의 생태학적 '건강' 상태를 비교적 간단한 장치로 조사할 수 있다.

월드와이드 이어 프로젝트가 진행된다면 우리는 이 세계에 관한 청각적 지도를 얻는 셈이다. 덕분에 우리는 음향 관광객이 될 수 있을 뿐 아니라 굉장히 위력적인 연구, 정책 및 교육 도구를 얻을 수도 있게 된다. 그처럼 자유롭게 접근 가능한 음향 데이터베이스는 국회의원과 음향과학자에게 도시의 생물음향 정보, 즉 도시의 음향 환경 정보를 제공해줄 수 있다. 가령, 차량 교통량이 매우 많은 로마 같은 도시와 작은 도로가 많고 사람의 도보 통행량이 많은 베네치아 같은 도시의 저주파 소음 대역을 하루 중 여러 시간대에 걸쳐 비교하는 일이 가능해진다. 이런 데이터를 이용하여 인간의 건강 및 전염병 발병 상황을 판단할 수 있다. 방법은 이렇다. 과학자들이 특정 주파수 대역의 소리 수준을 바탕으로 한 특정한 도시 및 시골 지역의 지도를 작성한 다음, 이 지도와 인간의 신체적 및 정신적 건강 사이의 상관관계를 찾으면 된다. 조용한 지역이 심장병 위험이 낮을까? 공항 근처 학교의 학생들이 성적이 낮게 나올까?

이 데이터는 또한 경제를 연구하는 데도 유용할 것이다. '새 쫓는 대포'를 사용하는 농촌 지역은 새를 쫓아내서 수확량이 늘어날까 아니면 새가 없다보니 해충이 늘어나서 수확량이 줄어들까? 한 지역의 음향 조건과 사회경제적 상태 사이에 상관관계가 생길 수 있을까? 즉, 조용한 지역이 재산 가치가 높을까 아니면 시끄러운 생산 지역이 부가 더 많을까? 그리고 한 지역의 생태적 건강을 모니터링해보면 어떨까? 상이한 지역들에서 상이한 시간대에 실시한 녹음은 자동 동물 울음소리 식별 소프트웨어와 결합하여 새, 개구리, 곤충 및 소리를 활발히 이용하는 다른 동물 종을 식별하고 연간 개체군 활동 변화 지도를 작성하는 데 이용할 수 있다. 게다가 여러 지역에 걸쳐 다년간 단일 종의 소리들을 비교해 개체군 밀도 변화 지도를 작성할 수도 있다. 이런 활동은 지금 당장 시작하여 가까운 장래에 실현될 사례이지만, 이 과정에서 얻은 데이터를 통해 과학자들은 앞으로 수십 년 동안 지구상에서 인간과 생태계의 건강을 향상시킬 수 있다. 사람들이 이미 갖고 있는 도구로 자신들이 사는 장소에서 소리를 듣기만 하는데도 말이다.

하지만 우리의 귀로써 지구 전체의 소리 지도를 작성하는 것을 넘어서 또 무엇을 할 수 있을까? 듣기는 우리의 탐사용 감각으로서, 밝은 곳이든 어두운 곳이든 작동한다. 그러기에 소리의 역할이 인간의 모든 탐험 가운데서 가장 위대한 활동, 즉 우주 탐사에서 상당히 제한적이라는 것은 꽤나 역설적이다.

우주의 소리

2009년 10월 9일, 아침 6시 30분이라는 어처구니없는 시간에 나와 아내는 브라운대학교에 있는 나사의 행성데이터센터로 향했다. 달에서 물을 찾는 나사의 활동을 돕기 위해 LCROSS 우주선의 달 표면 충돌을 지켜보기 위해서였다. 시간이 너무 일러서 아무도 그곳에 나타나지 않으면 어쩌나 살짝 걱정이 들기도 했다. 하지만 다행히도 그건 기우였다. 두 개의 연구실 모두 학생들과 교수진으로 가득 찼는데, 모두의 눈은 LCROSS 우주선의 실시간 모습을 보여주는 나사 TV 화면에 고정되어 있었다. 최종 카운트다운이 시작되자 실내는 조용해졌다. 그때 화면상에서 수십 억 년 동안 아마도 햇빛이 닿지 않았을 검은 지역의 한가운데에 아주 작은 깜빡거림이 있었다. 너무 작아서 그저 신호 간섭이겠거니 생각했다. 실내는 나지막하게 웅성거리는 소리로 가득 찼는데, 대체로 그 장면을 놓친 사람들이 뭔가 잘못된 것 아닐까 싶어 궁금해 하는 소리였다.

알고 보니, 우리들 대다수가 어리둥절했던 까닭은 이 엄청난 충돌이 우리의 감각기관에 아주 미세하게 입력될 뿐이었기 때문이다. 실내에 있던 사람이라면 누구든 당시 설령 달의 충돌 현장 근처에 있다손 치더라도 소리가 나지 않았을 것임을 머리로는 알았지만(우주복의 신발을 통해 진동이 전달된다는 사실은 예외), 실제로 아무 소리가 없자 다들 충돌하긴 했나 긴가민가했던 것이다.

우리는 엄청난 일이 벌어질 때 소리가 난다고 예상한다. 만약 소리가 없으면 박수갈채(또는 비명이나 야유)를 통해서라도 소리를 만들어낸다. 우주에서 벌어지는 착륙의 경우, 착륙의 성공 사실은 지구에서 수억 킬로미터 떨어져 있어 직접 볼 수 없는데다 소리나 영상을 통해 간접적으로 시청할 수도 없는지라, 보통 데이터의 한번 깜빡거리는 신호로 전송되어 그 프로젝트 기획자의 함성 소리로 사람들에게 알려질 뿐이다. (아니면 아무리 기다려도 착륙 신호가 오지 않으면 침묵은 더더욱 무거워진다. 화성 극지 탐사선인 마스 폴라 랜더(Mars Polar Lander)가 그런 예다.)

첫 번째 달 착륙은 그 사건을 기억할 만큼 나이가 든 (그리고 밤늦게까지 그 장면을 시청하는 것이 허락된) 모든 이에게 기념비적인 사건이었다. 사람들은 잠시나마 베트남 전쟁이나 학생 시위 또는 인종 문제를 신경 쓰지 않았다. 다들 한 인간이 다른 세계에 발을 디디는 모습을 지켜보고 있었다. 하지만 나로서는 특히 기억에 선명하게 지금껏 남아 있는 것은 흐릿한 영상이 아니라 지직지직 잡음과 함께 들려오는 닐 암스트롱의 대단히 압축된 목소리였다. "한 사람에게는 작은 발걸음이지만, 전 인류에게는 하나의 위대한 도약입니다." (정말로 그는 '한'이라는 단어를 말했다. 몇 년 전 이 오래된 무선 신호를 분석한 결과에 의하면 정말로 그 단어가 있었지만 데이터 압축 과정에서 사라졌다고 한다.)

물론 이것은 인간이 낸 소리다. 지구 바깥 세계에서 소리는 그다지 관심사가 아니다. 왜냐하면 우리는 우주 공간에 아무 소리가 없다고 여기기 때문이다. 소리가 전파되려면 매질이 필요하며 인간의 귀는 공중의 소리에 우선적으로 민감하다. 하지만 행성간 및 은하간 우주 공간은 고가의 실험 장비로도 시뮬레이션하기 어려울 정도로 진공 수준이 대단히 높다. 그렇다고 완전 텅 비어 있는 것은 아니다. 우주에도 입자들이 있는데, 세제곱미터당 몇 개의 수소 원자가 있다.

동일한 부피의 바다에 들어 있는 10^{25}개의 입자에 비하면 별로 많지는 않지만, 충분히 강한 음원이 존재하면 음향 진동이라고 할 만한 것이 생길 수 있다. 문제는, 우주 공간에서 음파는 아주 먼 거리에 걸쳐 아주 긴 시간 척도에 걸쳐 그리고 아주 얇은 매질을 통해 이동하므로, 블랙홀이 낸다고 알려진 B플랫 저음은 가운데 C음보다 무려 57옥타브 아래라는 것이다. (진동 주기는 천만 년이나 된다.) 따라서 여러분은 무지막지하게 큰 귀와 대단한 인내심을 갖든지 아니면 블랙홀의 저음을 발견한 앤드루 파비언처럼 나사의 찬드라 X선 망원경을 이용할 수 있어야 한다.

우리가 이른바 '우주의 소리'를 들을 때 실제로 들리는 소리는 보통 '음성화된 신호', 즉 무선 전파를 음성 신호로 변환해서 라디오를 듣는 것처럼 전자기파를 번역한 것이다. 여러 가지 이유에서 그런 번역이 필요하다. 우선, 전자기파를 포착할 수 있는 감각기관이 우리에게는 없다.* 둘째, 전파 정보에는 주파수, 주기 및 진폭이 있고 소리와 동일한 손실 요인들(반사, 굴절 및 확산 손실)이 많이 존재하지만, 전파 신호는 지구상의 소리보다 약 수백만 배 더 빠르게 확산하고 진동한다.

하지만 우리는 여기 지구에서 한 세기 넘게 전파 신호를 소리로

* 그런 감각기관이 생물학적으로 불가능하지는 않다. 전기 물고기는 피부의 특수한 전기수용 센서를 통해 전기장을 이용해 통신을 한다.

변환시킨 경험이 있는데다, 거의 80년 전에 이미 칼 얀스키가 최초의 전파망원경을 제작하여 은하수에서 나온 전파 방출을 소리로 들을 수 있었다. 이후 우주에서 온 전자기적 음향 사건을 음성으로 변환함으로써 우리는 태양을 포함해 다른 별들의 표면에서 대류로 인해 열이 순환할 때 나는 소리를 들을 수 있게 되었다. 또한 대전입자들이 태양계 밖으로 퍼져나가면서 나는 태양풍의 웅웅거림도 들을 수 있다. 지상 및 위성 천문대를 통해 우리는 이 태양풍이 지구의 상층 대기에 미치는 영향을 소리로 들을 수 있는데, 이 태양풍으로 인한 오로라에서 생기는 기이하고 고음의 긴 파장이 내는 소리와 더불어 반 알렌 방사선대를 통해 자유전자들이 방출되면서 생기는 '지구의 합창'도 들을 수 있다.

대형 전파망원경과 궤도비행을 하는 탐사선은 목성과 토성 주위에서도 동일한 종류의 현상을 감지했다. 이로써 우리는 그 행성들의 전자기적 환경을 알아냈을 뿐 아니라 태양계의 안쪽(태양에서 거리가 비교적 가까운 수성, 금성, 지구 및 화성까지의 부분_옮긴이)과 바깥쪽 둘 다 태양풍과 행성의 상호작용이 공통적임을 알게 되었다. 그리고 원격 탐사의 한계를 더 한층 멀리 확장시키는 도중에, 워싱턴대학의 존 크래머가 빅뱅 때부터 남은 마이크로파 에너지를 음성으로 변환하는 데 성공했다. 우주가 탄생할 때인 140억 년 전에 생겨난 메아리를 '들을' 수 있게 된 것이다. 느리게 변하는 음울한 소리인데 마치 우주가 심사숙고를 하고 있는 듯한 느낌이다.

이렇게 우리가 행성간 및 은하간 우주 공간의 에너지에 흠뻑 사로잡혀 있긴 하지만, 어쩔 수 없이 우리는 행성 거주자다. 고백하건대 나는 화성 표면 위나 아래 또는 토성의 위성인 타이탄의 메탄 호수에서 무슨 일이 벌어지는지가 엄청난 위력의 태양 코로나 질량 방출보다 훨씬 더 관심이 간다. 이 방출 현상이 GPS를 망가뜨려 나한테 더 직접적인 영향을 미치는데도 말이다. 다른 행성에서 나는 소리에 대한 우리의 경험은 극히 제한적이었다. 태양계의 다른 천체에 열여덟 차례의 착륙이 성공했는데도, 고작 세 대의 탐사선만이 전용 마이크를 장착하고 있었을 뿐이다.

1981년 소련은 베네라 13호와 14호를 발사했다. 금성의 대기를 측정하고 지표면에서 실험을 실시하기 위해서였다. 이전의 베네라 탐사선은 금성 표면에 도착하여 최대 2시간까지 생존했지만, 다들 공통적인 문제점이 있었다. 이를테면 카메라 렌즈 뚜껑 개폐 불능에서부터 압력 밀폐 장치 손상으로 인한 토양 분석 실험 실패 등의 문제점들을 안고 있었던 것이다. 하지만 놀랍게도, 특히 베네라 13호는 짓누르는 대기의 압력과 고온에도 살아남았을 뿐 아니라 금성 표면의 고해상도 영상, 오래전에 형성된 현무암 지층에서 채취한 토양 시료의 분석 자료 그리고 최초로 다른 세계의 소리를 지구로 전송했다. 베네라 13호와 14호는 그로자-2라는 장비를 갖고 있었다. 레오니드 크산포말리티라는 소련 과학자가 설계한 이 장비는 표면 진동 탐지용 지진계들과 공중의 소리를 포착하기 위한 소형 마이크들로 구성되었다. 마이크는 중무장을 했으며 비교적 민감도가 약했는데, 고음질의 녹음보다는 압력밥솥 같은 대기에서 생존하는 데 더 치중한 설계였기 때문이다. 그럼에도 하강하는 예닐곱 시간 동안 그리고 황산 구름이 가득 뒤덮고 있는 지표면에서는 그보다 몇 시간 더 작동했다. 마이크는 탐사선이 하강할 때 천둥소리를 그리고 지표면에서는 느리고 두터운 바람의 나직한 살랑거림을 감지했다.

수년 동안 나는 실제 녹음의 사본을 얻으려고 애썼지만, 테이프 원본은 물론이고 백업 테이프들도 현시대의 포맷으로 변환되지 않은 듯하다. 원래 소리를 가장 충실하게 들었던 때는 베네라 13호의 그로자-2 장비가 렌즈 뚜껑 사출 소리와 지표면 착륙 소리를 포착하고 이어서 토양 채취 과정의 드릴 뚫는 소리와 시료를 시험용기 속에 넣을 때 나는 소리를 보여주는 저속 샘플링 그래프였다. 이와 같은 제한적인 수신 신호를 살펴보기 전에, 그 녹음이 삼십 년 전 기술을 이용하여 금성 표면에서 이루어졌다는 사실을 유념하기 바란다. 온도는 약 455°C에다 기압은 지구 대기압의 89배였다는 사실도 함께. 나는 비가 오는 날인데도 기어이 나가서 녹음 자료를 입수했다.

소리를 드러낸 태양계의 유일한 천체는 심지어 행성이 아니라 토성의 가장 큰 위성인 타이탄이었다. 타이탄은 특이한 위성으로서 지구의 달보다 50퍼센트 더 커서 거의 행성 크기에 육박한다. 타이탄은 자신의 행성인 토성 주위를 지구 시간으로 15일 22시간 동안 공전한다. 태양으로부터 거리가 15억 킬로미터인지라 얼음이나 바위로 덮인 천체인데, 딱 한 가지는 예외다. 타이탄의 대기는 지구의 대기와 비슷한 구성이다. 대부분은 질소이고 에탄 및 메탄과 같은 유기물이 소량 존재하는데, 이것들이 타이탄의 구름을 만든다. 작은 천체니까 얇고 성긴 껍질일 것이라고 예상하기 쉽지만, 타이탄의 대기는 실제로 지구의 대기보다 약 50퍼센트 더 두껍다. 태양 에너지와 토성의 조석 변형력(tidal stress)에 영향을 받는 타이탄은 매우 역동적인 장소로서, 에탄과 프로판의 호수와 강, 메탄의 눈밭 그리고 얼어붙은 탄화수소로 이루어진 거대한 모래언덕으로 덮여 있고 천천히 변하지만 위력적인 기후를 자랑한다.

2004년 12월 25일 작은 원통형 물체가 미국의 핵추진 토성 탐사선 카시니 호에서 분리되어 타이탄으로 접근하기 시작했다. 17세기의 네덜란드 천문학자 크리스티안 하위헌스의 이름을 딴 이 하위헌스 호가 2005년 1월 14일 타이탄 표면의 자나두 근처의 '진흙투성이' 지역에 착륙했다. 탐사선은 배터리로 작동했는데, 타이탄의 두꺼운 대기권을 통과할 때 걸리는 2시간 반 동안 그리고 지면에서 활동할 몇 분의 시간 동안 훌륭한 데이터를 확보해 지구로 보내만 준다면 더 바랄 것이 없었다. 하강하는 동안에 작동한 가장 최신 장치는 하위헌스 대기구조 계측기(HASI)였다. 이 장치에는 하강하는 동안 탐사선이 받는 힘을 측정하고 타이탄의 바람 소리를 포착할 가속도계와 작은 마이크가 탑재되어 있었다. 탐사선이 하강하는 동안 낙하산 아래서 흔들릴 때의 위치 변화를 전파망원경을 이용해 계산하는 도플러 바람 실험(Doppler Wind Experiment)의 데이터와 결합하여 과학자들은 타이탄의 바람 소리를 재구성하여 이 머나먼 세계의 소리 풍경을 최초로 엿볼 수 있었다. 유럽우주항공국 웹사이트에서 그 소리를 들었을 때 나는 아주 이상한 느낌이 들었다. 10억 킬로미터보다 더 멀리 떨어진 곳에서도 너무나 익숙한 소리가 들렸으니까.

베네라 13호와 14호 그리고 하위헌스 호는 제외하고, 오직 마스 폴라 랜더만이 이른바 화성 마이크(Mars Microphone)라는 녹음 장치를 갖추었다. 이것은 그 붉은 행성 표면의 짧은 소리 샘플을 녹음하기 위한 51그램짜리 디지털 샘플링 장치였다. 탑재된 메모리 용량이 고작 512K에 불과했지만 총 10초짜리 음성 파일을 저장할 수 있었다. 1998년으로서는 방사능 차단 능력은 말할 것도 없고 오디오 소형화의 금자탑이었다. 화성에서 녹음하기란 실질적인 대기를 갖고 있는 천체인 지구, 금성 또는 심지어 타이탄에서 녹음하는 것에 비해서 무척 어려운 도전이었다. 화성의 환경은 금성의 엄청난 기압과 펄펄 끓는 온도라든가 -180°C로 꽁꽁 얼어붙은 타이탄의 진흙 지대와 비교하면 거의 지구와 비슷하다고 볼 수 있다. 그러나 대기가 지구 대기의 1퍼센트밖에 되지 않기에 지구보다 훨씬 더 조용하다. 화성 마이크에는 내장 앰프가 있어서 신호를 가청 수준으로 증폭시키는데, 애석하게도 마스 폴라 랜더가 프로그래밍 오류로 화성 표면에 충돌할 때 그 마이크는 종말을 맞이했다. 그 대안으로서 넷랜더(Netlander) 호의 발사가 예정되었지만, 이 프로젝트는 2004년에 취소

되었고 지금까지도 기약이 없다.

대다수 과학자들은 태양계의 다른 장소에서 소리를 듣는 일에 낮은 우선순위를 두는데, 이는 장비와 발사 비용이 높아지는데다 실시간 음향 정보를 얻는 데 드는 비교적 높은 대역폭 확보 때문이기도 하다. 이런 사정상, 화성에 사람이 발을 디디기만 하면 그곳의 소리를 무난히 들을 수 있으려니 우리는 여긴다. 하지만 솔직히 말해서, 이런 예상은 근시안적이다. 왜냐하면 우주 탐험자들은 지구의 음향 환경에서 진화했기에, 그들이 우주라는 외계에 갔을 때 소리는 경고음 역할을 하거나 주위 환경에 관한 정보를 주기보다는 혼란의 원천이 될지 모르기 때문이다.

지금껏 우주 탐험이 인간에게 미치는 음향심리학적 측면은 그다지 주목 받지 못했는데, 음향적으로 스트레스가 많은 일임을 감안하면 의아하지 않을 수 없다. 심지어 유리 가가린조차도 최초의 유인 우주비행에서 발사 당시의 소리에 관해 이렇게 말했다. "자꾸만 커지는 소음 … 제트기에서 들리겠거니 싶은 정도보다 더 시끄럽지는 않다. 하지만 어떤 작곡가도 악보로 담기엔 엄두도 못 낼 화려하고 다양한 음정과 음색이 있는 소리다." 미국과 소련의 초기 우주비행 연구자들은 스트레스로 인해 인체가 받는 진동과 힘의 효과를 발사 시뮬레이션을 통해 조사하는 데 막대한 시간과 자원을 쏟아 부었는데, 거기서 인체에 저주파가 미치는 효과에 대한 최상의 연구 결과들이 나왔다. 지상 기반 데이터를 이용해 나사(그리고 아마도 소련 또한)는 허용 가능한 소음 수준, 폐쇄된 우주선 내의 잔향 효과 그리고 중요한 명령이나 알람이 우주선 실내의 소음으로 인해 들리지 않는 것을 방지하는 데 필요한 통신장비의 대역을 알아내기 위한 공학적 절차를 결정하기 위해 광범위한 분석을 실시했다. 하지만 우주선의 소음과 소리 수준에 관해 최근 미국에서 발표한 연구 결과는 비교적 드물다. 국제우주정거장(ISS)의 건설이 최종적으로 완료되고 충분한 수의 승무원들이 영구적인 기반에서 거주하게 되면, 청각에 관한 장기적인 효과와 궤도비행에 따른 심리적 효과를 알아보는 일은 유용한 노력이 될 것이다. ISS는 기존의 어느 우주선이나 거주공간과도 상당히 다르다. 내부 공간이 837세제곱미터로서 이제껏 지어진 가장 큰 우주 구조물이며, 11년 동안 지속적으로 증축되었다.

줄곧 완성이 지연되어온 탓에 과다한 비용과 더불어 과학적으로 이용가치가 떨어진다는 비판이 지속적으로 제기되고 있지만, ISS는 장기간의 우주 거주가 인간에게 미치는 영향을 연구하는 경이로운 실험 장소가 되었다.

어떤 환경이든 가장 주목 받지 못하는 스트레스 요인 중 하나는 만성적인 소음 노출이다. ISS는 다른 여느 우주선과 동일한 문제에 시달린다. ISS는 기본적으로 공기가 차 있는 딱딱한 용기에다 다소 지속적으로 작동해야 하는 환풍기가 달려 있다. 따라서 비록 소리의 차폐로 인해 심하지는 않지만 지속적인 공명 조건이 조성된다.

R. I. 보가토바 및 동료들이 2009년에 쓴 논문에 의하면, 정거장

내에서 이루어진 음향 조사에서 소음 수준은 작업실에서부터 숙소에 이르기까지 승무원 모듈의 모든 지역에서 안전 제한 기준을 넘었다고 한다. 지하철에서 100dB 소음을 참아야 하고 아이들의 귀를 멀게 할 정도로 음악을 시끄럽게 연주하는 마당에 우주선이 너무 시끄러운들 뭔 대수냐고 여기실지 모른다. 하지만 그곳이 우주비행사들이 머무는 유일한 장소여서 소음이 빠져 나갈 데가 없다는 사실을 유념해야 한다. 마음껏 문을 열 수도 밖으로 나갈 수도 없고(적어도 상당한 준비 과정을 거치지 않고서는) 중대한 알람을 듣지 못할 수도 있으니 늘 귀마개를 끼고 지낼 수도 없다. 하지만 소음 스트레스는 임무 수행 능력, 감정 상태, 주의력 및 문제 해결 능력에 심각한 장기적 영향을 미칠 수 있다. 지구에서나 우주 궤도에서나 상관없이 말이다. 이것은 미래를 위해 고려해야 할 특히 중요한 요소이다. 왜냐하면 언젠가 화성이나 그 너머로 가게 될 유인 우주선은 소유즈 호와 아폴로 호의 비좁은 캡슐보다 ISS의 기준을 따라 제작될 것이기 때문이다. 우리는 소음 스트레스가 일상생활에 그리고 승무원들이 지구 궤도를 벗어나 우주를 탐험하기 시작할 때의 임무 수행 능력에 미치는 영향을 고려해야만 한다.

그렇다면 외계 행성에 도착하면 어떤 소리가 들릴까? 사람들이 최초로 목성의 구름층에서 둥둥 떠다니거나 타이탄의 얼어붙은 진흙 지대를 헤치고 나갈 때 내가 동참하기는 어렵겠지만, 내가 살아 있는 동안 바라건대 화성에 인간이 발을 내디디긴 할 것이다. 지금까지 모든 외계 차량 활동 임무는 지구 아니면 (우주비행사들이 어떤 구조물에 헬멧을 일부러 부딪지 않는 한 통상적인 인간의 민감도 수준으로는 소리를 들을 일이 없는 환경인) 달 궤도 또는 달 표면에서 이루어졌다. 우주비행사들의 신발도 철저히 밀폐되어 있기 때문에 아주 강력한 지면 충격과 진동 외에는 몸에 전해지지 않는다.

화성은 다를 것이다. 지질학적으로 (그리고 우리가 짐작하기에 생물학적으로도) 화성은 지구보다 훨씬 덜 역동적이지만, 놀라운 날씨와 화학적으로 활성화된 환경을 지닌 행성이다. 그리고 비밀을 캐내려는 지난 50년 동안의 시도에도 불구하고 화성은 아직도 대체로 탐사가 제대로 이루어지지 않았다. 협곡 테두리에서 발견된 도랑은 염분이 있는 물이 흘렀다고 볼 수 있는 증거이다. 그리고 얼어붙은 이산화탄소의 얼음 뚜껑이 계절에 따라 팽창과 수축을 반복하여 기이한 지형을 낳았다. 더 온화한 지역에서는 거대한 모래언덕이 매일 형태를 바꾸면서 분화구와 계곡 주위 및 가운데를 행진하며, 지표면 아래의 터널들이 대기가 더 두껍고 물이 더 많을지 모르는 지역들로 뻗어 있다. 따라서 화성은 죽은 장소가 아니다. 지구와는 아주 다른 곳이기 때문에 아마도 음향 상태도 그럴 것이다.

앞서 말했듯이 화성의 대기는 지구 두께의 고작 1퍼센트이며, 대체로 이산화탄소로 이루어져 있다. 사람 머리 높이에서 온도는 1°C에서부터 -107°C까지다. 이런 요인들 때문에 화성의 소리는 지구와는 기본적으로 세 가지 점이 다르다. 첫째, 소리의 속력은 초당 약

244미터, 즉 지구의 해발 고도에서 소리 속력의 약 71퍼센트이다. 둘째, 화성의 대기는 인간에게 가장 잘 들리는 대역의 한가운데인 500~1,500Hz의 범위에서 소리가 감쇄하는 경향을 보일 것이다. 마지막으로 밀도가 낮은 대기의 특성상 어떤 장소에서든 소리의 상대적 세기가 50에서 70dB까지 감소할 것이다. 우리가 짐작하기에, 화성 임무를 위해 제작되는 미래의 우주복은 내장 마이크를 통해 바깥의 소리를 들을 수 있을 것이다. 따라서 화성 탐험자들은 지구와는 소리의 특성이 다른 환경에 대처하는 법을 배워야 할 것이다.

우주선이나 다른 동료들에게서 나오는 말소리를 가리지 않기 위해 마이크를 앰프와 연결하여 적절히 조정하더라도, 화성 탐험자들은 여전히 주위의 모든 것이 지구와는 다른 소리를 내는 현실에 대응해야 할 것이다. 탐험자들이 한 분화구 근처의 지면에 서 있는데 탐사로봇의 진동이 낙석을 일으킨다고 상상해보자. 탐사로봇이 어디에 있지? 바위가 어디에 있지? 그들은 소리가 얼마나 멀리서 들려오는지 뿐 아니라 어느 방향에서 들리는지 알아내기도 어려울 것이다. 우리는 소리를 통한 위치 확인 능력을 두 귀의 소리 도달 시간 및 상대적인 소리 세기의 차이를 바탕으로 진화시켰다. 당연히 지구에서 공기를 통해 움직이는 소리의 전파 특성을 기반으로 삼은 진화였다. 고향 행성이라도 물속에서는 이런 능력을 발휘할 수 없다. 화성의 경우 소리의 속력 저하 및 인간의 최적 청각 대역폭에서 주파수 감쇄로 인해 문제가 생길 것이다. 소리 출처의 확인조차 더욱 어려워질 것인데, 왜냐하면 이상한 음원들이 가득한 완전히 새로운 환경 때문만이 아니라 소리의 스펙트럼 정보가 충분히 제공되지 않을 것이기 때문이기도 하다.

그렇다고 해서 사람들 간의 목소리 통신이 방해받지는 않겠지만 (화성에서 헬멧을 벗고 고함칠 정도의 바보가 있는지가 우려스러운 일이지, 목소리가 웃기게 들리는 것은 별 일이 아니다), 주위에서 들리는 소리를 알아차리기는 쉽지 않을 것이다. 탐험자들이 조사 장비를 설정하는 동안 저음의 웅웅거리는 소리가 바깥에서부터 헤드셋 안으로 들어올 것이다. 몇 초가 지나서야 그들은 모래가 헬멧에 가볍게 후두둑 부딪히는 소리를 느낄 것이다. 심지어 바람 소리도 대체로 거의 백색 잡음에 가까워서 지구와는 다르게 들릴 것이며, 500~1,500Hz 범위의 노치 때문에 음정이 더 낮게 들리며, 또한 더 야생적으로 들릴 것이다. 그것이 어떤 굶주린 외계인의 소리라고 짐작하는 우주비행사들은 거의 없겠지만, 여전히 어리둥절할 것이다. 우주 탐험자들은 인류의 수억 년 청각 진화와 수십만 년의 정신물리학적 진화 과정을 거친 존재이므로, 어떤 새로운 환경에 들어선 그들의 조상들처럼 위험의 소리인지 기회의 소리인지를 구별하는 법을 배워야 할 것이다. 미래에 우리가 어디를 가든 얼마나 멀리 가든 우리가 지닌 가장 오래된 보편적인 감각 체계들 중 하나는 새로운 환경에 적응하면서, 인간의 마음이 미래의 시나리오에 대처해나갈 방법을 진화시켜나갈 것이다.

| chapter ELEVEN |

듣는 것이 곧 그 사람이다

지난 30년간 내 인생은 듣기에 바쳐졌다. 사실대로 말하자면, 나는 반세기 동안 무언가를 늘 들어왔다. 다만 듣기에 '주목을 한' 기간이 대략 지난 30년이었던 것이다. 그리고 지난 18년 동안에 무척 관심을 쏟은 대상은 뇌(인간 및 다른 동물의 뇌), 뇌가 지각하려고 하는 소리 그리고 뇌가 만들어내는 소리였다.

다행히도 나는 적절한 시기에 음악과 과학 두 분야에서 훈련을 받았다. 어렸을 때 여러 해 동안 피아노 레슨을 받긴 했지만, 작정하고 음악에 뛰어든 때는 이십대 초반이었다. 그 무렵 최초의 PC가 상용화되었고 아울러 컴퓨터를 악기와 연결시킨다는 발상이 악기 디지털 인터페이스(MIDI)의 출현으로 실현되었다. 1990년대에 나는 청각 과학에 입문하여 전통적인 정신물리학적 및 해부학적 기법들을 익혔는데, 당시에 EEG는 거대하고 어수선한 스팀펑크 유형의 구조에서 깔끔한 고성능 장치로 탈바꿈했고, 신경영상 촬영을 위한 실용적 도구로 PET와 MRI 스캔이 등장했으며, 전기생리학은 아날로그 오실로스코프 시대에서 더욱 고성능의 디지털 시대로 접어들고 있었다. 덕분에 나는 음향 기술 발전의 중요한 길목에서, 소리 만들기에서부터 소리가 뇌에 미치는 영향에 관한 연구에 이르기까지 여러 활동을 할 수 있었다. 특히 지금도 기억에 생생한 것은 뇌 녹음에 처음으로 성공했을 때 내 머릿속에 떠오른 다음 생각이었다.

'뇌는 노래한다.'

뇌는 노래한다

전기생리학 실험을 하는 동안 제일 먼저 나를 사로잡는 것은 뇌가 내는 소리이다. 전극이 아직 삽입되지 않았다는 뜻의 백색잡음일까? 아니면 청각 반응 영역을 건드렸다는 뜻인, 한 자극에 대해 제때 울리는 딸깍거림일까? 내가 연주하는 소리와 무관하게 북소리와 같은 고막 속의 굉장히 큰 울림이 있을까? (이런 울림이 있다면, 외부의 소리에 반응하지 않는 자신만의 고유한 리듬을 지닌 영역이 존재한다는 뜻일 것이다.) 또는 해변의 파도소리처럼 부드럽게 찰랑거리는 소리가 있을까? (그렇다면 아마도 내가 전극을 너무 깊숙이 밀어 넣는 바람에 전극이 뇌실까지 들어가서 뇌척수액을 타고 들려오는 심혈관 박동을 직접 듣는다는 뜻일 것이다.)

지난 한 세기 동안, 전도성 전극을 두개골의 절개 부분을 통해 뇌 속에 넣는 시술은 신호를 수신하고 발신하는 신경의 기본적인 실시간 이온화 과정에 관한 정보를 모으는 유일한 방법이었다. 대체로 이렇게 수집된 데이터는 영상의 형태로 발표된다. 가령, 시간에 따라 (전압의 단위로) 진폭의 변화를 표시한 그래프, 상이한 주파수 별로 소리에 대한 신경의 민감도를 보여주는 청력도 또는 상이한 장소에 꽂힌 두 전극의 반응 시간 차이를 바탕으로 알아낸 상이한 반응 영역들 사이의 연결성을 보여주는 도표 등이 이런 영상의 예다. 하지만 첫 번째로 얻는 데이터가 소리 형태일 때도 종종 있는데, 이는 신경의 전기적 변화가 소형 스테레오 앰프를 통해 스피커를 울릴 때 나는 소리이다.

이런 데이터는 좀체 발표되는 일이 없다. 애석하게도 녹음을 재생하기에 충분한 멀티미디어형 학술저널은 아직 존재하지 않는다. 매우 특이한 불만사항이긴 하지만, 나는 늘 그 점을 수치스럽게 여겨왔다. 나는 녹음하는 뇌 부위가 어딘지를 뇌가 어떻게 노래하는지를 듣고서 대체로 알아낼 수 있다. 사용하는 전극의 종류에 따라 여러분은 수백만 개의 뉴런에서 나는 소리를 한꺼번에 듣거나 개별 이온 채널의 작동 소리를 들을 수 있다. 심지어 자극에 반응하며 내는 소리를 통해 뉴런의 종류를 식별할 수도 있다. 단일 뉴런에서 반응을 뽑아내기 위해 임피던스가 높은 전극을 사용해 녹음하고 아울러 마취된 피험자에게 짧은 딸깍거림을 들려주면, 뇌가 반응하면서 자체적으로 전기화학적인 딸깍거림 소리를 낸다는 사실을 여러분은 알게 될 것이다.* 어떤 뉴런들은 소리의 시작 부분에서만 딸깍거리고 또 어떤 뉴런들은 마지막 부분에서만 딸깍거린다. 일부는 일련의 규칙적인 딸깍거림을 터뜨린다. 아무것도 하지 않는 뉴런도 있다. 때로는 반응이 아니라 단지 애처로운 흐느낌처럼 들리는 아주 독특한 '뉴런 사망 노래'를 듣는 경우도 있다. (사실은 잘못 꽂힌 전극 때문에 세포막의 부적절한 구멍을 통해 이온 채널이 칼륨을 방출하는 소리이다.)

각각의 뉴런은 자신의 건강 상태 및 입출력 상태에 따라 특징적인 소리를 낸다. 하지만 점점 더 구식이 되어가는 '신경 이론', 즉 뇌의 가장 작은 개별 요소들을 살펴보면 최종적으로 뇌 전체의 작동 방식을 알 수 있다는 이론과는 반대로, 오랫동안 뉴런을 녹음해온 우리들은 그런 이론이 생명체에게는 별 의미가 없음을 잘 인식하고 있다. 매일 수천 개의 뉴런이 죽고 대체되는 뉴런이 거의 없는데도 인지적 또는 기능적 감퇴가 목격되는 데는 수십 년이 걸린다. 게다가 일부 행운아들에게는 최종적인 기능 소멸이 일어나기 전까지 뉴런에 아무런 변화도 나타나지 않는다.

배양 접시를 떠다니는 몇 개의 뉴런보다 훨씬 복잡한 뇌에서 일어

* 임피던스는 교류회로에서 전류에 반비례하는 값으로서, 저항과 비슷한 개념이다. 전극의 임피던스가 높을수록 녹음하는 볼륨은 작아지고 따라서 더 적은 개수의 신경들한테서 나는 소리를 녹음하게 된다.

나는 복잡한 계산 기능에는 앙상블 부호화(ensemble coding)라고도 불리는 집단 부호화(population coding)가 요구된다. 이것은 수십만 내지 수백만 개의 뉴런들이 함께 작용하여 혼란스러운 입력들의 특징과 특성을 구별해내고 어떤 정보들을 결합시킬지 알아내며 복잡한 지각들을 종합해 의식과 같은 매우 흥미로운 현상을 발생시키는 것을 말한다. 매우 소란스러운 장소인 현실을 부호화(및 복호화)하기 위해서는 소음을 취해서 유용한 신호로 변환시킬 수 있는 시스템이 필요하다. 이를 위해 이 시스템은 필터와 앰프에 해당하는 신경 기관들을 사용하는데, 이 기관들은 소음을 모으고 입력 정보들을 처리하는 작은 프로그램들을 운영함으로써 통계적 소음을 양적인 지각—이런 음색, 저런 냄새들, 저런 색깔 등—으로 변환시킨다.

필터에 관해 사람들이 빠지는 착각 중 하나는 필터는 정보를 제거하기 때문에 필터를 거친 출력은 원래의 입력보다 필시 덜 복잡하고 더 부자연스러운 것이라는 생각이다. 인간의 경험은 실재의 부분집합에 불과하다는—물리 현상에서 감각 나아가 인식으로 이어지는 과정은 차츰 진행되면서 좁아진다는—요지의 많은 철학적 진술들도 그러한 생각에 바탕을 두고 있다. 하지만 우리의 지각 필터들은 뉴런과 마찬가지로 고립되어 작용하지 않는다. 두 필터(또는 생물학적인 관점에서 볼 때 더 적절한 용어로는 2천 개의 필터)에서 나온 출력은 다양한 뉴런 집단들에서 일어나는 방대한 통합 과정으로 인해서 서로 상호작용을 일으킬 수 있고 실제로도 일으킨다. 필터를 거친 출력들은 서로 평행할지 모르는데, 이 경우에는 서로 합쳐져 특정한 입력들을 강화시킨다. 아니면 출력들이 완전히 정반대일 경우에는 뉴런의 지각 과정이 서로 상쇄를 일으키지만, 종종 서로 공명을 일으켜 영향을 미침으로써 새로운 반응 패턴을 생성하기도 한다. 이런 신경 필터는 차단기가 아니라, 소리를 거시 세계의 수준에서 다룰 수 있게 해준다. 즉, 우리가 진동하는 원자들의 열에너지가 펨토초 단위로 변하는 현상을 그다지 신경 쓰지 않고 대신에 상승하는 현악기 소리의 풍성한 화음에 집중할 수 있도록 해주는 것이다.

뇌의 상태에 따라서 (가령, 여러분이 깨어 있거나 자고 있거나 정신이 또렷하거나 무언가를 생각하고 있거나 이 책을 읽고 있거나 아니면 몸 어딘가를 긁고 있거나에 따라서) 어떤 신경 활동들은 증폭되고 다른 활동들은 감쇄한다. (하지만 생명체가 살아있는 한, 일부 경향들은 모든 상태에 걸쳐서 유지된다.) 이런 차이는 음향 시스템의 필터와 앰프에서도 비슷하게 생기며, 뇌의 개별적인 차이에 따른 것이다. 여러분의 규칙적인 습관은 뇌에 디폴트로 부호화된다. 보통 여러분은 특정한 입력들에 주목하고 다른 입력들을 무시한다. 이런 디폴트는 가변적이어서, 여러분이 좋아하는 노래들을 즐기다가도 어떤 새로운 노래를 듣고서 환희를 느낄 수도 있고 머리가 아픈 노래가 들리면 꺼버릴 수도 있다.

뇌마다 차이가 나는 까닭은 발달 상태, 환경, 건강 및 문화—생명체에게 영향을 주는 거의 모든 요소—때문이다. 백억 개에서 천억 개에 이르는 뉴런들이 협동하고 수조 개의 시냅스가 작동하여 생물학적으로 적절한 속력으로 출력을 증가시키거나 감소시키거나 제어하거나 순환시킴으로써, 개인마다 독특한 신경적 특징이 생성된다. 일종의 신경학적 음색이라고 할 수 있는데, 이는 마치 수백 년 된 악기의 소리가 저마다의 개성을 보이는 것과 비슷하다. 뇌라는 것을 각각 고유의 기능에 따라 역동적인 소리를 내는 수십억 개의 뉴런들로 구성된 하나의 전체라고 본다면, 뇌의 기능은 하나의 메타음—뉴런 오케스트라—의 활동인 셈이다.

음향심리학에 관한 내용 그리고 음악에 관한 장을 다시 떠올려보자. 노래는 부수현상이 아니다. 즉, 악기들의 물리적 여러 음향 상태들, 공연장소의 건축학적 음향 환경 내지 녹음 장비의 성능, 음악가의 숙련 수준, 음악가가 공연 당일 아침에 먹은 음식의 영향 등을 모두 합친 측면들을 능가하는 하나의 전체이다. 마찬가지로 뉴런들의 개별적인 발화 전부, 액체의 순환, 뇌의 정상적인 기능에서 발생하는 유전자의 활성화와 비활성화는 신경 반응들의 집합 이상의 무언가를 발생시킨다. 즉 마음을 만들어낸다.

어떤 개인도 실험실도 연구 분야도 뇌나 마음이 무엇인지 밝혀내지 못했다. 하지만 3만 명의 신경과학자들이 신경과학협회의 연례 회의에 참여하는 것만 보더라도 우리가 얼마나 간절하게 그것을 밝혀내고자 하는지 짐작이 된다. 발표되기도 전에 최첨단 연구를 다룬 포스터들 사이를 돌아다니고, 뜻밖의 성과에 바탕을 둔 새로운 연구

방향에 대한 논의를 듣고, 고작 몇 미크론 너비인 단일 분자 채널이 수조 개의 유사한 분자들로 이루어진 어떤 구조에 기여하는 방식을 이해하는 데 평생의 연구를 집중할 수도 있다는 사실에 감탄하기도 하면서, 여러분은 배울 것이 얼마나 많은지 그리고 정말로 모든 것을 밝혀내려면 얼마나 오랜 시간이 들지 차츰 가늠하기 시작한다. 인간의 뇌 그리고 이 뇌에서 생기는 마음의 작동은 성간우주만큼이나 광대한 미개척의 영역이다.

마음은 음악이다

'마음'이라는 단어는 많은 신경과학자들이 불편해하는 말이다. 인지심리학 논문에서 흔히 쓰이기도 하고 꽤나 감상적으로 쓰일 때도 종종 있긴 하지만, 신경과학자가 마음이라는 용어를 쓰는 일은 노벨상을 타고나서 이제 안심해도 되겠다 싶기 전까지는 좀체 드물다. 노벨상 수상자가 아니기에 나는 마음의 집이라고 할 수 있는 뇌의 기능을 마음껏 연구할 수 있다. 하지만 씨앗이 해바라기가 아니듯 뇌 자체가 마음인 것은 아니다. 마음이 자라고 발달하고 출현하고 기능하고 결국에는 사라지는 장소가 뇌이다. 나를 포함해 내 동료들 대다수는 데이터—다량의 전기 신호, 신경 반응 그래프, 자극과 반응의 번지르르한 도해—를 통해 마음을 찾는다. 분자 활동에 끌리는 이들은 세포 행동의 미묘한 변화가 생기는 원인을 찾는다. 신경영상을 연구하는 이들은 작동 중인 뇌를 마취하지 않은 상태에서 관찰해 뇌의 미묘한 작용들이 발생하는 과정을 엿보길 희망한다.

하지만 우리의 연구는 죄다 문제에 봉착한다. 마음은 fMRI의 느린 작동 과정이나 유전학의 케케묵은 적용 방식으로 드러낼 수가 없다. 이런 것들은 마음이 작동하는 시간 영역과는 한참 동떨어져 있다. 게다가 마음은 고속으로 작동하지만 공간적으로 거대한 구조인 EEG 장치에서도 발견되지 않는다. 전기생리학 기록의 정확하지만 억지스러운 단일 신경 펄스에서도 마찬가지로 발견되지 않는다. 지난 50년 넘게 우리는 인간 및 우리 친족들의 작동 중인 뇌를 들여다보았다. 미묘한 감각적, 인지적 입력들에 대한 반응에서 복잡한 대사적, 전기적 변화를 살펴보았으며, 사고와 상상과 언어의 생화학적 바탕을 탐구했으며, 인간의 고유한 특징을 뒷받침하는 듯한 유전자가 발견되었다고 열광하다가 곧이어 그 유전자가 수백 종의 다른 동물들에게서도 (그 동물들의 뇌에 인간과는 미묘하게 다른 일을 하긴 하지만) 발견되었다고 투덜거렸다. 그리고 아직도 우리는 조각들을 살피고 있는 실정이다. 무슨 말이냐면, 우리는 마음을 더더욱 작은 요소들로 나누고 있다는 뜻이다. 마치 초기 입자물리학자들이 더더욱 큰 입자가속기를 이용하여 더더욱 작은 물질의 요소들을 찾아내려 했던 것과 흡사하다. 하지만 전체의 개요, 즉 모든 마음에 관한 일반 이론은 여전히 오리무중이다. 그리고 기술을 반복적으로 적용하고는 있지만, 모든 개별 조각들을 종합하는 방법을 알아내기 위해 우리는 아직도 상황을 단순화시켜야 한다.

이처럼 통합되지 않은 조각들을 갖고 우리가 할 수 있는 유일한 것은 모형을 세우는 것이다. 모형은 일어날 듯한 현상의 소규모 재현이다. 모형은 과거의 연구뿐 아니라 우리의 데이터를 통해 짐작할 수 있는 미래의 예측에도 바탕을 두고 있다. 하지만 미래를 예측하는 우리의 능력은 정확하지 않으며 모형은 허술하기 마련이다. 어떤 돌파구가 나오면 오랜 세월 쌓인 과학 이론들이 완전히 뒤집힐 수도 있다. 따라서 위대한 인물이 내놓은 대담한 모형조차도 지속적인 수리와 재평가를 받아야 한다. 마음의 작동 방식 그리고 마음이 어떤 것인지(적어도 마음이 어떤 것과 비슷한지)를 설명하려고 수십 가지 모형이 제시되었다. 이들 모형 각각은 당시의 최첨단 과학을 대중적으로 해석한 내용이다.

전화통신의 시대에 마음은 전화교환대로 여겨졌다. 구식 전화망이 전화기들을 연결하는 방식으로 상이한 뇌 모듈들을 양방향으로 연결하는 시스템이라고 본 것이다. 1950년대에 레이저 실험과 홀로그램이 등장하면서, 일부 사람들은 마음의 안정성 그리고 끔찍한 뇌 손상을 겪고서도 기억을 유지하는 능력에 착안하여 마음을 홀로그램 장치로 여기기도 했다. 뇌의 각 정보마다 전체 마음의 전일적인 기억을 담고 있다고 보는 시각이다.

컴퓨터가 실험실에서 흔히 쓰이게 된 1970년대에 마음은 컴퓨터로 간주되었고, 곧이어 마음의 작동 방식을 모형화하기 위한 컴퓨터가 설계되어 인공지능 개발의 첫발을 디뎠다. 1990년대 후반에 이르자 폴리메라아제(DNA, RNA 형성의 촉매 효소_옮긴이) 연쇄반응 기술 및 유전자 염기서열 분석 장비의 도입으로 유전학이 크게 발전하자, 마음은 유전적 경향과 환경적 조건들의 결합체, 즉 일종의 신경유전학적 실체라고 여겨지기 시작했다.

21세기로 접어들어 컴퓨터와 전화기와 심지어 책까지 정보의 단일 연결망으로 통합되기 시작하면서, 사람들은 지능과 마음이 데이터 처리의 복잡성과 방대한 규모에서 출현한다는 견해를 내기 시작했다. 그리고 지금 21세기의 두 번째 10년으로 들어왔건만, 그간 방대하게 축적된 정보로도 우리는 마음에 관한 정말로 유용한 모형에는 전혀 근접하지 못하고 있다. 심지어 어떤 이들은 최근에 fMRI 등의 신경영상 기법이 우리를 후퇴시켰고 뇌가 실제로 무엇을 하는지를 이해하기보다는 살아있는 뇌의 예쁜 사진들만 내놓았다고 주장한다.

이에 대해 나도 오랜 세월 생각했고 숱한 논의를 했다. (멱살잡이까지 치달은 경우도 몇 번 있었다.) 나는 우리가 진정으로 마음의 본질을 알고 싶다면 데이터 파고들기를 멈추고 우리가 이미 알고 있는 지식을 새로운 방식으로 '생각해야' 한다고 확신한다.

소리와 마음과 같은 거창한 주제를 다루는 책을 쓰는 이점 중 하나는, 평상시의 일상적인 관점에서 벗어나 실험실이 아니라 현실 세계가 작동하는 방식을 알아내려고 시도한다는 것이다. 그리고 내가 쓰기보다 생각하는 데 시간을 쏟던 어느 날, 박쥐가 나노초 규모(박쥐의 신경계가 감당할 수 있는 것보다 더 빠른 규모)에서만 차이를 보이는 소리에 반응할지 모른다는 주장이 제기되어 세상이 시끌벅적했던 일이 떠올랐다. 이는 학계의 울타리를 벗어나지 못하는 신경과학자들 간의 집안싸움 가운데 단지 하나일 수도 있다. 하지만 지금도 나는 그 문제로 고심하고 있다. 어떻게 박쥐는 몇백 나노초 동안에만 일어나는 신호의 변화에 반응할 수 있을까? 박쥐의 신경은 그보다 수천 배 느린 시간 규모에서 발화하고, 뇌 기능에 관한 모든 고전적 모형들이 그보다 수백 배 느린 시간에 일어나는 변화를 감지하지조차 못하는데 말이다.

큰 틀에서 이 문제를 바라보기 시작하면서 나는 뇌에 관한 어떤 일반적인 것을 알게 되었다. 즉, 마음을 찾고 싶다고 하면서도 우리는 그릇된 장소와 그릇된 시간에서 찾고 있었던 것이다. 우리는 뇌의 작동 방식을 그것의 기본 단위들—신경 그리고 이보다는 중요성이 덜하더라도 신경아교세포 및 혈관과 같은 신경과 관련된 다른 지지 조직들—을 바탕으로 축소해서 생각하는 경향이 있다. 하지만 각각의 신경은 뇌 속의 어디에 위치하는지에 따라 수천 내지 수백만 개의 다른 신경들과 관련될 수 있는데, 이들 모두가 자극에 대해 예/아니오 응답만 하는 것이 아니라 발화 여부에 대한 미묘한 조정 작업에 가담한다.

근시안적인 기법들로 우리가 찾아내는 것은 굉장히 복잡하게 구성된 신경화학적 오케스트라(발화 여부 명령에 대한 반응을 수행하기 위해 대전입자들을 이동시킬 뿐만 아니라 잠재적 변화의 상태들을 발생시키는 구조)의 미세한 시간 창을 통해 본 하나의 모습일 뿐이다. 과연 뇌의 해마세포로 유입되는 300개의 흥분성 입력들은 40개의 금지 입력에 의해 차단될까? 간극 연접은 일련의 주기적 펄스에 대한 시작 반응을 변화시켜 더 많은 입력이 쏟아져 들어오게 만들 정도로 신호 전달에 이바지할까? 그리고 이 모든 일들이 내가 연구 중에 들었던 소리를 내고 아울러 그 소리를 기억으로 변환하거나 잠깐 멈추어서 이전의 신호나 이후의 신호와 비교 작업을 수행할까? 수백억 개의 신경이 방금 발화했을지 모를 피질의 어느 부위에서 모든 입력들이 도달한 때와 하나의 출력—노래하기, 말하기, 미소 짓기, 통찰의 순간을 뜻하는 신경화학적 신호들의 쇄도 현상—이 선택된 때 사이의 순간에 아마도 마음이 생겨날지 모른다. 그리고 마음은 다음에 발생할 일이 확률로 결정되는 일종의 정신적인 양자 거품이라고 볼 수도 있다.

우리의 마음은 생화학적이든 환경적이든 간에 과거의 경험에서 생겨난다. 경험이 차츰 쌓임에 따라 우리는 대단하거나 끔찍한 유형의 경험들을 증폭시키고 과거에 일어났던 별로 쓸모없거나 이롭지 않은 다른 경험들은 선택 및 상황에 의해 강도가 약해지면서 걸러내어진다. 요약하자면, 우리의 마음은 입력과 출력 사이의 긴장 속에서 매순간 생겨나며 우리의 인생 경험들에 의해 형성된다. 마치 색소폰 연주자의 호흡이 악기 몸통에 에너지 흐름을 변화시키고 금속과 실내에 울림을 더하고 손의 주도하에 폐, 입술, 얼굴 및 악기의 움직임을 키웠다 줄였다 하듯. 그러한 결과물이 단지 변조된 공기가 아니라 음악이 되는 것처럼 말이다.

새로운 것을 발견하는 최상의 방법 중 하나는 기존의 것을 새로운 방법으로 보는 것이다. 그렇다면, 마음 자체가 음악이 아닐까?

음악적 마음이라는 발상은 새로운 것이 아니다. 적어도 50권의 책 그리고《사이언스》처럼 고상한 전문 학술지 기사에도 그런 제목과 부제가 나온다. 하지만 이런 글들은 음악의 요소에 노출되었을 때 행동이나 신경 기능이 어떻게 변하는지 또는 음악적 훈련을 받은 사람들이 음악 문외한과 어떻게 다른지를 주로 언급하는 내용일 뿐이다. 나는 이렇게 제안한다. 우리는 음악을 생각하는 방식으로 마음을 생각한다고 말이다. 다시 말해, 마음은 확인할 대상이 아니라 탐험할 과정이다.

지금까지 과학이 음악을 정의하지 못한 까닭은 과정과 흐름보다는 기반구조에 초점을 맞추었기 때문이다. 선율이나 노래는 지속시간과 소리 크기가 알려진 일련의 음들에 불과한 것이 아니다. 더구나 왼쪽이나 오른쪽 편도체를 활성화시키는 요소인 것도 아니다. 여러분을 더 똑똑하거나 더 멍청하게 만드는 것도 아니다. 사실은, 개별 사건들 사이의 긴장 상태이며 다음에 올 것의 흐름이다. 그리고 아마도 마음도 마찬가지일 것이다. 마음도 집단적인 신경 활동이며,

각각의 활동이 필터링, 증폭 그리고 주목할 가치가 있는 신호에 대한 템포의 변화 내지 혼란스러운 상황에서 소음의 증가를 수반하기 때문이다. 아마도 신경 활동의 긴장과 이완의 순간들 '사이'가 의식이 출현하는 문일 것이다.

내가 보기에 마음은 음악과 마찬가지로 정보 자체보다 정보의 흐름이며, 양자적 입력에서부터 일상 대화에 이르기까지 모든 입력이 도달한 후 의식의 형태로 등장하는 것 같다. 모든 입력이 마음을 구성하는 파라미터들에 의해 처리되고 필터링되고 증폭되고 스트리밍을 거친 후, 비언어적 사고와 언어가 개입된 사고 사이의 순간에 등장하는 것이다.

만약 우리가 임의의 뇌 속에 든 모든 뉴런의 소리를 전부 녹음할 수 있다면, 뇌 속의 사건들과 인지 기능을 반영하는 소리들로 작곡된 노래가 펼쳐질 것이다. 이렇듯 늘 변하면서도 매우 개인화된 파형보다 마음을 더 잘 드러내는 것이 있을까? 이것은 놀라운 기술적 도전과제가 될 것이다. 현실적으로 말해서, 1조 개의 전극을 누군가의 뇌 속에 꽂는 일은 지구상에서 가장 복잡한 정보 처리 시스템을 하나의 전도성 바늘방석으로 변환시키지 않고서는 불가능하다. 하지만 생의학적 녹음과 영상 기술의 발전 속도 그리고 더욱 강력한 장난감을 얻기 위해 기존 기술들을 다루는 과학자들과 공학자들의 능력을 감안할 때, 아마도 그리 먼 미래의 일만은 아니다. 개념상으로만 그렇지 않을까? 위의 내용은 마음에 관한 질문의 '유일한' 답은 아니겠지만, 아마도 뇌 기능과 마음에 관한 하나의 유용하고 새로운 사고 방식일 것이다.

만약 뇌의 노래를 우리가 들을 수 있는 어떤 것으로 변환할 수 있다면, 개인의 마음에서 일어나는 일과 일어나지 않는 일을 직관적으로 알 수 있지 않을까? 이것의 단순한 버전을 우리는 이미 외부 세계에서 경험하고 있다. 가령, 외로운 우주선이 목성 궤도 비행을 하면서 고에너지 양성자 폭풍이 내는 끽끽거리는 굉음을 듣는다거나 목성 자기장의 변화를 포착한 다음 소리로 변환하여 재생한 것을 들을 수 있다. 그런데 뇌출혈로 인한 국소적인 뇌 손상은 파트 하나가 빠진 오케스트라가 연주하는 음악처럼 들리게 될까? 초기 알츠하이머 질병의 진행은 마치 오케스트라에서 현악기 파트가 차츰 조율이 잘못되어 갈 때의 소리처럼 들릴 수 있지 않을까? 어떤 형태의 정신질환은 신호의 비선형 왜곡 현상인 고조파 왜곡 때와 같은 소리가 나지 않을까? 번쩍 통찰이 오는 순간은 베토벤의 영웅 교향곡의 상승하는 합창곡 내지는 '유레카!'라는 리듬감 있는 외침과 비슷한 소리가 날까?

이런 질문들의 답이 나오면 좋겠다. 계속 소리를 연구하다보면 언젠가는 밝혀지길 희망한다. 어쨌든 이것은 여러분의 재생 목록에 오를 다음 노래를 기다리면서 곰곰이 생각해볼 만한 질문들이다.

인용 문헌 및 더 읽을거리

1장. 태초에 굉음이 있었다.

Fritzsch, B., Beisel, K. W., Pauley, S., and Soukup, G. "Molecular evolution of the vertebrate mechanosensory cell and ear." *International Journal of Developmental Biology*. 51 (2007): 663–678.

Lewis, J. S. *Rain of iron and ice: The very real threat of comet and asteroid bombardment*. New York: Perseus Publishing, 1995.

Pieribone, V., Gruber, D. F., and Nasar, S. *Aglow in the Dark*. Cambridge, MA: Belknap Press, 2006.

Pradel, A., Langer, M., Maisey, J. G., Geff ard- Kuriyama, D., Cloetens, P., Janvier, P., and Taff oreau, P. "Skull and brain of a 300-million-year-old chimaeroid fish revealed by synchrotron holotomography." *Proceedings of the National Academy of Sciences USA*. 106 (2009): 5224–5228.

Wilson, B., Batty, R. S., and Dill, L. M. "Pacific and Atlantic herring produce burst pulse sounds." *Proceedings of Biological Sciences*. 271 supp. 3 (2004): S95–S97.

2장. 공간과 장소

Charles M. Salter Associates. *Acoustics: architecture, engineering, the environment*. San Francisco: William Stout Publishers, 1998.

China Blue. "What is the sound of the Eiffel Tower?" *Acoustics Today*. 5 (2009): 31–38.

Declercq, N. F., and Dekeyser, C. S. A. "Acoustic diffraction effects at the Hellenistic amphitheater of Epidaurus: Seat rows responsible for the marvelous acoustics." *Journal of the Acoustical Society of America*. 121 (2007): 2011–2022.

3장. 물고기와 개구리

Boatright-Horowitz, S. S., and Simmons, A. "Transient 'deafness' accompanies auditory development during metamorphosis from tadpole to frog." *Proceedings of the National Academy of Sciences USA*. 94 (1997): 14877–14882.

Boatright-Horowitz, S. L., Boatright- Horowitz, S. S., and Simmons, A. M. "Patterns of vocal interactions in a bullfrog(*Rana catesbeiana*) chorus. Preferential responding to far neighbors." *Ethology*. 106 (2000): 701–712.

Mann, D. A., Higgs, D. M., Tavolga, W. N., Souza, M. J., and Popper, A. N. "Ultrasound detection by clupeiform fishes." *Journal of the Acoustical Society of America*. 109 (2001): 3048–54.

Simmons, A. M., Costa, L. M., and Gerstein, H. B. "Lateral linemediated rheotaxis behavior in tadpoles of the African clawed frog(*Xenopus laevis*)." *Journal of Comparative Physiology A: Neuroethology, Sensory, Neural, and Behavioral Physiology*. 190 (2004): 747–758.

Tobias, M. L., and Kelley, D. B. "Vocalizations by a sexually dimorphic isolated larynx: peripheral constraints on behavioral expression." *Journal of Neuroscience*. 7 (1987): 3191–3197.

Weiss, B. A., Stuart, B. H., and Strother, W. F. "Auditory sensitivity in the *Rana catesbeiana* tadpole." *Journal of Herpetology*. 7 (1973): 211–214.

Yamaguchi, A., and Kelley, D. B. "Generating sexually differentiated vocal patterns: Laryngeal nerve and EMG recordings from vocalizing male and female African Clawed Frogs(*Xenopus laevis*)." *Journal of Neuroscience*. 20 (2000): 1559–1567.

4장. 박쥐의 청각

Dear, S. P., Simmons, J. A., and Fritz, J. "A possible neuronal basis for representation of acoustic scenes in auditory cortex of the big brown bat." *Nature*. 364 (1993): 620–632.

Hiryu, S., Bates, M. E., Simmons, J. A., and Riquimaroux, H. "FM echolocating bats shift frequencies to avoid broadcast-echo ambiguity in clutter." *Proceedings of the National Academy of Sciences USA.* 107 (2010): 7048–7053.

Griffin, D. R. *Listening in the dark: The acoustic orientation of bats and men.* New York: Dover Press, 1974.

Horowitz, S. S., Stamper, S. A., and Simmons, J. A. "Neuronal connexin expression in the cochlear nucleus of big brown bats." *Brain Research.* 1197 (2008): 76–84.

5장. 청각의 진화생물학

Aeschlimann, M., Knebel, J. F., Murray, M. M., and Clarke, S. "Emotional pre-eminence of human vocalizations." *Brain Topography.* 20 (2008): 239–248.

Davis, M., Gendelman, D. S., Tischler, M. D., and Gendelman, P. M. "A primary acoustic startle circuit: Lesion and stimulation studies." *Journal of Neuroscience.* 2 (1982): 791–805.

Emberson, L. L., Lupyan, G., Goldstein, M. H., and Spivey, M. J. "Overheard cell-phone conversations: When less speech is more distracting." *Psychological Science.* 21 (2010): 1383–1388.

Halpern, D. L., Blake, R., and Hillenbrand, J. "Psychoacoustics of a chilling sound." *Perception and Psychophysics.* 39 (1986): 77–80.

Hart, J. Jr., Crone, N. E., Lesser, R. P., Sieracki, J., Miglioretti, D. L., Hall, C, Sherman, D., and Gordon, B. "Temporal dynamics of verbal object comprehension." *Proceedings of the National Academy of Sciences USA.* 95 (1998): 6498–6503.

King, L. E., Douglas- Hamilton, I., and Vollrath, F. "African elephants run from the sound of disturbed bees." *Current Biology.* 17 (2007): R832–R833.

LeDoux, J. *The emotional brain: The mysterious underpinnings of emotional life.* New York: Simon & Schuster, 1996.

McDermott, J., and Hauser, M. "Are consonant intervals music to their ears? Spontaneous acoustic preferences in a nonhuman primate." *Cognition.* 94

(2004): B11–B21.

Olds, J., and Milner, P. "Positive reinforcement produced by electrical stimulation of septal area and other regions of rat brain." *Journal of Comparative Physiological Psychology*. 47 (1954): 419–427.

Pare, D., and Collins, D. R. "Neuronal correlates of fear in the lateral amygdala: Multiple extracellular recordings in conscious cats." *Journal of Neuroscience*. 20 (2000): 2701–2710.

Pressnitzer, D., Sayles, M., Micheyl, C., and Winter, I. M. "Perceptual organization of sound begins in the auditory periphery." *Current Biology*. 18 (2008): 1124–1128.

Ross, D., Choi, J., and Purves, D. "Musical intervals in speech." *Proceedings of the National Academy of Sciences USA*. 104 (2007): 9852–9857.

Shamma, S. A., and Micheyl, C. "Behind the scenes of auditory perception." *Current Opinion in Neurobiology*. 20 (2010): 361–366.

6장. 음악이 뭘까?

Bangerter, A., and Heath, C. "The Mozart eff ect: Tracking the evolution of a scientific legend." *British Journal of Social Psychology*. 43 (2004): 605–623.

Chabris, C.F. "Prelude or requiem for the Mozart eff ect?" *Nature*. 400 (1999): 826–827.

Fritz, T., Jentschke, S., Gosselin, N., Sammler, D., Peretz, I., Turner, R., Friederici, A. D., and Koelsch, S. "Universal recognition of three basic emotions in music." *Current Biology*. 19 (2009): 573–576.

Grape, C., Sandgren, M., Hansson, L. O., Ericson, M., and Theorell, T. "Does singing promote well-being?: An empirical study of professional and amateur singers during a singing lesson." *Integrative Physiological and Behavioral Sciences*. 38 (2003): 65–74.

Harris, C. S., Bradley, R. J., and Titus, S. K. "A comparison of the effects of hard rock and easy listening on the frequency of observed inappropriate behaviors:

Control of environmental antecedents in a large public area." *Journal of Music Therapy*. 29 (1992): 6–17.

Malmberg, C. F. "The perception of consonance and dissonance." *Psychological Monographs*. 25 (1918): 93–133.

Plomp, R., and Levelt, J. M. "Tonal consonance and critical bandwidth." *Journal of the Acoustical Society of America*. 38 (1965): 548–560.

Rauscher, F. H., Shaw, G. L., and Ky, K. N. "Music and spatial task performance." *Nature*. 365 (1993): 611.

Seashore, C. E. *Psychology of music*. New York: Dover Publications, 1967.

Ventura, T., Gomes, M. C., and Carreira, T. "Cortisol and anxiety response to a relaxing intervention on pregnant women awaiting amniocentesis." *Psychoneuroendocrinology*. 37 (2012): 148–156.

Zattore, R. H. "Music and the brain." *Annals of the New York Academy of Sciences*. 999 (2003): 4–14.

7장. 소리가 만들어낸 또 하나의 세계

"The Use of Sound Effects." *The Radio Times—BBC Yearbook*, 194. London: British Broadcasting Corporation, 1931.

Szameitat, D. P., Kreifelts, B., Alter, K., Szameitat, A. J., Sterr, A., Grodd, W., and Wildgruber, D. "It is not always tickling: Distinct cerebral responses during perception of different laughter types." *Neuroimage*. 53 (2010): 1264–1271.

Meyer, M., Baunmann, S., Wildgruber, D., and Alter, K. "How the brain laughs: Comparative evidence from behavioral, electrophysiological and neuroimaging studies in human and monkey." *Behavioural Brain Research*. 182 (2007): 245–260.

8장. 귀를 통해 뇌를 해킹하다

Graybiel, A., and Knepton, J. "Sopite syndrome: A sometimes sole manifestation of motion sickness." *Aviation Space and Environmental Medicine*. 47 (1976): 873–882.

Gueguen, N., Jacob, C., Le Guellec, H., Morineau, T. and Loure, M. "Sound level of environmental music and drinking behavior: A field experiment with beer drinkers." *Alcoholism: Clinical and Experimental Research*. 32 (2008): 1795–1798.

"Hell's Bells." *Maxim*. 100th issue, 166. 2006.

Karino, S., Yumoto, M., Itoh, K., Uno, A., Yamakawa, K., Sekimoto, S., and Kaga, K. "Neuromagnetic responses to binaural beat in human cerebral cortex." *Journal of Neurophysiology*. 96 (2006): 1927–1938.

Klimesch, W. "EEG alpha and theta oscillations reflect cognitive and memory performance: A review and analysis." *Brain Research: Brain Research Reviews*. 29 (1999): 169–195.

Lawson, B. D., and Mead, A. M. "The Sopite syndrome revisited: Drowsiness and mood changes during real and apparent motion." *Acta Astronautica*. 43 (1998): 181–192.

Rockloff , M. J., Signal, T., and Dyer, V. "Full of sound and fury, signifying something: The impact of autonomic arousal on EGM gambling." *Journal of Gambling Studies*. 23 (2007): 457–465.

9장. 무기와 기이함

Cai, Z., Richards, D. G., Lenhardt, M. L., and Madsen, A. G. "Response of human skull to bone-conducted sound in the audiometric-ultrasonic range." *International Tinnitus Journal*. 8 (2002): 3–8.

Cheney, M. Tesla: *Man out of time*. New York: Touchstone Books: New York, 2001.

Fletcher, N. H., Tarnopolsky, A. Z., and Lai, J. C. S. "Rotational aerophones." *Journal of the Acoustical Society of America*. 111 (2002): 1189–1196.

Foster, K. R., and Finch, E. D. "Micro wave hearing: Evidence for thermoacoustic auditory stimulation by pulsed micro waves." *Science*. 185 (1974): 256–258.

Friedman, H. A. "U.S. PsyOp in Panama." http://www.psywarrior.com/

PanamaHerb.html .

Friedman, H. A. "The Wandering Soul Psy-Op tape in Vietnam." http://www.psywarrior.com/wanderingsoul.html.

Gavreau, V. "Infrasound." *Science Journal*. 4 (1968): 33–37.

Gavreau, V., Condat, R., and Saul, H. "Infrasound: Generation, detection, physical properties and biological effects." *Acustica*. 17 (1966): 1–10.

Lebenthall, G. "What is infrasound?" *Progress in Biophysics and Molecular Biology*. 93 (2007): 130–137.

Lubman, D. "The ram's horn in Western history." *Journal of the Acoustical Society of America*. 114 (2003): 2325.

Liao Wanzhen. "Whistling arrows and arrow whistles." http://www.atarn.org/chinese/whistle/whistle.htm.

O'Brien, W. D. Jr. "Ultrasound—Biophysics mechanisms." *Progress in Biophysics and Molecular Biology*. 93 (2007): 212–255.

Tandy, V., and Lawrence, T. R. "The ghost in the machine." *Journal of the Society for Psychical Research*. 62 (1998): 1–7.

10장. 미래의 소음

Bogatova, R. I., Bogomolov, V. V., and Kutina, I. V. "Trends in the acoustic environment at the International Space Station in the period of time of the ISS missions from one to fifteen." *Aerospace and Environmental Medicine*. 43 (2009): 26–30.

Doran, J., and Bizony, P. *Starman: The truth behind the legend of Yuri Gagarin*. New York: Walker & Co., 2011.

Elko, G. W. and Harney, K. P. "A history of consumer microphones: The electret condenser microphone meets microelectro-mechanical systems." *Acoustics Today*. 5 (2009): 4–13.

Hu, Z., and Corwin, J. T. "Inner ear hair cells produced in vitro by a mesenchymal-to-epithelial transition." *Proceedings of the National Academy of Sciences*

USA. 104 (2007): 16675–16680.

Leighton, T. G., and Petculescu, A. "The sound of music and voices in space (Parts 1 & 2)." *Acoustics Today*. 5 (2009): 17–29.

Oshima, K., Shin, K., Diensthuber, M., Peng, A. W., Ricci, A. J., and Heller, S. "Mechanosensitive hair cell-like cells from embryonic and induced pluripotent stem cells." *Cell*. 141 (2010): 704–16.

11장. 듣는 것이 곧 그 사람이다.

Buzsaki, G. *Rhythms of the brain*. New York: Oxford University Press, 2006.

찾아보기

ㄱ

ㄴ

ㅂ

ㅅ

ㅇ

ㅋ

ㅌ

ㅍ

ㅎ

청각은 어떻게 마음을 만드는가?

소리의 과학

초판 1쇄 인쇄 2017년 11월 24일
초판 1쇄 발행 2017년 12월 03일

지 은 이 세스 S. 호로비츠
옮 긴 이 노태복
펴 낸 이 박래선
펴 낸 곳 에이도스출판사
출판신고 제25100-2011-000005호
주 소 서울시 은평구 진관4로 17, 810-711
전 화 02-355-3191
팩 스 02-989-3191
이 메 일 eidospub.co@gmail.com
표지디자인 공중정원 박진범
본문디자인 김미영

ISBN 979-11-85145-17-8 03400
값 22,000원

이 도서의 국립중앙도서관 출판예정도서목록(CIP)은 서지정보유통지원시스템 홈페이지(http://seoji.nl.go.kr)와 국가자료공동목록시스템(http://www.nl.go.kr/kolisnet)에서 이용하실 수 있습니다.(CIP제어번호: CIP2017029993)